U0829758

高温环境下混凝土多场耦合数值计算方法

李荣涛 著

天津大学出版社
TIANJIN UNIVERSITY PRESS

图书在版编目（CIP）数据

高温环境下混凝土多场耦合数值计算方法 / 李荣涛著. -- 天津 : 天津大学出版社, 2025. 5. -- ISBN 978-7-5618-8012-8

Ⅰ. TU528.01

中国国家版本馆CIP数据核字第2025UE1946号

出版发行	天津大学出版社
地　　址	天津市卫津路92号天津大学内（邮编：300072）
电　　话	发行部：022-27403647
网　　址	www.tjupress.com.cn
印　　刷	北京虎彩文化传播有限公司
经　　销	全国各地新华书店
开　　本	787mm×1092mm　1/16
印　　张	11.25
字　　数	288千
版　　次	2025年5月第1版
印　　次	2025年5月第1次
定　　价	48.00元

凡购本书，如有缺页、倒页、脱页等质量问题，烦请与我社发行部门联系调换

版权所有　侵权必究

前　言

高温环境下混凝土中多场、多介质耦合作用分析是由土木工程中的一些重要或关键技术问题而概括出来有待深入研究的科研领域。例如，核工业中混凝土储存容器受核废料的高温热效应作用可能引起的结构开裂，运输业中大型混凝土隧道由于车辆高速行驶的高温热效应作用而造成的结构剥落，建筑业中高温火灾引起的高层混凝土建筑的结构失效。

随着时代的发展，高层及超高层建筑、地下结构、海底隧道等混凝土结构由于所处环境和受力特点对混凝土材料从强度到耐久性均提出了更高的要求。一般情况下，混凝土具有良好的抗火性能，但随着高性能混凝土（HPC）和高强混凝土（HSC）的工程应用和研究的深入，人们发现与传统的普通混凝土（NSC）相比，高性能混凝土在遭受火灾高温时更容易发生危害更大甚至导致结构崩塌的爆裂破坏现象，这一弱点限制着高性能混凝土优势的充分发挥。因此，人们对于高性能混凝土结构的火灾安全性评估尤其重视，对于其破坏的力学机理研究已成为当今的热点。

火灾或高温试验是进行结构高温性能和结构防火研究的基础，但由于火灾情况复杂，试验装置与试验本身耗资巨大，不能做到各种情形下的模拟试验，且大量进行该类试验无疑是不现实的。因此，计算机仿真计算成为一条最为有效的途径，也是此类研究的必然趋势。

结合可得到的试验研究成果和文献资料，对混凝土在以火灾为背景条件的高速率、高温、热荷载建立定量分析的数学物理模型，并发展相应的有限元数值分析模型，模拟高温下多相混凝土的化学-热-湿-力学耦合行为，加深对混凝土构件和结构在高速率、高温、热荷载下的材料损伤、脱黏、软化和爆裂破坏等现象的理解和定量估计，从而为结构减灾防火设计提供重要的依据和参考。

本书内容共分为 9 章。第 1 章介绍了高温环境下混凝土多场耦合力学行为问题研究的工程背景，以及混凝土材料在高温下发生的湿阻、爆裂、脱水等物理化学破坏现象。第 2 章介绍了多孔多相介质的基本理论和混凝土的一些基本概念，包括表征体积元的定义、空间平均化方法、相的性质及其关系等。第 3 章介绍了用于多孔多相介质流固耦合分析的数学模型以及相应的有限元方法，给出了用于描述流体（包括气体、液体和气液两相流体）状态和流动规律的主要状态方程及本构关系。第 4 章总结了用于模拟混凝土多场耦合行为的数学模型和力学本构模型的研究进展。第 5 章描述了作为非饱和多孔介质和吸湿材料的混凝土在高温下的化学-热-湿-力学耦合行为，建立了混凝土中化学-热-湿-力（CTHM）全耦合宏观分级模型，该模型考虑了由高温引起的材料中发生及发展的蒸发、脱水和脱盐三个相变过程。第 6 章主要介绍了高温下混凝土中的热力学、传热和传质的本构方程，用于描述混凝土材料中所发生的物理化学现象的本构行为及其耦合关系。第 7 章介绍了针对提出的高温下混凝土化学-热-湿-力耦合模型所进行的有限元离散及其数值求解过程。第 8 章发展了一个高温下混凝土的化学-弹塑性-损伤耦合的本构模型，用于描述高温下混凝土材料中同时存在的塑性破坏过程和以微裂纹/微孔洞的发生及发展为特征的损伤过程，以及热致脱水和脱盐所导致的以热脱黏和热损伤为表征的化学软化和化学损伤，并对所提出的耦合本构模型给出了一个三步算子分离算法，且导出了考虑全部耦合效应的一致性切线模量张量，以保证全局 Newton-Raphson 迭代过程的二阶收敛率。第 9 章介绍了影响混凝土爆裂破坏发生的相关主要因素，并利用提出的高温下混凝土化学-热-湿-力耦合模型及数值方法开展了混凝土构件的含水率、约束状况和材料强度等对其抗火性能影响的数值分析；同时为了实现对混凝土结构高温爆裂破坏风险的分析和评估，还分别介绍了一种便于工程实际应用的混凝土构件火灾爆裂危险性分级评价方法和一个基于模糊模式识别理论建立的爆裂风险模糊综合评价模型。

本书付梓之际，作者特别感恩大连理工大学李锡夔教授。作为作者博士研究生期间的导师，李老师高深的学术造诣、严谨的治学态度和活跃的学术思想使作者受益终身。

本书的研究得到了科技部的 973 项目（2002CB412709）、国家自然科学基金项目（50278012，11302034）、辽宁省教育厅的高等学校科研项目计划（2009A065，L2011215）和辽宁省科技厅的自然科学基金计划（2019-ZD-0574）的资助和支持，在此表示感谢。

作者虽在高温环境下混凝土多场耦合行为的数值模拟方面做了一些研究工作，但由于知识水平和写作能力有限，书中难免有不足之处，敬请专家和读者批评指正。

作者
2024 年 7 月 25 日

目　录

第 1 章　绪　论

1.1　工程背景与研究意义

混凝土作为主导的结构材料用于土木工程领域已有 100 多年的历史，随着科学技术的进步和社会的发展，混凝土的应用也相应推广到其他一些领域。而现代土木建筑和核工业对工程材料的要求越来越高，使得 20 世纪 90 年代以来兼备高强度、高耐久性的高性能混凝土（High Performance Concrete，HPC）和高强混凝土（High Strength Concrete，HSC）有了很大的发展，从而广泛应用于桥梁、隧道、海洋结构、高速公路等基础设施及高层建筑，并且在核发生器、核燃料和废料储存容器中也得到了应用。HPC 和 HSC 能适应现代工程结构向大跨、重载、高耸发展和承受恶劣环境条件的需要，故在这些方面均取得了明显的技术和经济效益。

火灾是造成人类伤亡和经济损失的主要灾害之一，它对人们的日常生活和生产活动构成了严重的威胁。由于现代建筑物的高层化、大规模化及用途的复合化，使火灾发生的因素也随之增多，火灾的规模也日趋扩大。因此，随着 HPC 和 HSC 应用的增加，人们也更加关注这种材料在火灾中表现出的性能。然而，与普通混凝土（Normal Strength Concrete，NSC）相比，HPC 在高温下的材料强度丧失率和以弹性模量降低为标志的材料损伤率要高得多，如图 1.1 所示。

（a）　　　　　　　　（b）

图 1.1　NSC（a）与 HPC（b）抗火试验对比（Kodur，2000）

Fig. 1.1　NSC（a）and HPC（b）fire-resistance tests comparison（Kodur，2000）

混凝土材料的高温性能不仅在作为防灾一个分支的建筑防火方面越来越引起人们的重

视,同时由于核工业中混凝土材料技术要求的特殊性,对高温下混凝土容器的压力、变形和破坏等情况也需要特别关注。

与木材和钢材相比,混凝土材料具有良好的耐火性能,这主要体现在两个方面:一是不可燃性,二是良好的隔热性。虽然混凝土的耐火性能比较好,但在高温火灾作用下,它的组成成分随温度改变会发生一系列的物理化学变化,使其力学性能有显著的转变,结构出现相当大程度的破坏。从整个结构来讲,在高温下它的变形、内部压力、内力分布和承载能力等均与常温下有很大不同,且与火灾范围、温度、持续时间及升降温历程等许多因素都密切相关。更严重的是,在火灾等因素引起的高速率、高温(高于 200 ℃)、热荷载作用下,危害更大的结构承载力降低、结构失效甚至导致结构崩塌的爆裂(explosive spalling)破坏现象更可能出现。1994 年丹麦 Storebaelt 隧道火灾导致的爆裂引起 HPC 结构厚度减少了超过 25%。1996 年发生在英法海峡隧道的火灾导致的爆裂在数千米长的 HPC 结构隧道中造成了厚度为 0.45 m 的环拱在环拱厚度方向的毁坏平均深度达 0.1~0.2 m。

值得注意的是,现有的混凝土结构防火设计规范基本上是根据 NSC 火灾试验制定的,它对于 HPC 的适用性需要重新评估。因此,研究和解决混凝土材料的防火性能问题并进而改进它的材料设计,将会提高我国 HPC 结构的抗火设计水平,为火灾后 HPC 结构的损伤评估和防护及其(抗震)加固提供科学依据,也是防灾减灾工程的一个重要部分,从而保证并促进具备许多潜在优点的 HPC 在国民经济各领域的持续增长和广泛应用。

1.2 高温下混凝土材料中的破坏现象

混凝土作为孔隙尺寸极为细小的多孔介质和吸湿材料,在环境和自然条件作用下,其凝胶孔和毛细孔中可充满(饱和混凝土)或部分地充填(非饱和混凝土)自由水(毛细水、可蒸发水);同时,由于水泥灰浆的水合作用,混凝土中还包含化学束缚水和在混凝土固相表面的物理吸附束缚水。盐分在混凝土中是以结晶物的形式作为混凝土固相的一部分存在的,它可以溶解在孔隙水中,并且以两种基本的状态存在,即自由离子态和束缚离子态。由于大多数盐分的高离解特性,自由离子态的盐分随着孔隙水的移动而迁移,而束缚离子态的盐分则吸附在孔隙壁上。因此,混凝土是一个含固相、孔隙液体(带有溶解盐分)和孔隙混合气体(干空气和水蒸气)的三相介质,即非饱和变形多孔多相介质材料。

火灾等因素引起外界环境温度的升高将导致热量在混凝土结构中以各种方式进行传输,如图 1.2 所示。而持续提升的高温不仅会影响混凝土的如强度和弹性模量等力学性能,同时也将驱动混凝土结构中的湿分迁移。由热对流和热传导规律控制的混凝土中的热迁移首先导致自由水蒸发;在较高温度下,化学束缚水由脱水机制可进一步释放为自由水并蒸发,而混凝土固相中以结晶物形式存在的盐分也会由脱盐机制离解并溶解于孔隙液相中,且随着其移动而迁移。如果自由水和由化学束缚水经脱水过程成为自由水的蒸发率超过了水蒸气的迁移速率,孔隙蒸汽压将持续上升,而这种高孔隙蒸汽压正是形成湿阻(moisture clog)的主要原因。由于 HPC 密实的内部结构和添加剂,它相对于 NSC 具有更低的渗透率和更高的强度,其中超孔隙压持续上升现象更为突出。混凝土中与热传输相伴随的水蒸气迁移由扩散和它与孔隙空气的混合体流动两个机制控制,此外还伴随着与此相关联的自由水流动。孔隙流体(水、水蒸气和空气)的迁移过程决定了混凝土中超孔隙流体压力的发展,而这个热-湿(热-水力)过程受到各流相压力空间梯度、湿度、温度空间梯度的控制。另外,在热荷载作用下由温度梯度导致混凝土中的热膨胀梯度和在混凝土中对热膨胀的约束,在平行和垂直于加热面方向上分别产生控制混凝土变形的高值压应力和拉应力,它们将导致在混凝土中产生非稳定裂纹的扩展,并导致结构承载能力的急剧下降。它们与超孔隙流体压力一起与外载荷(热荷载和机械荷载等)相平衡,因而这个热-力学过程与热-水力过程相耦合。基于理论分析和试验观察,普遍认为 HPC 中以爆裂为特征的破坏现象主要与高孔隙流体压力和受约束的热膨胀产生的高热应力相关联。

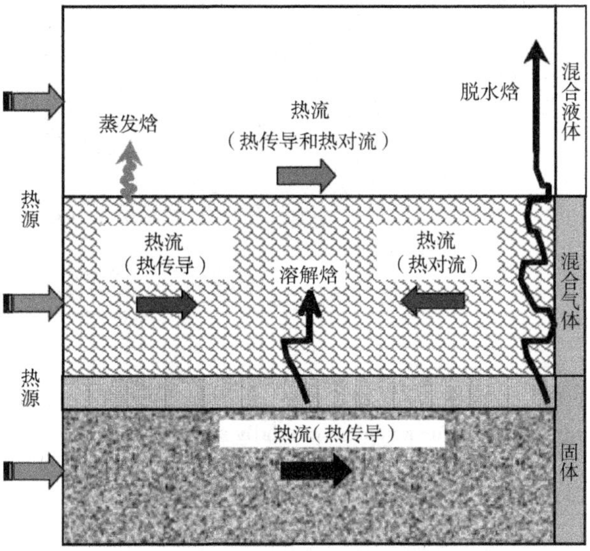

图 1.2　多孔介质中热传输的机理

Fig. 1.2　Heat transport mechanism in porous medium

1.2.1　湿阻

对于蒸汽压产生、发展过程的研究比较多,主要结论认为是湿阻(moisture clog 或 saturation plug)的作用。混凝土受火时,热量传递到混凝土内部,该处的水分受热蒸发形成水蒸气而产生蒸汽压;但由于混凝土的热惰性,在混凝土内部将产生温度差,温度较高区域的蒸汽压大于较低处的蒸汽压,从而又产生压力梯度。蒸汽压较高区域的水蒸气一部分扩散到表面后逸出到外界,另一部分在压力梯度作用下向蒸汽压较低区域迁移,迁移过程中,水蒸气遇冷凝结成水,自由水的膨胀速率比骨架快得多,于是在某一较冷区域孔隙趋于饱和。在混凝土表面附近由于湿气的迁移形成一个干燥区,且有一干燥界线逐渐向混凝土的内部迁移,随之在较冷区域的水逐渐达到完全饱和,从而又形成完全饱和的界面。饱和区的水不但达到完全饱和,而且有较高的液压,从干燥区迁移来的水蒸气凝结水无法透过这道饱和区;相反,高液压驱使水蒸气凝结水向外界溢出。这道完全饱和区就是湿阻。图 1.3 和图 1.4 所示为作用热荷载后混凝土中形成的湿阻示意图。HPC 本身所固有的低渗透系数阻止了水蒸气凝结水的快速溢出,在较大的升温速率下,水蒸气不能及时排出而产生较大的孔隙压力；同时，湿阻中的完全饱和水由于低压缩性而受热膨胀使周围骨架产生拉应变，拉应力很快超过混凝土的开裂强度进而使混凝土产生裂缝，孔隙压力和热应力共同作用使裂缝贯通就产生了突发性的爆裂现象。

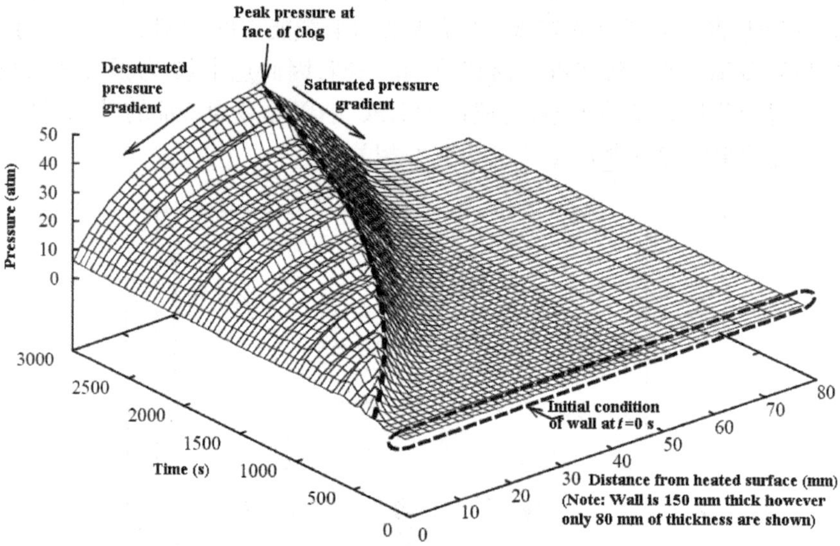

图 1.3 热荷载作用下的典型非饱和混凝土材料的孔隙压力曲面图（Consolazio 和 Chung，2004）

Fig. 1.3 Pore pressure surface plots for a typical partially saturated concrete material subjected to thermal loading（Consolazio and Chung，2004）

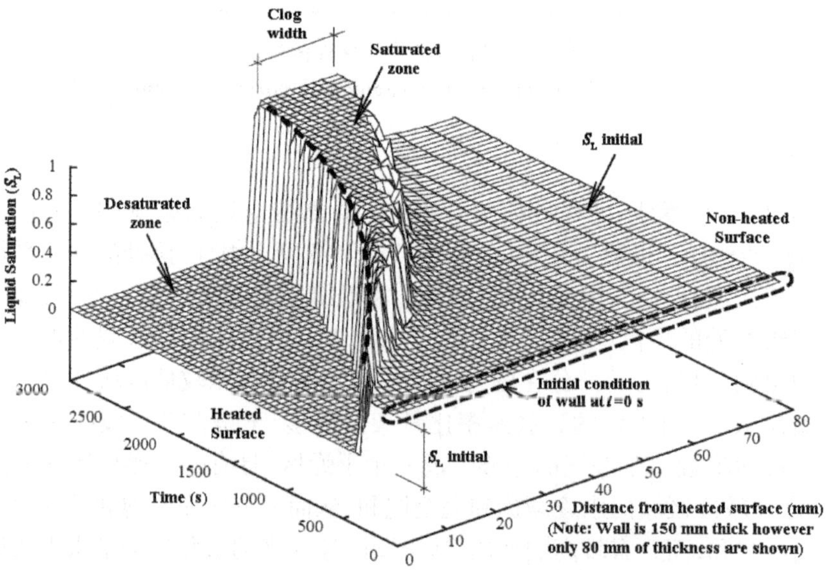

图 1.4 热荷载作用下的典型非饱和混凝土材料的饱和度曲面图（Consolazio 和 Chung，2004）

Fig. 1.4 Saturation surface plots for a typical partially saturated concrete material subjected to thermal loading（Consolazio and Chung，2004）

1.2.2 爆裂

混凝土结构抗火性能问题源自材料在火灾高温作用下易于发生具有灾难性破坏的高温爆裂。这种高温爆裂是指在受火急热等高温环境下混凝土表面局部或整体发生剥落破坏的现象,同时常伴有响亮的爆裂声音,发生爆裂后混凝土表面出现肉眼可辨的明显的“凹坑”,如图1.5所示。1984年Hertz最早报道了HSC在爆裂方面的观察结果,他针对120~170 MPa的混凝土圆柱开展了研究,发现在300~350 ℃温度范围内加热圆柱时,大部分圆柱试件都发生了爆裂。HPC大范围爆裂发生时试件所处的环境温度一般为300~800 ℃,这与试验所采用的不同升温速率有关,由预埋在混凝土内的热电偶所测得的结果来看,一般爆裂发生处的温度都在190~250 ℃。由于爆裂发生前没有能为人所察觉的先兆,所以高温爆裂难以预见。

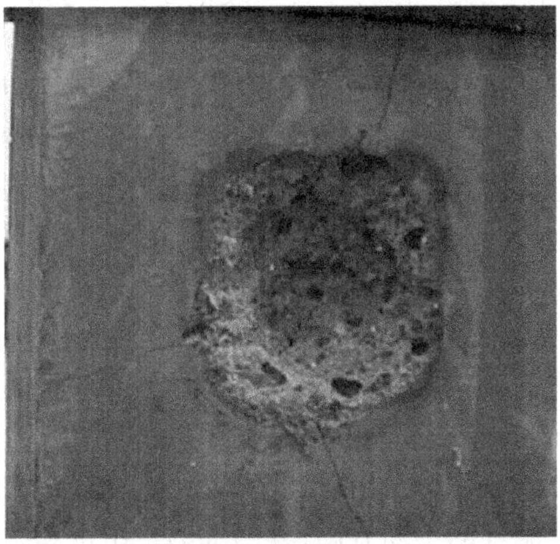

图1.5 火烧后混凝土的爆裂现象(Hertz,2003)

Fig. 1.5 Spalling of fire-exposed concrete(Hertz,2003)

1.2.2.1 爆裂类型

爆裂的发生一般是突然和剧烈的,它可能发生在构件某一局部,也可能涉及整个构件表层,因此根据其不同的表现形态可分为六种不同的爆裂类型。

1. 爆炸式爆裂(explosive spalling)

这类爆裂是所有爆裂类型中爆裂程度最严重的,也是对构件损伤最大的。它通常发生在混凝土受热的早期阶段,即温度超过100 ℃的30 min内。它的显著特征是大小不等的混凝土块体从混凝土构件表面上猛烈地喷射出去,并伴有巨大的声响。

2. 表面爆裂(surface spalling)

这类爆裂的特征是伴随着构件表面局部的脱落,表层的混凝土会出现凹坑和气泡现象。它通常也是发生于受火的早期阶段,同时伴有混凝土碎片的飞溅,但是其尺寸都较小。

3. 骨料开裂(aggregate splitting)

这类爆裂实质上是受热混凝土表面的骨料发生破碎,其最显著的特征是伴有爆裂声(popping)。它对整个结构的力学性能影响不大,因为大多数覆盖钢筋的混凝土保护层都没有受到破坏。

4. 棱角剥落(corner separation)

这类爆裂通常发生在受火过程的后期阶段,此时边角区域的混凝土在高拉应力的作用下已变得比较薄弱并布满裂纹,因此其多发生于横梁和立柱构件中。

5. 脱落式爆裂(sloughing off spalling)

这类爆裂是一种逐渐缓慢崩溃的过程,主要与构件所经历的最高温度有关,而与升温速率无关。

6. 延迟爆裂(post cooling spalling)

这类爆裂是一种无声无息、不易察觉的过程,常发生于受热后的冷却阶段。

1.2.2.2 爆裂危害

混凝土高温爆裂的主要危害体现在火灾中构件承载能力的迅速丧失上。通常在火灾情况下,混凝土表面温度可高达 800 ℃或更高,一般也要达到 500~600 ℃。在这种高温下,混凝土构件一旦发生严重的爆裂会使钢筋保护层完全脱落,钢筋将可能直接暴露在高温下,由于钢筋在 300 ℃左右就会软化,再加上截面的缩小,构件的承载力将急剧降低,这种情况将给结构安全带来很大隐患。吕志涛认为,“9・11”事件中倒塌的世贸大楼为钢结构建筑,若采用钢筋混凝土结构将比钢结构传热慢,可以延迟倒塌时间,但同时要重视 HSC 结构在高温下可能发生剧烈的爆裂破坏。

1.2.2.3 爆裂机理

尽管目前关于混凝土爆裂的机理还没有被完全揭示,然而对此已经形成了三种主要解释:蒸汽压机理(The vapor pressure mechanism)、热应力机理(The thermal stress mechanism)、蒸汽压+热应力机理(The combined vapor pressure and thermal stress mechanism)。

蒸汽压机理认为 HPC 微观结构密实,孔隙率及孔直径较小,这些孔之间互不贯通;在升温过程中,随着混凝土内部温度的不断升高,其内部的自由水和结合水开始蒸发并具有移动的趋势,而 HPC 高度致密的内部结构和互不贯通的毛细孔恰恰阻止了这些蒸发后的水蒸气自由移动,导致毛细孔内的孔隙压力增大,而一旦孔隙压力在其内部的某一位置达到并超过混凝土自身的抗拉强度,混凝土就会因此而产生破坏并表现出爆裂现象。在该机理中,孔隙压力被普遍认为是导致 HPC 高温爆裂的关键因素,如图 1.6 所示。

热应力机理认为由于混凝土的热惰性,使得在火灾高温下混凝土内部的热量传导不均匀,并产生很大的温度梯度,从而在混凝土内部产生两向或者三向的热应力,而且热应力随温度的升高而增大,在达到某一值时形成比混凝土自身抗拉强度更高的拉应力而导致爆裂的发生,如图 1.7 所示。利用图 1.8 所示的混凝土热应力分布规律,Anderberg 解释了棱柱体试件的爆裂发生在角部和圆柱体试件的爆裂是均匀崩落的原因。

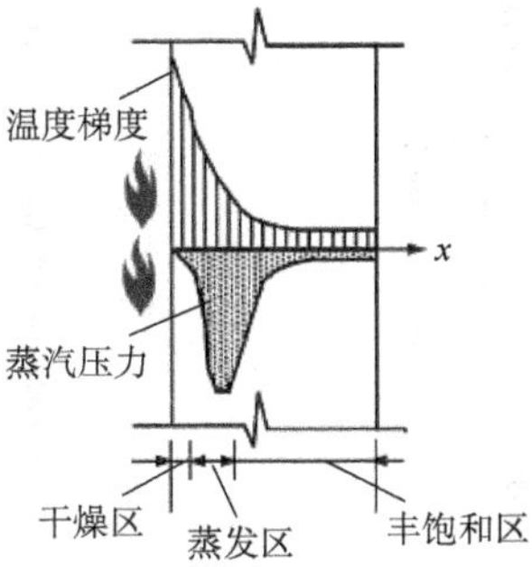

图 1.6　内部孔隙压力引起的爆裂（Anderberg, 1997）

Fig. 1.6　Spalling due to the development of an internal pores pressure（Anderberg, 1997）

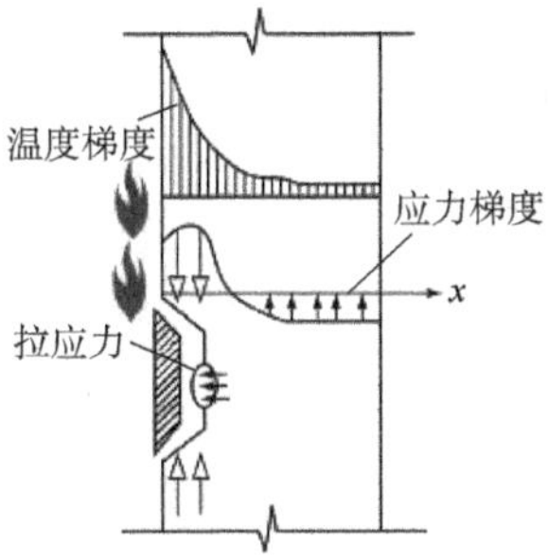

图 1.7　受限热膨胀引起的爆裂（Bazant, 1997）

Fig. 1.7　Spalling due to restrained thermal dilatation（Bazant, 1997）

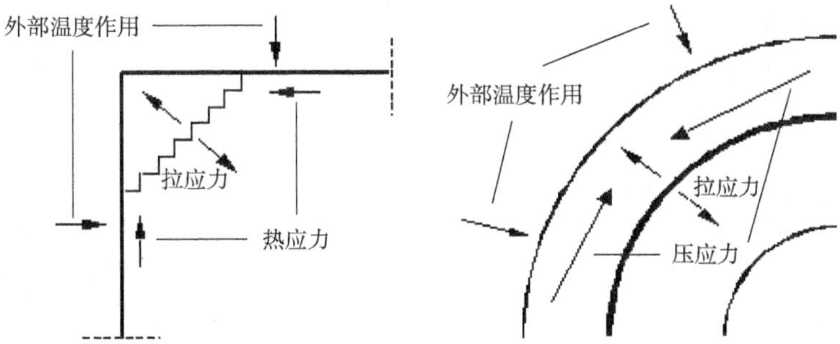

图 1.8　混凝土角部（a）和凸面（b）热应力的分布（Anderberg, 1997）

Fig. 1.8　Thermal stresses at concrete corner（a）and convex surface（b）（Anderberg, 1997）

基于理论分析和试验观察，普遍认为在实际情况下应该是以上两种机理同时起作用，如图 1.9 和图 1.10 所示。

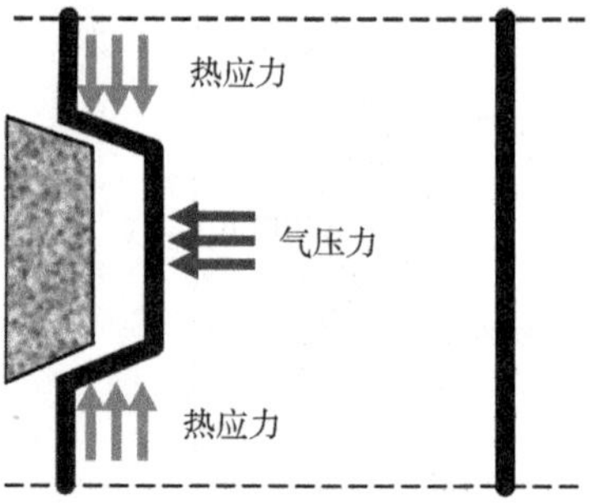

图 1.9 孔隙压力和热应力共同引起的爆裂（Connolly，1995）

Fig. 1.9 Spalling due to the combined action of pore pressure and thermal stresses（Connolly，1995）

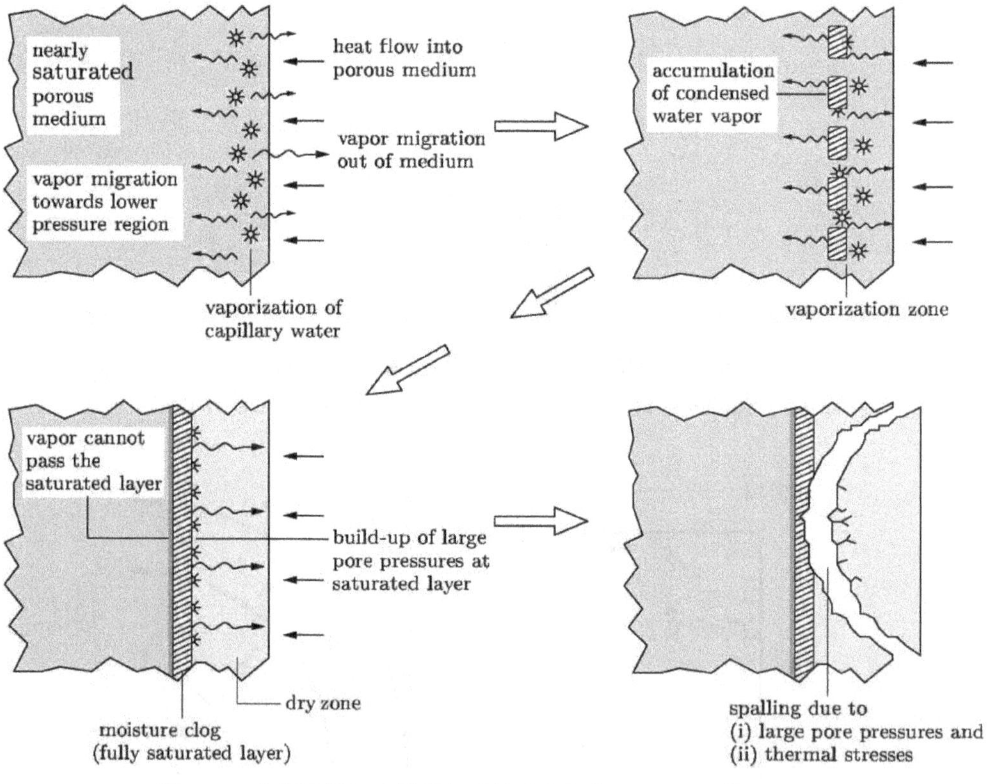

图 1.10 高温下混凝土爆裂机理的示意图（Consolazio 等，1998）

Fig. 1.10 Illustration of mechanism of spalling of heated concrete（Consolazio et al.，1998）

1.2.2.4 预防措施

虽然导致混凝土爆裂的原因错综复杂，但是从国内外的科研工作者所进行的大量试验结果来看，我们还是能够有针对性地采取一些预防措施的。

1. 设置阻火屏障

如设置防火墙、防火门或窗、防火卷帘、水幕等阻火设施，特别是对那些承受外压力较大的承重构件更要进行重点保护。另外，自动喷水灭火系统的设置对于防止混凝土的爆裂也很有帮助。

2. 避免采用石英骨料

在火灾测试试验中发现，骨料的品种对爆裂是有影响的。如由河砂骨料制成的密度大的混凝土梁、柱会经常发生墙角崩裂的现象，而采用石灰石和轻质骨料制成的混凝土则很少发生这种现象。采用石灰石骨料制成的混凝土具有许多优点，由于其煅烧要求的温度较高，因此用石灰石骨料制成的混凝土具有更好的隔热性能。如果采用石英质骨料制作混凝土，应在所有可能出现开裂的区域加设附加钢筋。

3. 采用较小粒径的骨料或轻骨料

有关试验证明，如果混凝土中采用较小粒径的骨料，则可减少骨料的断裂现象。

4. 对构件表面进行耐火隔热处理

对构件表面进行耐火隔热处理主要有三种方法：①在构件表面喷涂防火隔热涂料；②在构件表面涂抹水泥砂浆；③将高性能的轻质防火板材料贴或钉固包覆在构件上。

5. 控制混凝土构件的含水率

含水率是导致混凝土爆裂的主要危险因素，因此应对其加以控制。控制含水率一般有三种方法：①在满足规范水灰比的情况下，注意在搅拌混凝土时使用下限的搅拌水；②在工程强度和其他功能允许的前提下，采用人工干燥的方法；③在空气中养护的混凝土比湿养护的混凝土的含水率低。

6. 尽量减少构件承受的外压力

外压力也是混凝土爆裂的重要因素，因此在可能的情况下应尽量减少构件所承受的外压力。

7. 附加钢筋

大量试验表明，配置箍筋和纵筋的 HPC 在高温下的爆裂一般仅限于保护层混凝土，箍筋和纵筋阻止了爆裂向混凝土内部的发展。

8. 控制混凝土构件的表面形状

Sanjayan 等所做的高性能硅灰混凝土 T 形梁板结构试验中，板上出现了爆裂，而梁中没有，其原因之一是梁有三个面可供水蒸气逸出。如果设法增大混凝土的表面积，使水蒸气逸出混凝土表面的途径增多，从而多释放出一些蒸汽压，理论上可以减缓爆裂现象的发生。

9. 添加纤维

目前，在 HPC 中掺加少量的各种纤维被普遍认为是防止其爆裂的十分有效的方法。

1）聚丙烯纤维

在混凝土中掺加一些聚丙烯纤维具有很好的抑制 HPC 爆裂的效果。由于发生爆裂处的混凝土温度在 190~250 ℃，而聚丙烯纤维的熔点则在 170 ℃左右。在升温过程中，提前熔化的聚丙烯纤维将被其周围的水泥团吸收并留下其原来所占据的空间，由于这些纤维在混合时互相搭接，它们被吸收后留下的空间将相互贯通形成孔道，从而有利于高温蒸发的水蒸气从此排出混凝土。这样，高蒸汽压力将很难在掺有聚丙烯纤维的 HPC 内形成，从而避免爆裂。Kalifa 等对掺有聚丙烯纤维的 HPC 的高温下性能进行了爆裂、微观结构和耐久性方面的研究，结果显示 HPC 内的孔隙压力峰值随着聚丙烯纤维掺量的增加而急剧下降，他根据渗透性和微观结构试验提出了聚丙烯纤维掺量的界限值为 1.75 kg/m^3。由于聚丙烯纤维的掺入会导致常温和高温下混凝土强度的降低，所以一般建议聚丙烯纤维的掺量不宜超过 2 kg/m^3，较长的聚丙烯纤维防爆的效果更好。

2）钢纤维

钢纤维的加入不仅可以提高混凝土在常温及高温下的延性，并增加耐火性能，而且在一定程度上可以使混凝土在高温下强度降低的幅度减小。其作用机理可简述如下。

（1）钢纤维具有比混凝土较好的热传导性能，其热传导系数为混凝土的 20~30 倍。又由于钢纤维在混凝土中是三维乱向分布的，因而它的掺入可使混凝土在高温下更快地达到内部温度的均匀一致，从而减少温度梯度产生的内部应力，即减少内部损伤。

（2）钢纤维的掺入可以抑制由于快速的温度变化（升温或冷却）而产生的混凝土体积变化，从而减少材料内部微缺陷的产生及发展，在一定程度上减缓材质的恶化。

（3）高温后钢纤维仍是裹握在水泥浆体中，因此只要水泥浆还具有黏结力，钢纤维在常温混凝土中的增韧作用就仍然存在，且作用效果取决于界面黏结强度。

3）多种纤维复掺

由于聚丙烯纤维的掺入会降低常温和高温下 HPC 的强度，因此不少学者提出采用钢纤维和聚丙烯纤维复掺，或其他高熔点的纤维与聚丙烯纤维复掺等多种方案。

1.2.3 脱水

混凝土是由水泥、水和骨料经搅拌、浇捣和硬化过程而形成的一种水硬性复合材料。其主要成分为水泥、水和粗细骨科。水泥的主要成分有硅酸三钙（$3CaO \cdot SiO_2$）、硅酸二钙（$2CaO \cdot SiO_2$）和铝酸三钙（$3CaO \cdot Al_2O_3$）。水泥与水作用发生水化反应，其主要产物为水化硅酸钙（$3CaO \cdot 2SiO_2 \cdot 3H_2O$）、水化铝酸三钙（$3CaO \cdot Al_2O_3 \cdot 6H_2O$）和氢氧化钙[$Ca(OH)_2$]。

正因为混凝土组成成分的复杂性，必然导致混凝土在持续高温作用下要产生一系列的物理化学变化，这些变化将导致混凝土材料性能的改变，如发生在 105 ℃下的液态水蒸发物理现象，而在 105 ℃以上发生的脱水（dehydration）现象则是其中主要的化学变化之一。在混凝土中包含有 3 种形式的水，分别是孔隙水、毛细管水、结晶水。其中，前两种水在热温作用下较易溢出，后者主要是水泥水化后产生的水化硅酸盐凝胶结晶水，其性能比较稳定，是混凝土微观结构的组成部分，但在持续高温作用下也将不断析出。

从试验结果中我们可以观察到，当混凝土受热达到 100 ℃时，混凝土中的游离水开始排出；到 200 ℃时，其化学结合水开始排出；在 350 ℃时，发生硅酸钙和铝酸钙脱水；在 570 ℃时，发生氢氧化钙脱水，开始分解。伴随着大量脱水的发生，导致混凝土微观结构下孔隙度的增大，相对应地使混凝土的弹性模量和强度显著降低。

参考文献

[1] KODUR V K R. Spalling in high strength concrete exposed to fire — concerns, causes, critical parameters and cures[C]. Proceedings, ASCE Structures Congress, Philadelphia, PA, 2000.

[2] PHAN L T, CARINO N J. The advanced technology in structural engineering[C]. Proceed-

ings of ASCE/SEI Structures Congress, Philadelphia, PA, 2000.

[3] ALI F A, O'CONNOR D, ABU-TAIR A. Explosive spalling of high-strength concrete columns in fire[J]. Magazine of concrete research, 2001, 53(3): 197-204.

[4] TRAFIKMINISTERIET. Safety for transport through the Great Belt Tunnel[C]. Danish Ministry of Transport, 1995.

[5] JERSILD J O, OTERGAARD-NIELSEN M, HERTZ K D. Televison program with full scale fire test of an element from the Great Belt Tunnel[C]. Rapporten, Danish Radio 1, 1998.

[6] COMEAU E, WOLF A. Fire in the chunnel[J]. NFPA Journal, 1996, 91(2): 58-64.

[7] WINNEY M. Arches brace chunnel for six month repair schedule[C]. New Civil Engineer, 1996.

[8] TENCHEV R T, LI L Y, PURKISS J A. Finite element analysis of coupled heat and moisture transfer in concrete subjected to fire[J]. Numerical hest transfer, 2001, 39: 685-710.

[9] ULM F J, COUSSY O, BAZANT Z P. The "Chunnel" fire. Ⅰ: Chemoplastic softening in rapidly heated concrete[J]. ASCE journal of engineering mechanics, 1999, 125(3): 272-282.

[10] ULM F J, ACKER P, LEVY M. The "Chunnel" fire. Ⅱ: Analysis of concrete damage[J]. ASCE journal of engineering mechanics, 1999, 125(3): 283-289.

[11] H. 索默. 高性能混凝土的耐久性[M]. 北京:科学出版社, 1998.

[12] HARMATHY T Z. Effect of moisture on the fire endurance of building materials[C]. ASTM, Philadelphia, 1965.

[13] CONSOLAZIO G R, MCVAY M C, RISH J W. Measurement and prediction of pore pressures in saturated cement mortar subjected to radiant heating[J]. ACI materials journal, 1998, 95(5): 525-536.

[14] 肖建庄, 李杰, 孙振平. 高性能混凝土结构抗火研究最新进展[J]. 工业建筑, 2001, 31(6): 53-56.

[15] CONSOLAZIO G R, CHUNG J H. Numeric simulation of near-surface moisture migration and stress development in concrete exposed to fire[J]. Computers and concrete, 2004, 1(1): 31-46.

[16] HERTZ K. Heat-induced explosion of dense concretes[C]. Institute of Building Design Report, Technical University of Denmark, 1984.

[17] PHAN L T. Fire performance of high-strength concrete: a report of the state-of-the-art[C]. National Institute of Standards and Technology, Gaithersburg, MD, 1996.

[18] PHAN L T, LAWSON J R, DAVIS F L. Effects of elevated temperature exposure on heating characteristics, spalling, and residual properties of high performance concrete[J]. Materials and structures, 2001, 34: 83-91.

[19] PHAN L T, CARINO N J. Effects of test conditions and mixture proportions on behavior of high-strength concrete exposed to high temperature[J]. ACI materials journal, 2002, 99

（1）：54-66.

[20] HERTZ K D. Limits of spalling of fire-exposed concrete[J]. Fire safety journal，2003，38：103-116.

[21] KALIFA P，MENNETEAU F D，QUENARD D. Spalling and pore pressure in HPC at high temperatures[J]. Cement and concrete research，2000，30：1915-1927.

[22] KALIFA P，CHENE G，GALLE C. High-temperature behavior of HPC with polypropylene fibers from spalling to microstructure[J]. Cement and concrete research，2001，31：1487-1499.

[23] KHOURY G A. Effect of fire on concrete and concrete structures[J]. Progress in structural engineering and materials，2000，2（4）：429-447.

[24] DIEDERICHS U，JUMPPANEN U M，SCHNEIDER U. High temperature properties and spalling behaviour of high strength concrete[C]. The 4th International Workshop on High Performance Concrete-Characteristics，Material Properties and Structural Performance，Weimar，Germany，1995.

[25] 雷鸣. 圈内人士谈中国超高层建筑趋势[J]. 中国教育报，2001，9（3）：12.

[26] 朋改非，陈延年，ANSON M. 高性能硅灰混凝土的高温爆裂与抗火性[J]. 建筑材料学报，1999，2（3）：193-198.

[27] SANJAYAN G，STOCKS L J. Spalling of high-strength silica fume concrete in fire[J]. ACI materials journal，1993，90（2）：170-173.

[28] CHAN Y N，LUO X，SUN W. Compressive strength and pore structure of high-performance concrete after exposure to high temperature up to 800 ℃ [J]. Cement and concrete research，2000，30（2）：247-251.

[29] LIN T D，CHOU S. Concrete fire test programs in Taiwan[C]. Workshop on Fire Performance of High-Strength Concrete，NIST. Gaithersburg，MD，1997，B. 1：55-58.

[30] 李惠. 高强混凝土及其组合结构[M]. 北京：科学出版社，2004.

[31] AHMED G N，HURST J P. An analytical approach for investigating the causes of spalling of high-strength concrete at high temperatures[C]. The Proceedings of International Workshop on Fire Performance of High-Strength Concrete，NIST，Gaithersburg，MD，1997，B.6：95-108.

[32] SHORTER G W，HARMATHY T Z. Moisture clog spalling[J]. Proceedings of institution of civil engineers，1965，20：75-90.

[33] MEYER-OTTENS C. The question of spalling of concrete structural elements of standard concrete under fire loading[D]. Technical University of Braunschweig，Germany，1972.

[34] AKHTARRUZAMAN A A，SULLIVAN P J. Explosive spalling of concrete exposed to high temperature[C]. Concrete Structures and Technology Research Report，Imperial College，London，1970.

[35] KHOYLOU N. Modelling of moisture migration and spalling behaviour in non-uniformly heated concrete[D]. University of London，England，1997.

[36] ICHIKAWA Y. Prediction of pore pressures, heat and moisture transfer leading to spalling of concrete during fire[D]. University of London, England, 2000.

[37] BAZANT Z P. Analysis of pore pressure, thermal stress and fracture in rapidly heated concrete[C]. International Workshop on Fire Performance of High-Strength Concrete, NIST. Gaithersburg, MD, 1997, B.10: 155-164.

[38] SAITO H. Explosive spalling of prestressed concrete in fire[C]. Occasional Report No. 22, Japan, Building Research Institute, 1965.

[39] DOUGILL J W. Modes of failure of concrete panels exposed to high temperatures[J]. Magazine of concrete research, 1972, 24(79): 71-76.

[40] SERTMEHMETOGLU Y. On a mechanism of spalling of concrete under fire conditions[D]. King's College, London, 1977.

[41] CONNOLLY R J. The spalling of concrete in fires[D]. Aston University, England, 1995.

[42] ANDERBERG Y. Spalling phenomena of HPC and OC[C]. International Workshop on Fire Performance of High-Strength Concrete, NIST, Gaithersburg, MD, 1997, B.3: 69-73.

[43] 刘钧. 浅谈火灾情况下混凝土的爆裂及预防措施[J]. 时代消防, 1997, 11: 34-35.

[44] 游有鲲. 高强混凝土抗火灾性能改善措施与评价方法研究[D]. 南京:东南大学, 2004.

[45] 杜红秀, 张雄. HSC/HPC 的火灾(高温)性能研究进展[J]. 建筑材料学报, 2003, 6(4): 391-396.

[46] SARVARANTA L, MIKKOLA E. Fibre mortar composites under fire conditions: effects of ageing and moisture content of specimens[J]. Materials and structures, 1994, 27: 532-538.

[47] 李敏, 钱春香, 王珩, 等. 高性能混凝土火灾条件下抗爆裂性能的研究[J]. 工业建筑, 2001, 31(10): 47-49.

[48] HOFF G C, BILODEAU A, MALHOTRA V M. Elevated temperature effects on HSC residual strength[J]. Concrete international, 2000, 22(4): 41-47.

[49] 袁杰, 吴波. PP 纤维高强混凝土的和易性及高温后抗压强度的试验研究[J]. 混凝土, 2001, 3: 30-33.

[50] 肖建庄, 王平. 掺聚丙烯纤维高性能混凝土高温后的抗压性能[J]. 建筑材料学报, 2004, 7(3): 281-285.

[51] 钱春香, 游有鲲. 抑制高强混凝土受火爆裂的措施[J]. 硅酸盐学报, 2005, 33(7): 846-852.

[52] BAYASI Z, DHAHERI M A. Effect of exposure to elevated temperature on polypropylene fiber-reinforced concrete[J]. ACI materials journal, 2002, 99(1): 22-26.

[53] KUTZING L. Fire resistance of high performance concrete with fibre cocktails[J]. Lacer, 1999, 4: 185-191.

[54] KODUR V K R, CHENG F P, WANG T C, et al. Effect of strength and fiber reinforcement on fire resistance of high-strength concrete columns[J]. ASCE journal of structural engineering, 2003, 129(2): 253-259.

[55] BENTZ D. Fibers, percolation and spalling of high-performance concrete[J]. ACI materials

journal, 2000, 97(3): 351-359.

[56] ALI F, NADJAI A, SILCOCK G, et al. Outcomes of a major research on fire resistance of concrete columns[J]. Fire safety journal, 2004, 39(6): 433-445.

[57] POON C S, SHUI Z H, LAM L. Compressive behavior of fiber reinforced high-performance concrete subjected to elevated temperatures[J]. Cement and concrete research, 2004, 34(12): 2215-2222.

[58] HAN C G, HWANG Y S, YANG S H, et al. Performance of spalling resistance of high performance concrete with polypropylene fiber contents and lateral confinement[J]. Cement and concrete research, 2005, 35(9): 1747-1753.

[59] NOUMOWE A. Mechanical properties and microstructure of high strength concrete containing polypropylene fibres exposed to temperatures up to 200℃ [J]. Cement and concrete research, 2005, 35(11): 2192-2198.

[60] HERTZ K D, SØRENSEN L S. Test method for spalling of fire exposed concrete[J]. Fire safety journal, 2005, 40(5): 466-476.

[61] XIAO J Z, FALKNER H. On residual strength of high-performance concrete with and without polypropylene fibres at elevated temperatures[J]. Fire safety journal, 2006, 41(2): 115-121.

[62] PENG G F, YANG W W, ZHAO J, et al. Explosive spalling and residual mechanical properties of fiber-toughened high-performance concrete subjected to high temperatures[J]. Cement and concrete research, 2006, 36(4): 723-727.

[63] 杜咏，严奥宇，戚洪辉. 纤维增强超高强混凝土防高温爆裂研究[J]. 建筑材料学报，2021，24(01)：216-223.

[64] 董香军，丁一宁，王岳华. 高温条件下混凝土的力学性能与抗爆裂[J]. 工业建筑，2005，S1：703-705.

[65] REIS M L B C, NEVES C, TADEU A J B, et al. High-temperature compressive strength of steel fiber high-strength concrete[J]. ASCE journal of materials in civil engineering, 2001, 13(3): 230-234.

[66] LAU A, ANSON M. Effect of high temperatures on high performance steel fibre reinforced concrete[J]. Cement and concrete research, 2006, 36: 1698-1707.

[67] BHAT M D, REHMAN M U, SHAFI I, et al. The effect of polypropylene and steel fibers on the properties of concrete at normal and elevated temperatures-a review[J]. Iranian journal of science and technology, transaction of civil engineering, 2022, 46(3): 1805-1823.

[68] 鞠丽艳，张雄. 混杂纤维对高性能混凝土高温性能的影响[J]. 同济大学学报，2006，34(1)：89-92.

[69] 王正友，廖明成，于水军，等. 混杂纤维高性能混凝土高温性能试验[J]. 焦作工学院学报，2002，21(5)：338-340.

[70] 陈猛，李骛，张通. 混杂聚丙烯纤维-回收轮胎钢纤维增强 UHPC 高温后力学性能[J]. 建筑材料学报，2023，26(7)：716-722.

[71] 罗伊明，张博，刘彦钰，等. 混杂纤维增强超高性能混凝土的高温性能试验研究[J]. 硅酸盐通报，2024，43(3)：825-832.
[72] 杨丹妮. 混凝土在火灾作用下高温力学性能分析及加固实例[J]. 建筑技术开发，2000，4：51-52.
[73] BAZANT Z P，KAPLAN M F. Concrete at high temperatures[M]. Longman Group Limited，UK，1996.
[74] 陈荣毅，沈祖炎. 钢筋混凝土结构抗火设计述评[J]. 工业建筑，1999，29(8)：13-16.
[75] FU Y F. Thermal stresses and associated damage in concrete at elevated temperatures[D]. The Hong Kong Polytechnic University，Hong Kong，2003.
[76] CHANG W T，WANG C T，HUANG C W. Concrete at temperatures above 1000 ℃ [J]. Fire safety journal，1994，23：223-243.
[77] 覃丽坤，宋玉普，王玉杰，等. 高温对混凝土力学性能影响的试验研究[J]. 混凝土，2004，5：9-11.
[78] 王文仲，郑秀梅，李广军. 高温作用后混凝土强度损失及原因分析[J]. 佳木斯大学学报，2004，22(4)：526-528.
[79] PHILLEO R. Some physical properties of concrete at high temperatures[J]. ACI materials journal，1958，29(10)：857-864.
[80] ZOLDNERS N G. Effect of high temperatures on concrete incorporating different aggregate[J]. Engineering，materials science，1960，60：1087-1108.
[81] HARMATHY T Z. Thermal properties of concrete at elevated temperatures[J]. Journal of materials，1970，5(1)：47-74.
[82] HARMATHY T Z. Fire safety design and concrete[M]. Longman House，England，1993.
[83] MEHTA P K，MONTEIRO P J M. Concrete：structure，properties and materials[M]. Pretice-hall，USA，1993.
[84] PENG G F. Evaluation of fire damage to high performance concrete[D]. The Hong Kong Polytechnic University，Hong Kong，2000.
[85] 过镇海，时旭东. 钢筋混凝土的高温性能及其计算[M]. 北京：清华大学出版社，2003.
[86] 冯乃谦. 高性能混凝土[M]. 北京：中国建筑工业出版社，1996.

第2章　多孔多相介质和混凝土的基本概念

混凝土是由不同成分的骨料、水泥、砂和水等构成的，当分析合成混凝土材料的性质及其在工业生产上的特殊组成方式，以及在宏观与平均意义上遍布整个混凝土区域的基本特性时，可将混凝土视为含固相、孔隙液体和孔隙气体的三相介质，即非饱和变形多孔多相介质材料。本书的研究工作是基于多孔多相介质的连续介质方法开展的，本章简要介绍多孔多相介质的基本理论和混凝土的一些基本概念。

2.1　多孔多相介质的定义

多孔多相介质广泛存在于自然界和工程领域，如土壤、岩石、生物组织、建筑材料等。不十分典型但仍属于多孔多相介质的是岩溶石灰岩地层，它具有畅通无阻的通道（如溶沟或溶洞），通道可能较大且相距很远。所有上述这些物质都有若干可以把它们归类为多孔多相介质的共同特点。首先，我们可以把多孔多相介质看作带有空洞的固体。显然，一个空心的金属圆筒一般不应当看成多孔多相介质，而一块具有孤立孔眼或空洞的固体也不是多孔多相介质。我们的意图是从流体通过介质流动的观点来定义多孔多相介质，而非其他观点。概括以上初步说明，多孔多相介质可定义如下。

（1）由多相物质所占据的一部分空间。在多相物质中至少有一相是非固态的，它们可以是气相和（或）液相的。固体相称为固体骨架，在多孔多相介质范围内没有固体骨架的那部分空间称作孔隙空间。

（2）在多孔多相介质所占据的范围内，固体相应遍及整个多孔多相介质，并存在于每一个表征体积元内。

（3）至少构成孔隙空间的某些孔洞应当相互连通。就流体通过多孔多相介质的流动而言，不连通的孔隙可以视为固体骨架部分。

上述几点可以说是多孔多相介质的主要特点。事实上，对孔隙空间中的流体流动来说，固体表面起着边界的作用，但要确定固体表面的集合性状却很难。

2.2　表征体积元

事实上，在多孔多相介质中，无论是固体骨架还是孔隙液体和孔隙气体，从微观来讲都是非均匀分布的，但是直接从微观角度用数学手段对固体骨架和孔隙空间以及孔隙流体进行建模，进而采用固体力学和流体力学等相关知识来求解的方法，往往会因为问题的规模过于庞大而难以用来解决实际工程问题，因而只能寻求其他有效的方法来描述多孔多相介质的性质。多孔多相介质的连续介质方法就是一种在宏观尺度下的有效描述方法，它认为多孔多相介质是一种连续性的介质，固相、液相或气相相互重叠并充满整个空间。也就是说，如果将混凝土区域分割成足够大的多个样本，使其中包含相当多的固相和孔隙，同时又保证样本足够小，以便能够准确地代表混凝土区域内任意点的邻域，那么在每个样本中都能找到固相、液相和气相。满足上述条件的样本体积称作混凝土区域内给定点的表征体积元(Representative Elementary Volume，REV)。

Bear 和 Bachmat 定义的作为多相材料的混凝土具有以下特性。

1. 表征体积元

无论我们将表征体积元放置于混凝土区域的何处，它始终都包含所有三相物质，即固相、液相和气相，如图 2.1 所示。如果在给定混凝土区域内无法找到这样的表征体积元，那么该混凝土区域就不能量化为多孔介质区域。

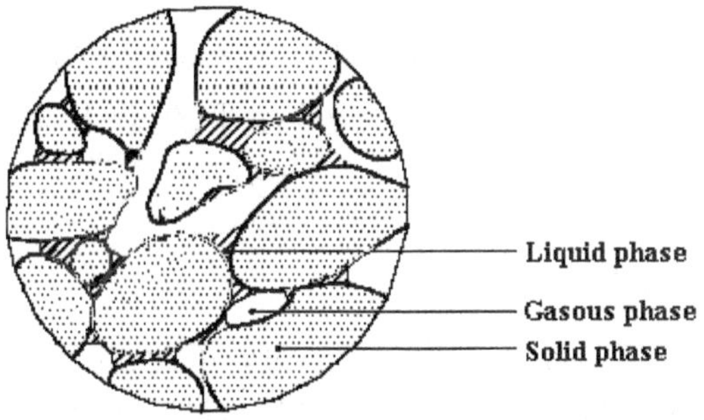

图 2.1　被三相物质占据的表征体积元

Fig. 2.1　A REV occupied by the three-phase matter

2. 表征体积元的尺寸(size of the REV)

表征体积元的尺寸是指能够代表孔隙空间和固体骨架分布特性的统计学意义上的参数。

因此，一个混凝土表征体积元应该包括固相(骨料、化学束缚水和以结晶物形式存在的盐分)、液相(自由水、物理束缚水和溶解在液相中的盐分)、气相(干空气和水蒸气)。

2.3　空间平均化方法

多孔介质中流体的运动发生在固体骨架围成的孔隙中，即流体在以孔隙或缝隙表面为边界的小通道中运动。从这种尺度上研究多孔介质中的各种现象称为微观层次上的方法。由于多孔介质微观结构的复杂性，在实际上要从微观层次进行研究是非常困难的，因此只能从微观水平过渡到比较粗糙的宏观水平来描述多孔介质中的各种现象。下面介绍的平均化方法是实现这一过渡的基本方法。

考虑多孔介质区域中的一个坐标向量为 $\boldsymbol{x}=[x_1,x_2,x_3]^{\mathrm{T}}$ 的数学点。取以 $\boldsymbol{x}$ 为中心的一个小球体或小立方体，将其体积记为 $[U_0(\boldsymbol{x})]$，此微元被定义为多孔介质的一个质点。

一方面，把 $[U_0(\boldsymbol{x})]$ 取得足够大，使其中包含相当多的固体颗粒和孔隙，以致我们可以得到在 $[U_0(\boldsymbol{x})]$ 上确定的一些物理量的稳定平均值，如把 $[U_0(\boldsymbol{x})]$ 中孔隙部分记为 $[U_{0,\mathrm{v}}(\boldsymbol{x})]$，则当 $[U_0(\boldsymbol{x})]$ 的大小在一定范围内变动时，体积比

$$n = \frac{U_{0,\mathrm{v}}(\boldsymbol{x})}{U_0(\boldsymbol{x})} \tag{2.1}$$

基本保持为常数,因而可以把它确定为 $\boldsymbol{x}$ 处的孔隙度。另一方面,$[U_0(\boldsymbol{x})]$ 又取得足够小,以致与整个多孔介质区域相比,其可近似看作一个点。这样的多孔介质的质点就是前文所定义的多孔介质的表征体积元。

让多孔介质区域中的每个数学点都联系一个多孔介质质点,则本来由固体颗粒和孔隙所构成的多孔介质就可以近似看成由完全充满空间的多孔介质质点所构成的连续介质,各种有关的量或参数也相应地成为空间中的连续甚至可微的函数,从而避免了多孔介质微观结构带来的困难。基于这一尺度研究多孔介质中所发生现象的方法称为宏观水平上的空间平均化方法。

为简单起见,我们考虑饱和流动,此时多孔介质的孔隙空间全部被所考虑的流体充满。设 a 是对孔隙空间中的流体所定义的一种微观水平的量(标量或向量),在表征体积元 $[U_0(\boldsymbol{x})]$ 的孔隙空间 $[U_{0,\mathrm{v}}(\boldsymbol{x})]$ 上 a 的积分平均值为

$$\bar{a} = \frac{1}{U_{0,\mathrm{v}}(\boldsymbol{x})}\int_{[U_{0,\mathrm{v}}(\boldsymbol{x})]} a\mathrm{d}U_{0,\mathrm{v}} \tag{2.2}$$

$\bar{a}$ 是与多孔介质质点相联系的宏观水平上的量。因此,任何微观水平上的量经式(2.2)的空间平均便可得到相应的宏观水平上的量。对某些量 a 还可以补充规定它在固体颗粒所占据点上的值为零,此时式(2.2)可以改写为

$$\bar{a} = \frac{1}{nU_0(\boldsymbol{x})}\int_{[U_0(\boldsymbol{x})]} a\mathrm{d}U_0 \tag{2.3}$$

式中:n 是由式(2.1)确定的体积比。

若用 $\mathring{a}$ 表示 a 与其平均值 $\bar{a}$ 之间的偏差,即令

$$\mathring{a} = a - \bar{a} \tag{2.4}$$

则对于空间平均化,可以提出以下几条简单的性质。

(1)$\overline{\mathring{a}} = 0$,即

$$\begin{aligned}\overline{\mathring{a}} &= \frac{1}{U_{0,\mathrm{v}}(\boldsymbol{x})}\int_{[U_{0,\mathrm{v}}(\boldsymbol{x})]} (a-\bar{a})\mathrm{d}U_{0,\mathrm{v}} \\ &= \frac{1}{U_{0,\mathrm{v}}(\boldsymbol{x})}\int_{[U_{0,\mathrm{v}}(\boldsymbol{x})]} a\mathrm{d}U_{0,\mathrm{v}} = \bar{a} - \bar{a} = 0\end{aligned} \tag{2.5}$$

(2)对于两个量 a_1 和 a_2 乘积的平均,有

$$\overline{a_1a_2} = \bar{a}_1\bar{a}_2 + \overline{\mathring{a}_1\mathring{a}_2} \tag{2.6}$$

(3)用类似的方法可以证明,有

$$\mathring{(a_1a_2)} = \mathring{a}_1\bar{a}_2 + \bar{a}_1\mathring{a}_2 + \mathring{a}_1\mathring{a}_2 - \overline{\mathring{a}_1\mathring{a}_2} \tag{2.7}$$

2.4 多孔多相介质中相的性质及其关系

概括来讲,一般的多孔多相介质实质上包含固相(孔隙介质)、两个彼此不混溶的液相

(孔隙水和孔隙气体)以及两个不混溶流相之间的界面薄膜,共四相。"界面相"对于确定该系统的状态起到了重要的作用,但通常"界面相"不被作为独立的相考虑。"界面相"的效应将通过两个不混溶流相之间的毛细压力(或习惯称为吸力 p_c)体现,它定义为两个不混溶流相的压力差,即 $p_c = p_a - p_w$。因此,混凝土在多孔多相介质力学中被模型化为包含固相、液相和气相的三相毛细系统。表示多孔多相介质中的三相组成比例关系的指标,称为多孔多相介质的三相比例指标,具体包括固体颗粒密度、水和空气的密度、孔隙度和饱和度等。

图 2.2 所示为多孔多相介质单元体积中三相组成示意图。其中,m_s 是固体骨架的质量,m_w 是多孔多相介质中水的质量,m_a 是多孔多相介质中干空气的质量,m_v 是多孔多相介质中水蒸气的质量,m 是多孔多相介质的总质量,即 $m = m_s + m_w + m_a + m_v$;$V_s$、$V_w$、$V_g$ 分别是固体颗粒、孔隙水和孔隙气的体积,V_v 是多孔多相介质中孔隙的体积,且 $V_v = V_g + V_w$,V 表示单元体积,即 $V = V_g + V_w + V_s$。

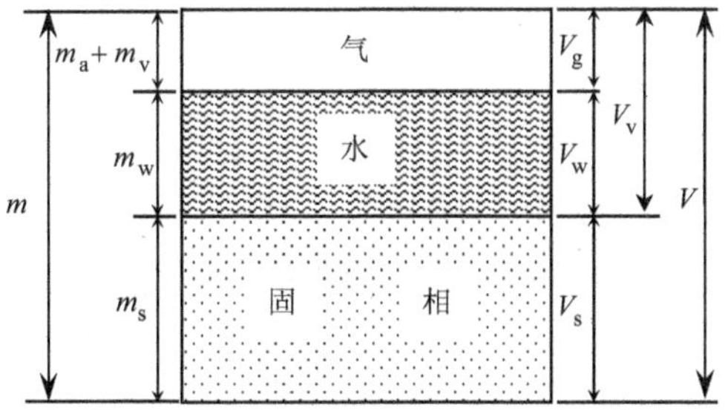

图 2.2　多孔多相介质的三相组成

Fig. 2.2　Three-phase constitution of porous polyphase media

2.4.1　固相

非饱和多孔多相介质材料中包含的固相是材料的主体,它决定着材料的性质,也是一种材料区别于另一种材料的依据。材料固相颗粒大小和矿物成分的不同,可使其具有完全不同的性质。但是固相颗粒大小与矿物成分之间存在一定的联系,这种联系是在材料的形成过程中自然形成的。如土的性质取决于不同粒组的相对含量,这种相对的比例关系也称为土的颗粒级配。

2.4.2　水相

多孔多相介质中的水可分为液态水、固态水(冰)和气态水(水蒸气)等三个部分,且通常以液态水最为重要。液态水与固相颗粒的相互作用十分复杂,根据其作用的不同特点,液态水可分为表面结合水、毛细水和重力水,其特性及对介质性质的影响有很大不同,且习惯上把毛细水和重力水称为自由水。

1. 结合水

结合水是细小固相颗粒因表面的静电引力而在其周围吸附的水,它在固相颗粒表面形成了一层水膜,因此也称为结合水膜或水化膜。通常认为结合水的密度较自由水大,具有较高的黏滞性和抗剪强度，且不能传递静水压力，不受重力作用而转移。结合水越靠近固相颗粒表面被吸附得越紧密，活动性越小；而离固相颗粒表面越远，受到的吸引力越弱，活动性越强。结合水可分为强结合水和弱结合水。

1）强结合水

强结合水是最靠近颗粒表面的结合水。以常见的多孔介质材料土壤为例，强结合水在砂土中含量极微，最多也不超过结合水总量的 1%，只含强结合水的砂土通常呈散粒状态；强结合水在黏性土中的含量可达 10%~20%，甚至某些土可达到 30%，只含强结合水的黏性土通常呈坚硬的固体状态。

2）弱结合水

弱结合水也称薄膜水、物理束缚水，位于强结合水外围，占结合水的大部分。弱结合水受到的粒面吸引力随着离粒面距离的增大而减弱，并可向引力较大处或结合水层较薄处转移。弱结合水在介质中的含量可在一些外因影响下发生变化，从而引起多孔介质物理力学性质的显著变化，尤其受温度的影响十分明显，在高温状态下弱结合水能大量地转化为自由水。

2. 毛细水

一般认为毛细水存在于固、液、气三相的交界面处。由于分子引力和水的表面张力克服了水的重力影响，毛细水能在固相颗粒间的缝隙中滞留或能够上升到一定的高度。进一步的研究表明，毛细水的升高与固相颗粒的粗细、形状和矿物成分、多孔介质的紧密程度以及水溶液的成分和浓度等因素相关。

3. 重力水

重力水是在重力或压力差作用下运动的普通水，它存在于固相颗粒间的较大孔隙中。重力水对水中的固相颗粒有浮托力，可传递静水压力。

2.4.3 气相

多孔介质中的气体主要由空气和水蒸气组成，有时也可能含有一定浓度的其他气体，如甲烷、二氧化碳等。水蒸气与空气是混合在一起的，然而空气的存在并不影响水蒸气的性状。这个现象可以用道尔顿（Dalton）分压定律表达，即气体混合物的压力等于各个组成气体分压力的总和，而组成气体的分压力等于该组成气体单独充满全部体积时的压力，即气体混合物中的某一种气体的性状与其他组成气体无关。

通常与大气相通的空气对多孔介质的力学行为影响不大。但是在深层多孔介质内部的气体有的能呈现独立封闭的气泡，有的能溶于水，因此多孔介质中的空气也能引起介质的力学性能变化。

2.4.4 三相的基本物理指标

1. 孔隙度和孔隙比

孔隙度 n 定义为孔隙体积 V_v 与总体积 V 的比值（图 2.2），即

$$n=\frac{V_v}{V} \tag{2.8}$$

孔隙比 e 定义为孔隙体积与多孔多相介质固体颗粒体积的比值，即

$$e=\frac{V_{\mathrm{v}}}{V_{\mathrm{s}}} \tag{2.9}$$

孔隙度与孔隙比的关系可从体积换算中得到，即

$$n=\frac{e}{1+e} \text{或} e=\frac{n}{1-n} \tag{2.10}$$

2. 饱和度

水的饱和度 S_{l} 定义为水占据孔隙体积的百分比，即

$$S_{\mathrm{l}}=\frac{V_{\mathrm{w}}}{V_{\mathrm{v}}}\times 100\% \tag{2.11}$$

根据饱和度的不同，可将多孔多相介质分为以下三类。

（1）干介质（即 $S_{\mathrm{l}}=0\%$）：介质中只有固体颗粒和空气。

（2）饱和多孔多相介质（即 $S_{\mathrm{l}}=100\%$）：水充满介质的全部孔隙。

（3）非饱和多孔多相介质（即 $0\%<S_{\mathrm{l}}<100\%$）。

由图 2.2 和式（2.11），我们可以得到水的饱和度 S_{l} 和孔隙气体的饱和度 S_{g} 之和为 1。当我们假设在界面上这两种流体无相变和化学变化时，多孔多相介质流称为不混溶的两相流。

3. 含水量

含水量 w 定义为水的质量与多孔介质固体颗粒质量的比值，通常也以百分比表示，即

$$w=\frac{m_{\mathrm{w}}}{m_{\mathrm{s}}}\times 100\% \tag{2.12}$$

含水量 w 也称为重力含水量。

另外，还有体积含水量。水的体积含水量 θ_{w} 定义为水的体积 V_{w} 与多孔介质的总体积 V 的比值，即

$$\theta_{\mathrm{w}}=\frac{V_{\mathrm{w}}}{V} \tag{2.13}$$

体积含水量也可用孔隙度、饱和度和孔隙比的函数形式表示，即

$$\theta_{\mathrm{w}}=\frac{S_{\mathrm{l}}V_{\mathrm{v}}}{V}=nS_{\mathrm{l}} \tag{2.14a}$$

或

$$\theta_{\mathrm{w}}=\frac{S_{\mathrm{l}}e}{1+e} \tag{2.14b}$$

4. 固相骨架密度

固相骨架密度 ρ_{s} 定义为

$$\rho_{\mathrm{s}}=\frac{m_{\mathrm{s}}}{V_{\mathrm{s}}} \tag{2.15}$$

进而可以定义固相骨架的表观密度为

$$\rho^{\mathrm{s}}=(1-n)\rho_{\mathrm{s}} \tag{2.16}$$

5. 介质中水的密度

多孔多相介质中水的密度 ρ_w 定义为

$$\rho_w = \frac{m_w}{V_w} \tag{2.17}$$

在多孔多相介质力学中，水和空气的密度可以随压力和温度的改变而变化。其关系式将在以后的章节加以介绍。

进而可以定义水的表观密度为

$$\rho^w = nS_l\rho_w \tag{2.18}$$

6. 多孔介质中干空气的密度

多孔多相介质中空气的密度 ρ_a 可定义为

$$\rho_a = \frac{m_a}{V_g} \tag{2.19}$$

进而可以定义干空气的表观密度为

$$\rho^a = nS_g\rho_a \tag{2.20}$$

7. 多孔介质中水蒸气的密度

多孔多相介质中水蒸气的密度 ρ_v 可定义为

$$\rho_v = \frac{m_v}{V_g} \tag{2.21}$$

进而可以定义水蒸气的表观密度为

$$\rho^v = nS_g\rho_v \tag{2.22}$$

8. 多孔介质中混合气体的密度

多孔多相介质中混合气体的密度 ρ_g 可定义为

$$\rho_g = \frac{m_a + m_v}{V_g} = \rho_a + \rho_v \tag{2.23}$$

定义混合气体的表观密度为

$$\rho^g = nS_g\rho_g \tag{2.24}$$

9. 多孔多相介质的密度

多孔多相介质的密度定义为单位体积多孔多相介质的质量，即

$$\rho = \frac{m}{V} \tag{2.25}$$

2.5 混凝土的一些基本概念

混凝土是指由胶凝材料(胶结料)、粗细骨料和水(或不加水)及其他材料，按适当的比例配合、拌合配制并硬化而成的具有所需形体、强度和耐久性的人造石材。混凝土常简写为“砼”。下面介绍混凝土的一些基本概念。

2.5.1　混凝土的分类

1. 按表观密度分类

1）重混凝土

为了屏蔽各种射线的辐射，采用各种高密度骨料配制的混凝土，表观密度> 2 800 kg/m^3；骨料为钢屑、重晶石、铁矿石等重骨料，水泥为钡水泥、锶水泥等重水泥，又称防辐射混凝土，用作核能工厂的屏障结构材料。

2）普通混凝土

普通混凝土表观密度 2 000~2 800 kg/m^3，骨料为天然砂、石表现，密度一般在 2 500 kg/m^3 左右，用作各种建筑的承重结构材料。

3）轻混凝土

轻混凝土表观密度<1 950 kg/m^3，骨料为多孔轻质骨料，或无砂的大孔混凝土，或不采用骨料而掺入加气剂或泡沫剂形成的多孔结构混凝土，主要用作轻质结构（大跨度）材料和隔热保温材料。

2. 按用途分类

混凝土按用途可分为结构混凝土（普通混凝土）、防水混凝土、耐热混凝土、耐酸混凝土、大体积混凝土、防辐射混凝土、道路混凝土等。

3. 按所用胶凝材料分类

混凝土按所用胶凝材料可分为水泥混凝土、石膏混凝土、沥青混凝土、聚合物混凝土、水玻璃混凝土等。

4. 按强度等级分类

（1）低强度混凝土：抗压强度 ≤30 MPa。

（2）中强度混凝土：抗压强度 30~60 MPa。

（3）高强度混凝土：抗压强度 60~100 MPa。

（4）超高强度混凝土：抗压强度 ≥100 MPa。

5. 按生产和施工方法分类

混凝土按生产和施工方法可分为预拌混凝土（商品混凝土）、泵送混凝土、喷射混凝土、压力灌浆混凝土、碾压混凝土、挤压混凝土、真空脱水混凝土、离心混凝土等。

2.5.2　混凝土的组成材料

水泥混凝土（cement concrete）或称普通混凝土（简称混凝土），它是以水泥为胶凝材料，砂石为骨料，加水并掺入适量外加剂和掺合料拌制而成的，它是当今世界上用途最广、用量最大的人造建筑材料，而且是重要的建筑结构材料。

在混凝土中，砂、石起骨架作用，故称为骨料（aggregate），又称为集料，其中砂子称为细骨料（fine aggregate），石子称为粗骨料（coarse aggregate）；水泥与水形成水泥浆，水泥浆包裹在骨料表面并填充其孔隙。在硬化前，水泥浆起润滑作用，赋予拌合物一定和易性，便于施工。在硬化后，水泥浆则将骨料胶结成一个坚实的整体，使混凝土产生强度，成为坚硬的人造石材。另外，外加剂起改性作用，掺合料起降低成本和改性作用。混凝土的结构如图

2.3 所示。

混凝土的技术性质在很大程度上是由原材料的性质及其相对含量决定的，同时也与施工工艺（搅拌、成型、养护）有关。因此，我们必须了解混凝土原材料的性质、作用及其质量要求，合理选择原材料，才能保证混凝土的质量。

1. 水泥

1）水泥品种的选择

水泥品种应根据工程性质及特点、工程所处环境及施工条件，结合各种水泥的特性，合理选择。常用水泥品种的选用参考相关通用水泥的选用规范。

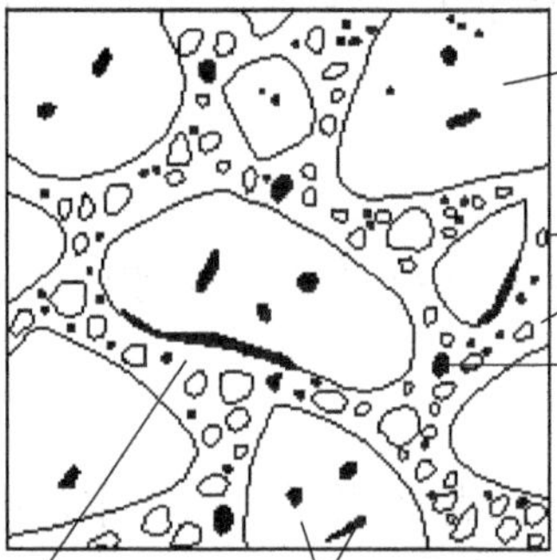

图 2.3 混凝土的结构

Fig. 2.3 The structure of concrete

2）水泥强度等级的选择

（1）选用原则：选择与混凝土的设计强度等级相适应的水泥标号。

（2）普通混凝土：水泥强度等级为混凝土强度等级的 1.5~2.0 倍。

（3）高强度混凝土：水泥标号为混凝土强度等级的 0.9~1.5 倍。

2. 骨料

混凝土所用的骨料按其粒径大小可分为细骨料和粗骨料两种，其中粒径在 0.15~4.75 mm 为细骨料，粒径在 4.75~90 mm 为粗骨料。通常粗细骨料的总体积占混凝土总体积的 70%~80%。

骨料性能要求：有害杂质含量少；具有良好的颗粒形状，适宜的颗粒级配和细度及表面粗糙度，与水泥黏结牢固；性能稳定，坚固耐久。

3. 混凝土拌合及养护用水

（1）宜采用水：饮用水。

（2）不宜采用水：海水、生活污水。

（3）需检验方可使用水：地表水和地下水，必须按《混凝土用水标准》（JGJ 63—2006）检验合格后才能使用。

4. 外加剂

混凝土的外加剂是指在混凝土拌合过程中掺入的能显著改善混凝土性能的物质，其掺量一般不大于水泥质量的 5%。由于外加剂对混凝土性能的改善，它在工程中应用的比例越来越高，不少国家使用掺外加剂的混凝土已占混凝土总量的 60%~90%，因此外加剂逐渐成为混凝土的第五种成分。

5. 掺合料

混凝土的掺合料是指在混凝土搅拌前或搅拌过程中，与混凝土其他组分一起，直接加入的人造或天然的矿物材料以及工业废料，其掺量一般大于水泥质量的 5%，其目的是改善混凝土性能、调节混凝土强度等级和节约水泥用量等。

掺合料与水泥混合材料在种类上基本相同，主要有粉煤灰、硅灰、磨细矿渣粉、磨细自燃煤矸石以及其他工业废渣。其中，粉煤灰是目前用量最大、使用范围最广的掺合料。

2.5.3 高性能混凝土

高性能混凝土的研究是当今土木工程界最热门的课题之一。挪威于 1986 年首先对此进行了研究。在 1990 年 5 月美国国家标准与技术研究院（NIST）与美国混凝土协会（ACI）共同主办的一次研讨会上，首先提出“高性能混凝土”这个名词。大会认为 HPC 是同时具有某些性能的匀质混凝土，必须采用严格的施工工艺与优质的原材料，配制成便于浇捣、不离析、力学性能稳定、早期强度高，并具有韧性和体积稳定性的混凝土；它特别适用于高层建筑、桥梁以及暴露在严格环境下的建筑物。

自“高性能混凝土”一词提出以来，至今对它还没有统一的解释或定义。以美国的 Mehta 和加拿大的 Aitcin 为代表的学者们认为高性能混凝土应该是高耐久性的，而不仅仅是高强度的。除高强度外，高耐久性还应该包括高体积稳定性（低干缩、低徐变、低温度变形和高弹性模量）、低渗透性和良好的工作性能（高流动性、高黏聚性、自密实性）；法国规定高性能混凝土的圆柱体强度应该在 50 MPa 以上；以东京大学冈村甫为代表的日本学者认为高流态、免振自密实混凝土就是高性能混凝土，他们认为高性能混凝土不仅具有良好的工作性能，而且应该具有良好的体积稳定性。

由此可知，不同的学者或技术人员对高性能混凝土的定义与理解有所不同。但大多数认为 HPC 的强度应该不低于 50~60 MPa。我国的吴中伟院士认为，应该根据用途和经济合理等条件对性能有所侧重，现阶段 HPC 强度低限可向中等强度（30 MPa）适当延伸，但以不损害混凝土内部结构（孔结构、界面结构、水化物结构等）的发展与耐久性为度，并据此提出了 HPC 的初步定义：HPC 是一种新型的高技术混凝土，它是在大幅度提高混凝土性能的基础上，采用现代混凝土技术，选用优质原材料，并在严格的质量管理条件下制成的；除水泥、水、集料外，必须掺加足够数量的细掺合料与高效外加剂，HPC 重点保证高耐久性、工作性、各种力学性能、适用性、体积稳定性以及经济合理性。他后来又进一步明确：HPC 是一种新型的高技术混凝土，它是在大幅度提高常规混凝土性能的基础上，采用现代混凝土技术，选用优质原材料，并在妥善的质量控制下制成的；除采用优质水泥、水和集料外，必须采用低水胶比和掺加足够数量的矿物细掺合料与高效外加剂，HPC 应同时保证耐久性、工作性、各种力学性能、适用性、体积稳定性和经济合理性。

参考文献

[1] BEAR J，ZASLAVSKY D，IRMAY S. Physical principles of water percolation and seepage[C]. UNESCO，Paris，1968.

[2] 严俊，王海军，杨阳. 多孔介质多场耦合数学模型及其应用[M]. 北京：中国水利水电出版社，2018.

[3] CHUNG J H. Numerical simulation of hydro-thermo-mechanical behavior of concrete structures exposed to elevated temperatures[D]. University of Florida，USA，2003.

[4] BLACKWELL R J. Dynamics of fluids in porous media[M]. New York：Dover Publications，Inc.，1972.

[5] BEAR J，BACHMAT Y. Introduction to modeling of transport phenomena in porous media[M]. Dordrecht，Netherlands：Kluwer Academic Publishers，1998.

[6] 孙讷正. 地下水污染数学模型和数值方法[M]. 北京：地质出版社，1988.

[7] 刘正武. 土木工程材料[M]. 上海：同济大学出版社，2005.

[8] 柳俊哲，宋少民，赵志曼. 土木工程材料[M]. 北京：科学出版社，2005.

[9] 柯国军，严兵，刘红宇. 土木工程材料[M]. 北京：北京大学出版社，2006.

[10] AITCIN，P C. The art and science of durable high-performance concrete[C]. Proceedings of the Nelu Spiratos Symposium，Committee for the Organization of CANMET/ACI Conferences，2003：69-88.

[11] 吴中伟. 高性能混凝土（HPC）的发展趋势与问题[J]. 建筑技术，1998，29（1）：8-13.

[12] 吴中伟. 高性能混凝土及其矿物细掺料[J]. 建筑技术，1999，30（3）：160-163.

第 3 章　多孔多相介质流固耦合模拟

多孔多相介质流固耦合问题是一个涉及多学科交叉的复杂研究领域,它主要关注多孔多相介质中流体(液相、气相或它们的组合)与固体骨架之间的相互作用,这种相互作用不仅影响流体的流动特性,还可能导致固体骨架的变形或失稳。本章简要介绍用于多孔多相介质流固耦合分析的数学模型以及相应的有限元方法,并给出用于描述流体(包括气体、液体和气液两相流体)状态和流动规律的主要状态方程和本构关系。

3.1　数学模型

3.1.1　研究概况

多孔多相介质流固耦合问题的研究对于理解多孔介质中流体和固体之间的相互作用机制、预测多孔介质的行为特性以及指导相关工程实践具有重要意义。在工程领域,如地下水文学、石油工程、岩土工程、环境工程等,多孔多相介质流固耦合问题的研究直接关系到地下水资源的开发利用、油气资源的开采效率、地下工程结构的稳定性以及环境污染的控制等关键问题。多孔介质中的多相流动和质量传递的数值模拟越来越受到关注,如在焦油形成沥青的过程中同时存在三种不混溶的流体——气、油和水,这就是一个典型的变形多孔介质多相流耦合问题。以简单的两相流体相互作用的耦合问题为例,假设两相流体充满整个孔隙空间。试验表明,对稳定不互溶的两相流体,它们在相互作用的同时又各自独立地流动,但当某一种流体的饱和度增加时,孔隙中这种流体的流动通道就会多一些,而另一种流体的流动通道就会相应地减少;如果考虑固相,则会产生一个较复杂的流固耦合问题。最早研究流固耦合问题的是 Terzaghi,他首先将可变形、饱和多孔多相介质中流体的流动看作流动-变形耦合问题,并提出了有效应力概念,建立了一维固结模型,且在土力学中得到了广泛应用。而达西(Darcy)线性定律的提出则使渗流力学有了长足发展,为工程计算提供了理论基础。但这些研究大部分都没有有效考虑固相变形对流固耦合作用的效应,因此需要将渗流力学和岩土力学等学科紧密结合起来以更好地解决这类问题。

为建立可变形多孔多相介质模型,需采用连续介质假定,即假定在任何时刻全域每个点上都存在三相——固相、液相流体和气相流体。对每一相应用经典的宏观连续介质质量守恒理论,可得到适用于描述多孔多相介质多相流混合的宏观质量守恒方程。基于广义的 Biot 理论建立的模型考虑到了固体和流体压缩性、相变质量交换和毛细作用,同时假设气、液两种流体的流动性和可压缩性与孔隙度、饱和度、压力和温度有关。数值模型基于控制流体的两个非线性质量守恒方程和一个多相混合系统的非线性动量守恒方程,并遵守多相渗流 Darcy 定律。

3.1.2 控制方程

多孔多相介质孔隙中充满液相流体和气相流体。分别对固、液、气三相进行分析，根据多孔多相介质的多相流动 Darcy 定律，介质中流体的 Darcy 速度分别为 $\boldsymbol{w}_{\mathrm{l}}$ 和 $\boldsymbol{w}_{\mathrm{g}}$，则它们的真实速度可以写为

$$\boldsymbol{v}_{\mathrm{l}}=\boldsymbol{v}+\frac{\boldsymbol{w}_{\mathrm{l}}}{nS_{\mathrm{l}}},\boldsymbol{v}_{\mathrm{g}}=\boldsymbol{v}+\frac{\boldsymbol{w}_{\mathrm{g}}}{nS_{\mathrm{g}}} \tag{3.1}$$

式中：n 为多孔多相介质的孔隙度；$\boldsymbol{v}=\dot{\boldsymbol{u}}=\dfrac{\partial \boldsymbol{u}}{\partial t}$是固体骨架的速度，$\boldsymbol{u}$ 是固相位移向量。

质量守恒要求固体骨架的任一单元质量的物质导数为零，则可得到固体骨架质量守恒方程为

$$\frac{\partial[(1-n)\rho_{\mathrm{s}}]}{\partial t}+\frac{\partial[(1-n)\rho_{\mathrm{s}}v_i]}{\partial x_i}=0 \tag{3.2}$$

式中：ρ_{s} 是固体颗粒的密度。

同理，可以得到介质中另外两相流体的质量守恒方程分别为

$$\frac{\partial(nS_{\mathrm{l}}\rho_{\mathrm{w}})}{\partial t}+\frac{\partial(nS_{\mathrm{l}}\rho_{\mathrm{w}}v_{\mathrm{l}i})}{\partial x_i}=0 \tag{3.3}$$

$$\frac{\partial(nS_{\mathrm{g}}\rho_{\mathrm{g}})}{\partial t}+\frac{\partial(nS_{\mathrm{g}}\rho_{\mathrm{g}}v_{\mathrm{g}i})}{\partial x_i}=0 \tag{3.4}$$

式中：ρ_{w}、ρ_{g} 分别是液相流体和气相流体的密度。

应注意到，三相混合的平均密度为

$$\rho=\rho_{\mathrm{s}}(1-n)+n(S_{\mathrm{l}}\rho_{\mathrm{w}}+S_{\mathrm{g}}\rho_{\mathrm{g}}) \tag{3.5}$$

以上是多孔多相介质中两相流体质量守恒的基本方程。

任一单位体积的多孔多相介质的动量守恒方程为

$$\sigma_{ij,j}+\rho b_i-\rho\ddot{u}_i-n\left[S_{\mathrm{l}}\rho_{\mathrm{w}}\frac{D}{Dt}\left(\frac{w_{\mathrm{l}i}}{nS_{\mathrm{l}}}\right)+S_{\mathrm{g}}\rho_{\mathrm{g}}\frac{D}{Dt}\left(\frac{w_{\mathrm{g}i}}{nS_{\mathrm{g}}}\right)\right]=0 \tag{3.6}$$

当流体对固体的相对加速度远小于固体加速度时，可以忽略式（3.6）左边的后两项。

3.1.3 有限元方法

有限元方法最初成功地应用于多孔多相介质问题分析是在地质研究中。Zienkiewicz 和 Shiomi 从土壤整体的平衡方程和流体的运动方程出发，基于 Biot 公式建立了饱和土的广义 Biot 理论模型，并对饱和多孔多相介质的动力和非线性分析问题做了大量有限元方法的研究。

采用广义伽辽金法离散给出的控制方程，取固体骨架位移向量 $\boldsymbol{u}$、水压力 p_{w}、水的饱和度 S_{l} 和温度 T 为基本变量。在不考虑温度或温度不十分敏感的问题中，可以采用半离散形式的 $\boldsymbol{u}$-p_{w}-S_{l} 模型处理多孔多相介质耦合问题。Zienkiewicz 等在 1990 年发展了一个模拟饱和-非饱和土中力学-渗流耦合行为的模型，但对于非饱和土，引入了被动空气压力假定，即假定空气阻力非常小，且地下水-空气的多孔多相介质系统通常直接暴露于空气中，使非饱

和土中所有各点的空气压力 p_n 假设等于周围的外部大气压即为常数或 $p_n \equiv 0$。因此，可以将饱和多孔多相介质的 $\boldsymbol{u}$-p 或 $\boldsymbol{u}$-$\boldsymbol{U}$ 模型推广到描述含孔隙水和干空气的多孔多相介质行为。由于空间有限元离散后的控制方程是与时间相关的，因此还需要在时间域上进行离散求解。

但是，基于上述假定的简化模型完全不适用于模拟地下油层等问题；通过对非饱和土的相关研究表明，这个假定对于水利工程中的非饱和土也有很大误差。若考虑强动荷载下非饱和土中的瞬时响应，这个假定与实际将会有很大的出入。李锡夔等成功地舍弃了这个假定，发展了变形多孔多相介质基于 Biot 理论的三相全耦合模型及相应的有限元求解过程和耦合问题的两个算法，即无条件稳定交错算法和直接算法，它们是 $\boldsymbol{u}$-p 多孔多相介质模型有限元的无条件稳定算法在 $\boldsymbol{u}$-p_{w}-S_{l} 模型中的推广。

3.2　状态方程和本构关系

上节中建立的控制方程为我们分析多孔多相介质中的传质传热过程提供了基础，但是这些控制方程中并没有包含任何材料特性的信息，如具体介质的力学性质等，而这些信息是组成一个完全确定的系统所必需的。

这些额外信息通常包含在所谓的本构方程中。质量、动量和能量守恒方程中通量和驱动力之间的关系应以本构方程的形式给出，弹性固体中应力和应变的线性关系是关于动量守恒定律的本构假设，而热流量是温度梯度的线性函数，这是能量守恒定律中一种本构表达方式。

为了便于构造数学模型，通常把多孔多相介质模型简化为经典连续体，并建立相应的（宏观）本构方程。本节将提供一些概念上的本构模型，模型中虽然进行了一些简化以便于在数学模型中应用，但并没有丧失所要描述现象的主要特征。为了便于工程实际问题的定量求解，这里选取一些主要的状态方程和本构关系加以介绍。这些本构方程都是在实验室中可测量的基础上建立的，并且经过理论解或者试验的广泛验证。

3.2.1　干空气和水蒸气的混合气体

在模型中，我们将孔隙中由干空气和水蒸气组成的混合气体看作理想气体，因此可得理想气体 Clapeyron 状态方程为

$$\begin{cases} p_{\mathrm{a}} = \rho_{\mathrm{a}} TR/M_{\mathrm{a}} \\ p_{\mathrm{v}} = \rho_{\mathrm{v}} TR/M_{\mathrm{v}} \\ p_{\mathrm{g}} = \rho_{\mathrm{g}} TR/M_{\mathrm{g}} \end{cases} \tag{3.7}$$

由 Dalton 定律可知

$$p_{\mathrm{g}} = p_{\mathrm{a}} + p_{\mathrm{v}} \tag{3.8}$$

式中：R 是理想气体常数；而混合气体摩尔质量 M_{g} 可以由干空气和水蒸气的摩尔质量 M_{a}，M_{v} 通过式（3.7）和式（3.8）确定，即

$$\frac{1}{M_{\mathrm{g}}} = \frac{\rho_{\mathrm{v}}}{\rho_{\mathrm{g}}}\frac{1}{M_{\mathrm{v}}} + \frac{\rho_{\mathrm{a}}}{\rho_{\mathrm{g}}}\frac{1}{M_{\mathrm{a}}} \tag{3.9}$$

3.2.2 吸附平衡

当干燥的多孔介质暴露于湿空气时，由于湿分会由最细小的孔隙开始吸附在孔隙的内表面上，介质的重量会不断增加。有意思的是，这时的水是由于凹液面表面张力的作用而从水蒸气中分离出来的，通常以凝聚液态的形式(毛细水)存在。

当两种不相混溶的流体(如水、气体)相接触时，压力在接触面位置会出现间断，因此在相接触两相间产生了表面张力。压力差的大小与接触面上“点”的曲率有关，这里的“点”是微观意义上两相接触面上的点，其压力差 $p_c = p_a - p_w$ 称为毛细压力。在广义两相流体模型中，通常定义毛细压力为干相压力减去湿相压力。

为了确定水、气界面的曲率、表面张力和两相压力间的关系，两种流体的界面可模型化为张力作用下的薄膜模型。图 3.1 所示为水-气交界面上的一个无限小单元。通过沿垂直界面的法线方向建立平衡方程，对于指定表面张力 σ_{aw}，可得

$$p_c = p_a - p_w = \sigma_{aw}\left(\frac{1}{r'}+\frac{1}{r''}\right) = \frac{2\sigma_{aw}}{r^*} \tag{3.10}$$

式中：r' 和 r'' 是主曲率半径；r^* 是平均曲率，定义为 $\frac{2}{r^*} = \frac{1}{r'}+\frac{1}{r''}$。

式(3.10)通常称为毛细压力的拉普拉斯(Laplace)公式。所以，毛细压力是表征非饱和多孔介质中吸水或排气趋势的量度。毛细压力也经常被称为吸力(suction)。

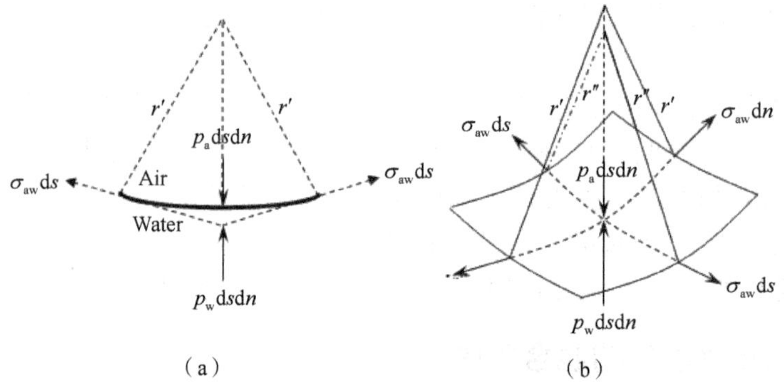

图 3.1 水-气接触面的受力情况

Fig. 3.1 Forces at the water-air contact surface

孔隙中相对湿度(RH)和毛细压力之间的关系可以由 Kelvin-Laplace 定律给出，即

$$RH = \frac{p_v}{p_{vs}} = \exp\left(\frac{-p_c M_v}{\rho_w RT}\right) \tag{3.11}$$

式中：饱和蒸汽压力 p_{vs} 只是温度的函数，既可以通过下节介绍的 Clausius-Clapeyron 方程得到，也可以由 Hyland 和 Wexler 给出的经验公式得到。

3.2.3 Clausius-Clapeyron 方程

前面所提到的饱和蒸汽压力 p_{vs} 与温度 T 之间的关系可以由热力学第二定律推导出来的 Clausius-Clapeyron 方程给出，即

$$p_{vs}(T)=p_{vs0}\exp\left[-\frac{M_w\Delta H_v}{R}\left(\frac{1}{T}-\frac{1}{T_0}\right)\right] \tag{3.12}$$

式中：T_0 为参考温度；p_{vs0} 是温度 T_0 时的饱和蒸汽压力；ΔH_v 是蒸发焓。

3.2.4 滞回效应

图 3.2 所示为多孔介质排水示意图。在排水过程中，水-气界面从图 3.2 所示状态①发展到状态②，两种不同状态下水-气界面的曲率由吸力的大小确定。在持续排水条件下，界面会不断下降，界面曲率和吸力会逐渐增加，其吸力的最大值由曲率的最大值确定（图 3.2 中状态③）。如果继续排水，则界面会达到图 3.2 中状态④的位置，但此时孔隙水处于不平衡状态，孔隙水将会继续排出，一直到更大的曲率位置以保持平衡。显而易见，如果所有的孔隙都具有相同的尺度，在某个吸力状态下，除一部分水残留于多孔介质的摆动环中，孔隙水将会从多孔介质中全部排出。

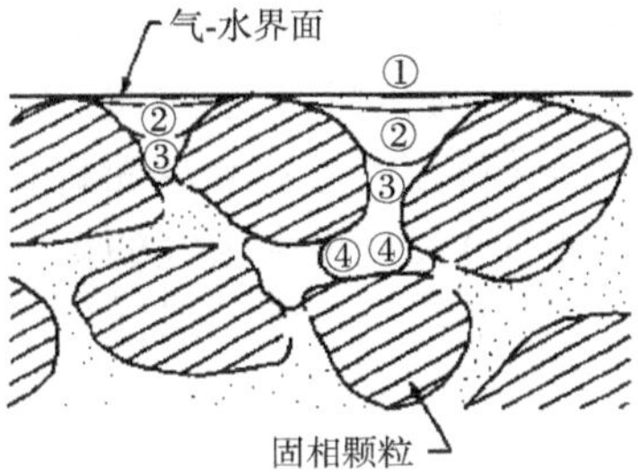

图 3.2　多孔介质排水示意图

Fig. 3.2　Drainage diagram of porous media

但在一般情况下，颗粒和孔隙尺度在介质域中是不均匀的，因而孔隙水不会在某个吸力下全部排出。大尺度孔隙会在较低的吸力下被首先排空，而小尺度孔隙或狭窄的孔道可以维持大的界面曲率，需要在大吸力下才能被排空。

图 3.3 所示为一个典型排水过程中两种不同颗粒多孔介质的吸力随孔隙水饱和度的变化曲线，即 $p_c=p_c(S_l)$。通常这些曲线被称为滞回曲线（hysteresis curve）。滞回曲线显示了排水或吸水过程中水在介质中的多少。有些专家将排水曲线称为解吸附曲线（desorption curve），而将吸水曲线称为吸附曲线（sorption curve）。图 3.3 中的点 A 对应一个临界吸力值。考虑多孔介质从饱和态开始的排水试验，当吸力达到某一临界吸力值时，孔隙水不会继续从介质中排出。滞回曲线的形状及临界吸力值大小依赖于多孔介质中孔隙的尺度和形状。

排水试验显示，即使在很大的吸力下，也总会有一定数量的水仍保存在介质中（以独立的摆动环的形式存在）。此时，多孔介质的饱和度称为不可约饱和度（irreducible water saturation）或残余饱和度（residual water saturation）。

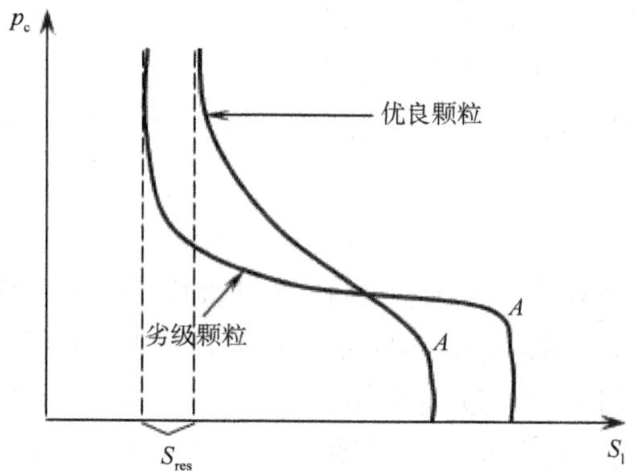

图 3.3 两种不同颗粒多孔介质排水时的滞回曲线

Fig. 3.3 Hysteresis curves during drainage for two different granular porous media

当介质被再次湿化时，我们观察到湿化曲线和排水时的曲线（干化曲线）不同，这种现象称为滞回现象（hysteresis）。滞回现象的产生主要由两个原因所致：其一为所谓的“墨水瓶效应”（图 3.4（a）），由于墨水瓶效应的影响，当水再次进入多孔介质中孔隙时在局部需要更大的吸力，这时介质处于一种不平衡状态，并且交界面直到其他的孔隙被充满后才能够继续前进；其二为“雨滴效应”（图 3.4（b）），其是由水气的接触角不同而导致的，图 3.4（b）显示了因吸水过程的接触角和排水过程不同而导致的滞回效应。

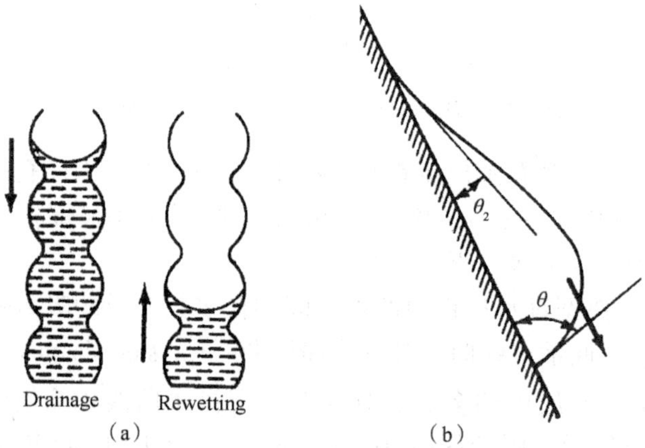

图 3.4 滞回曲线中导致滞回效应的因素：（a）墨水瓶效应（b）雨滴效应

Fig. 3.4 Factors causing hysteresis in hysteresis curve :（a）the ink-bottle effect （b）the raindrop effect

图 3.5 所示为 p_c-S_l 平面中的滞回曲线，其中排水和吸水过程组成一个闭合的曲线。对于一个指定的吸力值，排水分支的饱和度高于吸水分支的饱和度。当多孔介质处于稳定状态时，滞回曲线可以不断重复，但在初始的湿化和干化过程，吸力和饱和度的关系与干湿历史有关。

3.2.5 水的状态方程

Fernandez 给出的水的状态方程为

$$\rho_w\left(p_g,p_c,T\right)=\rho_{w0}\left(1-\beta_w\left(T-T_0\right)+\alpha_w\left(p_w-p_0\right)\right) \tag{3.13}$$

式中：ρ_{w0} 是参考温度和压力下水的参考密度；β_w 是水的体积热膨胀系数；α_w 是水的等热抗压模量，$\alpha_w=4.3\times10^{-9}\ \text{Pa}^{-1}$。

系数 β_w 是随温度非线性变化的，如在温度 273.15 K 时，$\beta_w=0.68\times10^{-4}\ \text{K}^{-1}$；在 420 K 时，$\beta_w=10.110\times10^{-4}K^{-1}$。在计算过程中，可以采用温度范围内的平均值。式(3.13)通常应用于描述毛细水和束缚水的状态，对于液态自由水在理论上也是正确的。但是，由于多孔介质中固体骨架和水之间的相互作用很复杂，式(3.13)的应用会受到一定限制，特别是考虑压力相关性时，虽毛细水受拉，但其密度不应低于自由流动水，因此如果应用式(3.13)，需要假设 $\alpha_w=0$。

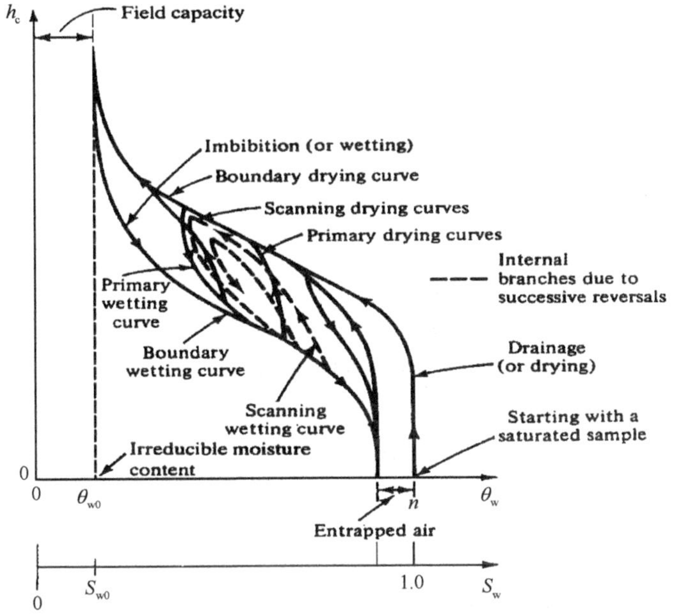

图 3.5　滞回曲线

Fig. 3.5　Retention curve

3.2.6　Darcy 定律

根据适用于低速流体流动的 Darcy 定律，流体相的 Darcy 速度 $\boldsymbol{w}_\pi(\pi=1,\text{g})$ 可以用相对渗透率表示为广义形式，即

$$\boldsymbol{w}_\pi=nS_\pi\boldsymbol{v}_{\pi s}=-\frac{\boldsymbol{k}_a k_{r\pi}}{\mu_\pi}\left(\nabla p_\pi-\rho_\pi\boldsymbol{g}\right)\quad(\pi=1,\text{g}) \tag{3.14}$$

式中：$\boldsymbol{v}_{\pi s}$ 为流体相（液相或气相）对于固相的相对速度；$\boldsymbol{k}_a$ 是绝对渗透率张量，对于各向同性多孔介质有 $\boldsymbol{k}_a=k\boldsymbol{I}$，其中 k 为绝对渗透率系数，$\boldsymbol{I}$ 是单位矩阵；$k_{r\pi}$ 和 μ_π 分别是相对渗透率和动态黏性系数；$\boldsymbol{g}$ 为重力加速度张量。

3.2.7 Fick 定律:水蒸气和干空气的扩散

根据 Fick 定律可以给出扩散质量流,即

$$\boldsymbol{J}_{\alpha}^{\pi}=\rho^{\pi}\boldsymbol{v}_{\pi\alpha}=-\rho_{\alpha}\boldsymbol{D}_{\alpha}^{\pi}\nabla\left(\frac{\rho_{\pi}}{\rho_{\alpha}}\right) \tag{3.15}$$

式中:定义 π 相在 α 相中的相对扩散速度 $\boldsymbol{v}_{\pi\alpha}=\boldsymbol{v}_{\pi}-\boldsymbol{v}_{\alpha}$,而 $\boldsymbol{v}_{\pi}$ 和 $\boldsymbol{v}_{\alpha}$ 是 π 相和 α 相的真实速度;$\boldsymbol{D}_{\alpha}^{\pi}$ 为有效扩散张量,π 表示扩散的相,而 α 表示扩散发生的介质 ($\pi\alpha=\mathrm{l,g}$),$\boldsymbol{D}_{\alpha}^{\pi}$ 是扭曲系数(体现多孔介质中孔隙通道扭曲性质)的函数,同时因为机械逸散,$\boldsymbol{D}_{\alpha}^{\pi}$ 还与渗流速度相关。

对于由干空气和水蒸气组成的两相体系,我们可以写出

$$\boldsymbol{J}_{\mathrm{g}}^{\mathrm{a}}=\rho^{\mathrm{a}}\boldsymbol{v}_{\mathrm{ag}}=-\rho_{\mathrm{g}}\boldsymbol{D}_{\mathrm{g}}^{\mathrm{a}}\nabla\left(\frac{\rho_{\mathrm{a}}}{\rho_{\mathrm{g}}}\right) \tag{3.16}$$

$$\boldsymbol{J}_{\mathrm{g}}^{\mathrm{v}}=\rho^{\mathrm{v}}\boldsymbol{v}_{\mathrm{vg}}=-\rho_{\mathrm{g}}\boldsymbol{D}_{\mathrm{g}}^{\mathrm{v}}\nabla\left(\frac{\rho_{\mathrm{v}}}{\rho_{\mathrm{g}}}\right) \tag{3.17}$$

由

$$\rho_{\mathrm{g}}=\rho_{\mathrm{a}}+\rho_{\mathrm{v}} \tag{3.18}$$

得到

$$\nabla\left(\frac{\rho_{\mathrm{a}}}{\rho_{\mathrm{g}}}\right)=\nabla\left(\frac{\rho_{\mathrm{g}}-\rho_{\mathrm{v}}}{\rho_{\mathrm{g}}}\right)=-\nabla\left(\frac{\rho_{\mathrm{v}}}{\rho_{\mathrm{g}}}\right) \tag{3.19}$$

根据干空气和水蒸气的质量守恒方程,可以看出

$$\boldsymbol{J}_{\mathrm{g}}^{\mathrm{a}}=-\boldsymbol{J}_{\mathrm{g}}^{\mathrm{v}} \quad \text{或} \quad \rho^{\mathrm{a}}\boldsymbol{v}_{\mathrm{ag}}=-\rho^{\mathrm{v}}\boldsymbol{v}_{\mathrm{vg}} \tag{3.20}$$

因此,根据式(3.16)、式(3.17)和(3.19),有

$$\boldsymbol{D}_{\mathrm{g}}^{\mathrm{a}}=\boldsymbol{D}_{\mathrm{g}}^{\mathrm{v}}=\boldsymbol{D}_{p} \tag{3.21}$$

最后,根据式(3.7),可得

$$\boldsymbol{J}_{\mathrm{g}}^{\mathrm{a}}=-\rho_{\mathrm{g}}\frac{M_{\mathrm{a}}M_{\mathrm{v}}}{M_{\mathrm{g}}^{2}}\boldsymbol{D}_{p}\nabla\left(\frac{p_{\mathrm{a}}}{p_{\mathrm{g}}}\right) \tag{3.22}$$

$$\boldsymbol{J}_{\mathrm{g}}^{\mathrm{v}}=-\rho_{\mathrm{g}}\frac{M_{\mathrm{a}}M_{\mathrm{v}}}{M_{\mathrm{g}}^{2}}\boldsymbol{D}_{p}\nabla\left(\frac{p_{\mathrm{v}}}{p_{\mathrm{g}}}\right) \tag{3.23}$$

在这里需要强调的一点是,如果使用熵不等式,进行线性化后我们可以得到更加复杂的考虑温度影响的扩散质量流表达式,即

$$\boldsymbol{J}_{\mathrm{g}}^{\mathrm{a}}=-\rho_{\mathrm{g}}\frac{M_{\mathrm{a}}M_{\mathrm{v}}}{M_{\mathrm{g}}^{2}}\boldsymbol{D}_{p}\nabla\left(\frac{p_{\mathrm{a}}}{p_{\mathrm{g}}}\right)-\boldsymbol{D}_{T}^{\mathrm{a}}\nabla T \tag{3.24}$$

$$\boldsymbol{J}_{\mathrm{g}}^{\mathrm{v}}=-\rho_{\mathrm{g}}\frac{M_{\mathrm{a}}M_{\mathrm{v}}}{M_{\mathrm{g}}^{2}}\boldsymbol{D}_{p}\nabla\left(\frac{p_{\mathrm{v}}}{p_{\mathrm{g}}}\right)-\boldsymbol{D}_{T}^{\mathrm{v}}\nabla T \tag{3.25}$$

式中:$\boldsymbol{D}_{T}^{\mathrm{a}}$ 和 $\boldsymbol{D}_{T}^{\mathrm{v}}$ 分别为干空气和水蒸气的有效热扩散张量,对于各向同性多孔介质有 $\boldsymbol{D}_{T}^{\mathrm{a}}=D_{T}^{\mathrm{a}}\boldsymbol{I}$ 和 $\boldsymbol{D}_{T}^{\mathrm{v}}=D_{T}^{\mathrm{v}}\boldsymbol{I}$,且 $D_{T}^{\mathrm{a}}=-D_{T}^{\mathrm{v}}>0$。

其中隐含着一个有趣的现象:当空间温度分布不均时,两相混合气体中分子量小的气体

会由低温向高温区域流动；而分子量大的气体则相反。

3.2.8 Fick 定律：物理束缚水的扩散

物理束缚水的传质过程类似于扩散现象，因此为了简化模型，物理束缚水的移动过程使用相似于 Fick 定律的关系来描述，即

$$\boldsymbol{J}_{\mathrm{w}}^{\mathrm{b}}=\rho^{\mathrm{w}}\boldsymbol{v}_{\mathrm{ls}}^{\mathrm{b}}=-\rho_{\mathrm{w}}\boldsymbol{D}_{\mathrm{b}}\nabla S_{\mathrm{b}} \tag{3.26}$$

式中：$\boldsymbol{D}_{\mathrm{b}}$ 是吸附水在骨架表面的有效扩散张量；S_{b} 是吸附水的饱和度，且在室温环境内 $\dfrac{\partial S_{\mathrm{b}}}{\partial T}\approx 0$。

由于热动力学上的驱动力是毛细压力 p_{c}，可以进一步修改式（3.26），使其能够直接和状态变量 p_{c} 联系，即

$$\boldsymbol{J}_{\mathrm{w}}^{\mathrm{b}}=\rho^{\mathrm{w}}\boldsymbol{v}_{\mathrm{ls}}^{\mathrm{b}}=-\rho_{\mathrm{w}}\boldsymbol{D}_{\mathrm{b}}\frac{\partial S_{\mathrm{b}}}{\partial p_{\mathrm{c}}}\nabla p_{\mathrm{c}} \tag{3.27}$$

同时，注意到我们可以将式（3.27）中的 $\boldsymbol{D}_{\mathrm{b}}\dfrac{\partial S_{\mathrm{b}}}{\partial p_{\mathrm{c}}}$ 看作一种等效扩散张量。

当考虑各向同性材料时，束缚水扩散张量可以写为

$$\boldsymbol{D}_{\mathrm{b}}=D_{\mathrm{b}}\boldsymbol{I} \tag{3.28}$$

式中：D_{b} 称为束缚水扩散系数。

特别需要指出的是，当多孔介质中饱和度 S_{l} 低于固相饱和点（solid saturation point）S_{ssp} 时，多孔介质孔隙中不存在毛细水，仅存在吸附在固相表面的物理束缚水。

3.2.9 固相中的总应力与有效应力

有效应力原理是现代多孔介质力学的核心。太沙基（Terzaghi）于 1923 年首次提出了有效应力原理。在 1936 年第一届国际土力学会议上，太沙基对有效应力原理的解释为多孔介质上任意点的应力都由两部分组成，即孔隙水压力和总应力减去孔隙水压力。孔隙水压力（约定压为正）作用在水或固相颗粒上，且在各个方向都相等，孔隙水压力的变化对固相骨架的变形和强度没有影响；而总应力减去孔隙水压力称为有效应力（约定拉为正），有效应力作用于固相颗粒的外部，它是固体颗粒相对位移的动力，也是对固相骨架变形有效的应力。有效应力原理包括两方面的含义，即多孔介质变形和强度的变化都是由有效应力变化所引起的，饱和多孔介质的有效应力 $\boldsymbol{\sigma}'$ 定义为

$$\boldsymbol{\sigma}'=\boldsymbol{\sigma}+p_{\mathrm{w}}\boldsymbol{I} \tag{3.29}$$

但是 Skempton 在 1960 年指出式（3.29）只适用于饱和土而不适用于饱和岩石。

太沙基有效应力原理描述饱和土的变形和强度必须同时满足下列两个条件：

（1）土粒不可压缩；

（2）控制土粒间接触面积和土粒间阻力的屈服应力与围压无关。

实际上，土体并不完全满足上述条件，有效应力需要经过修正才能较准确地描述土体和多孔介质的力学行为。有效应力的修正形式可以表示为

$$\boldsymbol{\sigma}''=\boldsymbol{\sigma}+\alpha p_{\mathrm{w}}\boldsymbol{I} \tag{3.30}$$

式中：$\boldsymbol{\sigma}''$ 是广义有效应力；α 是 Biot 常数。

如果对于非饱和多孔介质，式(3.30)需修改为

$$\boldsymbol{\sigma}'' = \boldsymbol{\sigma} + \alpha p_{\mathrm{s}} \boldsymbol{I} \tag{3.31}$$

其中，作用于固体骨架的孔隙混合流体压力 p_{s} 定义为

$$p_{\mathrm{s}} = p_{\mathrm{w}} S_{\mathrm{l}} + p_{\mathrm{g}} S_{\mathrm{g}} \tag{3.32}$$

对于土体强度问题，α 可取以下函数表示：

$$\alpha = \frac{a \tan \varphi}{\tan \phi} \tag{3.33}$$

式中：a 是单位剪切面上土粒间接触点的面积；φ 是土粒间的摩擦角；ϕ 是粒状材料的摩擦角。

但是，φ 和 ϕ 不能通过试验直接测定。Zienkiewicz 和 Shiomi 给出了考虑多孔介质固相颗粒压缩性的 Biot 参数，即

$$\alpha = 1 - \frac{K_{\mathrm{T}}}{K_{\mathrm{s}}} = 1 - \frac{\delta_{ij} D_{ijkl}^{\mathrm{ep}} \delta_{\mathrm{kl}}}{3K_{\mathrm{s}}} \tag{3.34}$$

式中：K_{s} 和 K_{T} 分别为固相颗粒和骨架的体积模量；D_{ijkl}^{ep} 为固相骨架的弹塑性本构张量。

对于大多数土壤类材料，α 值十分接近于 1，但对于低孔隙度岩石、混凝土等材料也可能较低。当固相颗粒不可压缩时，$K_{\mathrm{s}} \to +\infty$，则 $\alpha \to 1$，饱和多孔介质的广义有效应力即退化为经典的有效应力 $(\boldsymbol{\sigma}'' \to \boldsymbol{\sigma}')$。

除上述提到的有效应力形式外，国内外还有其他学者提出了一些简单实用的有效应力公式，如 Fredlund 和 Rahardjo、陈正汉等和沈珠江。不过由于本书中主要是基于 Bishop 应力开展的工作，因此下面将主要对 Bishop 应力进行详细的介绍，同时对其他应力形式如净应力稍加介绍。

1. Bishop 应力公式

假定作用于非饱和多孔介质的外力是由非饱和多孔介质骨架、孔隙气和孔隙水共同承担的。固相骨架上的应力直接影响多孔介质的变形和强度，即多孔介质的有效应力是一种平均应力，而不是多孔介质中某一点的实际应力。Bishop 提出了非饱和多孔介质的有效应力公式，即

$$\boldsymbol{\sigma}'' = \boldsymbol{\sigma} + \frac{A_{\mathrm{w}}}{A} p_{\mathrm{w}} \boldsymbol{I} + \frac{A_{\mathrm{g}}}{A} p_{\mathrm{g}} \boldsymbol{I} \tag{3.35}$$

式中：A 是剪切面面积；A_{w} 是孔隙水面积；A_{g} 是孔隙气体面积。

通常 $A = A_{\mathrm{w}} + A_{\mathrm{g}} + A_{\mathrm{a}}$，其中 A_{a} 是固相颗粒接触面积，其一般很小，通常有 $A_{\mathrm{a}}/A \leqslant 0.02$，因此可以忽略不计。所以，剪切面面积可以表示为

$$A = A_{\mathrm{w}} + A_{\mathrm{g}} \tag{3.36}$$

如果将 $\frac{A_{\mathrm{w}}}{A}$ 记作 χ，Bishop 应力公式通常可以写为

$$\boldsymbol{\sigma}'' = \boldsymbol{\sigma} + \chi p_{\mathrm{w}} \boldsymbol{I} + (1-\chi) p_{\mathrm{g}} \boldsymbol{I} \tag{3.37}$$

χ 常被称为有效应力参数或 Bishop 应力参数，通常可简化为饱和度的函数，即 $\chi = f(S_{\mathrm{l}})$。

Jennings 等给出了 Bishop 应力成立的条件，具体如下。

（1）吸力变化引起多孔介质变形和强度变化的效果与外应力引起多孔介质变形和强度变化的效果相同，即总应力与等效孔隙压力 $\left(\chi p_{\mathrm{w}}+(1-\chi)p_{\mathrm{g}}\right)$ 同步变化。

（2）在压缩试验中，非饱和多孔介质的有效应力与孔隙比之间存在单一函数关系。非饱和多孔介质的有效应力与孔隙比之间是否存在单一函数关系，取决于饱和度的大小。当饱和度小于某一极限饱和度时，有效应力与饱和度之间不存在单一函数关系。以土为例，不同类型的土体，其极限饱和度不同，如粗粒土的极限饱和度小于 20%，淤泥的极限饱和度为 40%~50%，黏性土的极限饱和度高达 85%。

有效应力参数与非饱和多孔介质的结构、应力历史、饱和度和问题性质（变形问题或强度问题）等因素有关，其值为 0~1.0。Aitchison 给出了一个计算有效应力参数的公式，即

$$\chi=\frac{\sigma''}{p_{\mathrm{c}}}=S_{\mathrm{l}}+\frac{1}{p_{\mathrm{c}}}\sum_{0}^{p_{\mathrm{c}}}0.3p_{\mathrm{c}}\Delta S_{\mathrm{l}} \tag{3.38}$$

有效应力参数 χ 也可以用孔隙水面积表示，即

$$\chi=\frac{A_{\mathrm{w}}}{A} \tag{3.39}$$

如果把多孔介质固体颗粒视为理想的球体，由此可以计算出有效应力参数与饱和度之间的关系。

而 Bishop 和 Blight 的试验表明，对于大多数材料而言，有效应力参数使用下面公式来计算是可以接受的，即

$$\chi=S_{\mathrm{l}} \tag{3.40}$$

此时，Bishop 应力公式（3.37）可以写为

$$\boldsymbol{\sigma}''=\boldsymbol{\sigma}+S_{\mathrm{l}}p_{\mathrm{w}}\boldsymbol{I}+S_{\mathrm{g}}p_{\mathrm{g}}\boldsymbol{I} \tag{3.41}$$

这时，我们可以发现，当认为固相颗粒不可压缩，即 $\alpha=1$ 时，有效应力公式（3.31）和 Bishop 应力公式（3.41）是统一的。

2. *净应力公式*

除有效应力外，净应力 $\boldsymbol{\sigma}^{*}$ 也是非饱和多孔介质试验和数学计算中常用的应力。净应力通常可以表示为

$$\boldsymbol{\sigma}^{*}=\boldsymbol{\sigma}+p_{\mathrm{g}}\boldsymbol{I} \tag{3.42}$$

通常试验中很容易做到多孔介质样品和大气完全连通，从而可以保证样品内部气体压力恒等于大气压力。这就为确定净应力的大小及净应力和多孔介质变形的关系带来方便，并为本构模型或多孔介质力学行为参数的确定带来方便。现在，在很多非饱和多孔介质的工程计算中常利用净应力取代有效应力。

其实当多孔介质中饱和度 S_{l} 低于固相饱和点 S_{ssp} 时，多孔介质孔隙中不存在毛细水，这时 Bishop 应力（式（3.41））与净应力是等价的。

3.2.10　固相质量密度和孔隙度

在常温下，多孔介质固相真实质量密度的变化率主要与固体颗粒压缩性、固体骨架体积

应变率及温度变化有关，则多孔介质固相真实质量密度可表示为

$$\rho_{s}=\rho_{s}(p_{s},\nabla \boldsymbol{u},T) \tag{3.43}$$

式中：T 为温度。

固相真实质量密度的变化率可表示为

$$\frac{D\rho_{s}}{\rho_{s}Dt}=\frac{(\alpha-n)\dfrac{Dp_{s}}{K_{s}Dt}-(1-\alpha)\nabla \boldsymbol{v}-(\alpha-n)\beta_{s}\dot{T}}{1-n} \tag{3.44}$$

式中：β_{s} 是固相的热膨胀系数。

利用固相质量守恒方程和式(3.44)可以推导出孔隙度的变化率为

$$\frac{Dn}{Dt}=(\alpha-n)\left(\frac{Dp_{s}}{K_{s}Dt}-\beta_{s}\dot{T}+\nabla \boldsymbol{v}\right) \tag{3.45}$$

3.2.11 Fourier 定律

我们使用广义的 Fourier 定律给出热流的本构关系，即

$$\boldsymbol{q}_{T}=-\boldsymbol{\lambda}_{eff}\nabla T \tag{3.46}$$

式中：$\boldsymbol{\lambda}_{eff}$ 为有效热传导张量；$\boldsymbol{q}_{T}$ 为多相介质的热流量，它是各相热流量 $\boldsymbol{q}_{T}^{\pi}$($\pi=s,w,g$)之和。

对于各向同性介质，式(3.46)变成著名的经验 Fourier 定律，即

$$q_{T}=-\lambda_{eff}\nabla T \tag{3.47}$$

式中：λ_{eff} 为有效热传导系数。

有效热传导系数 λ_{eff} 不但可以进行理论预测，也可以由试验来测定。如果想进一步了解更多关于有效热传导系数 λ_{eff} 的计算方法，可以参考 Whitaker 和 Nozad 等的工作。

对于多孔建筑材料而言，经过 Bomberg 和 Shirtliffe 的试验验证，有效热传导系数可以使用下面的线性公式来计算，即

$$\lambda_{eff}=\lambda_{d}\left(1+\frac{4n\rho_{l}S_{l}}{(1-n)\rho_{s}}\right) \tag{3.48}$$

式中：λ_{d} 是干燥状态下的多孔介质的热传导系数。

参考文献

[1] TERZAGHI K. Die berechnung der durchlassigkeitszifter des tones aus dem verlauf der hidrodynamishen span-nungserscheinungen akademie der wissenschaften in wien[J]. Mathematish-naturwissen-schaftilich klasse, 1923, 132:125-138.

[2] TERZAGHI K. Principles of soil mechanics: IV selttlement and consolidation of clay[J]. Engineering news-record, 1925, 95(3):874-878.

[3] ZIENKIEWICZ O C, SHIOMI T. Dynamic behavior of saturated porous media; the generalized biot formulation and its numerical solution[J]. International journal for numerical and analytical methods in geomechanics, 1984, 8: 71-96.

[4] ZIENKIEWICZ O C, CHAN A H C, PASTOR M, et al. Static and dynamic behaviour of soils: a rational approach to quantitative solutions. I- fully saturated problems[J]. Proceeding of the royal society of London series A, 1990, 429: 285-309.

[5] ZIENKIEWICZ O C, XIE Y M, SCHREFLER B A, et al. Static and dynamic behaviour of soils: a rational approach to quantitative solutions. II- Semi-saturated problems[J]. Proceeding of the royal society of London series A, 1990, 429: 311-321.

[6] LI L Y, PURKISS J A, TENCHEV R T. An engineering model for predicting pore pressure in heated concrete[C]. Asian-Pacific congress on computational mechanics, 2001.

[7] LI X K, ZIENKIEWICZ O C, XIE Y M. A numerical model for immiscible two-phase fluid flow in a porous medium and its time domain solution[J]. International journal for numerical and analytical methods in engineering, 1990, 30(6): 1195-1212.

[8] LI X K. Finite element analysis for immiscible two-phase fluid flow in deforming porous media and an unconditionally stable staggered solution[J]. Communications in applied numerical methods, 1990, 6(2): 125-135.

[9] ASHRAE. ASHRAE handbook: fundamentals. Atlanta, 1993.

[10] 武文华. 非饱和土中热-水力-力学-传质耦合过程模拟及土壤环境工程中的应用[D]. 大连:大连理工大学, 2002.

[11] FERNANDEZ R T. Natural convection from cylinders buried in porous media[D]. University of California, Berkley, 1972.

[12] FORSYTH P A, SIMPSON R B. A two-phase, two-component model for natural convection in a porous medium[J]. International journal for numerical methods in fluids, 1991, 12: 655-682.

[13] REID R C, PRAUNSNITZ J M, BRUCE E P. The properties of gases and liquids[M]. 4th ed. New York:McGraw-Hill, 1987.

[14] DAIAN J F. Condensation and isothermal water transfer in cement mortar, Part I—Pore size distribution, equilibrium, water condensation and imbibition[J]. Transport in porous media, 1988, 3: 563-589.

[15] GAWIN D, SCHREFLER B A. Thermo-hydro-mechanical analysis of partially saturated porous materials[J]. Engineering computations, 1996, 13(7): 113-143.

[16] SELIH J, SOUSA A C M, BREMNER T W. Moisture transport in initially fully saturated concrete during drying[J]. Transport in porous media, 1996, 24: 81-106.

[17] NASRALLAH S B, PERRE P. Detailed study of a model of heat and mass transfer during convective drying of porous media[J]. International journal of heat mass transfer, 1988, 31(5): 957-967.

[18] HASSANIZADEH S M. Derivation of basic equations of mass transport in porous media, Part 2 generalized Darcy's law and Fick's law[J]. Advances in water resources, 1986, 9: 207-222.

[19] PESAVENTO F. Non-linear modelling of concrete as multiphase porous material in high

temperature conditions[D]. University of Padova, Italy, 2000.
[20] TERZAGHI K. Theoretical soil mechanics[M]. New York: Wiley, 1932.
[21] SKEMPTON A W. Effective stress in soils, concrete and rocks[C]. Proceeding of conference on pore pressure and suction in soils, Butterworths, 1960.
[22] LEWIS R W, SCHREFLER B A. The finite element method in the static and dynamic deformation and consolidation of porous media[M]. Chichester: Wiley & Sons, 1998.
[23] FREDLUND D G, RAHARDJO H. Soil mechanics for unsaturated soils[M]. New York: John Wiley Sons, Inc, 1993.
[24] 陈正汉，王永胜，谢定义. 非饱和土的有效应力探讨[J]. 岩土工程学报，1994，16: 63-69.
[25] 沈珠江. 关于固结理论和有效应力的讨论[J]. 岩土工程学报，1995，17(6): 118-119.
[26] BISHOP A W. The principle of effective stress[J]. Teknisk ukeblad, 1959, 39: 859-863.
[27] JENNINGS J E, BURLAND J B. Limitations to the use of effective stresses in partly saturated soils[J]. Geotechnique, 1962, 12: 125-144.
[28] AITCHISON G D. Separate rote of site investigation quantification of soil properties and selection of operational environment in the determination of foundation design of expansive soils[C]. Proceeding of 3rd Asian Regional Conference on soil Mech & Found Engineering, 1967: 72-77.
[29] BISHOP A W, BLIGHT G E. Some aspects of effective stress in saturated and unsaturated soils[J]. Geotechnique, 1963, 13: 177-197.
[30] WHITAKER S. Simultaneous heat mass and momentum transfer in porous media: a theory of drying[M]. New York: Academic Press, 1977.
[31] NOZAD I, CARBONELL R G, WHITAKER S. Heat conduction in multiphase system 1: theory and experiment for two-phase system[J]. Chemical engineering science, 1985, 40: 843-855.
[32] BOMBERG M, SHIRTLIFFE C J. Influence of moisture and moisture gradients on heat transfer through porous building materials[C]. Thermal transmission measurements of insulation, ASTM STP 660, 1978: 211-233.

第 4 章　混凝土耦合数学模型和力学本构关系

混凝土中的热、湿和化学混合物等的传热、传质过程是影响混凝土材料及其结构真实性能的主要因素。例如，混凝土的力学强度在很大程度上依赖于其自身的温度、湿度和化学盐分浓度等因素，而这些因素在混凝土中的传输过程既可以通过试验研究，即时现场测定，又可以通过建立相应的能定量描述混凝土中发生、发展的多场耦合行为的数学模型，以数值模拟再现混凝土中各因素的变化过程。但是，考虑到混凝土可能处于各种复杂实际工况和试验耗资巨大等原因，根据各种实际问题建立相应的多场耦合数学模型相对来说更具吸引力。本章简要总结用于模拟混凝土中多场耦合行为的数学模型和力学本构模型的研究进展。为了使读者方便查阅相关文献，各模型中所用的符号基本与所引用原文一致，并且为了保证单个模型的完整性，有些符号或概念可能在各节中重复说明。

4.1　数学模型

4.1.1　概述

当前，随着混凝土应用范围的不断扩大，混凝土所处的环境条件也随之越来越复杂多样，而其中对于混凝土特别是 HPC 处于火灾等高温极限条件下的反应和破坏机理等问题越来越引起广大学者和科研人员的关注。“由于火灾情况复杂，试验耗资巨大。”因此，基于有限的试验数据，建立能定量描述混凝土特别是 HPC 在高温高速热载荷下发展的各种耦合过程和破坏现象的数学模型，发展有效可靠的数值求解过程，以数值模拟再现混凝土特别是 HPC 结构和构件在火灾下的实际状态，成为迫切需要解决的一类问题。

Luikov 是最先开始从理论和试验全面研究多孔材料的热和湿传输过程的学者之一，并提出了湿分的传输是由湿分含量、温度梯度和压力梯度控制的。基于各相的质量守恒方程（由 Fick 定律给出的质量流）、能量守恒方程（Fourier 定律给出的热流）和 Darcy 定律，推导出了三个耦合的微分方程。但此模型的最大缺点是传质过程中的总质量只等于液相质量，并没有考虑水蒸气和干空气的传质。

Philips 和 de Vries 使用的方法类似于 Luikov，但是在其模型中传质是由湿分含量和温度梯度控制的，忽略了压力梯度的影响，但考虑了重力的作用。

为了对水蒸气和液相传输过程加以区分，Two-zone 模型随之被提出。

Whitaker 建立了一个正式的干燥理论，并从各相的一点控制方程出发推导出了体积平均意义下的守恒方程。虽然其理论架构与 Luikov 区别不够大，但是通过其中的平均化过程，为日后使用连续介质力学方法模拟多孔介质中的传热传质过程提供了有力的科学依据。

Bazant 等在 Luikov 理论的基础上发展了一个把混凝土中孔隙水和孔隙混合气体的质量简化为单一变量“含水量”的简化传热传质耦合模型，其中考虑了化学束缚水在高温下脱水的热量丧失，并发展了相应的有限元方法。但模型假定混凝土中的应力应变场对传热传质耦合过程的影响可忽略不计，且忽略了孔隙水和孔隙混合气体之间的相互作用。

Majumdar 等发展了一个类似于上述简化传热传质耦合模型的模型，其中将温度和自由水含量（包含液体和水蒸气）作为基本未知量。通过状态方程，将自由水含量与孔隙压力和温度相关联，并给出了有限元方法的分析过程。数值分析显示，在温度、孔隙压力和由于束缚水释放导致的体积收缩应变三个因素中，混凝土的开裂过程通常由第三个因素决定。

Haupl 等基于能量、质量和线性动量守恒定律以及熵定律，提出了一个热-气-湿耦合模型，其中将液相体积比、气体压力和温度作为基本未知量，并分析了外部使用聚苯乙烯泡沫绝热的混凝土墙的湿-热行为。

Baroghel-Bouny 等为了模拟混凝土的等温干燥过程，建立了一个基于控制液相水、水蒸气和干空气的质量守恒方程的数学模型。

Ahmed 等建立了将温度、气体压力和水蒸气摩尔比作为主要基本未知量的耦合模型，模型基于控制水蒸气和混合气体（干空气和水蒸气）的质量守恒、能量守恒的耦合偏微分方程组。为求解上述耦合偏微分方程组，他们使用了完全隐式的有限差分方法。

Tenchev 等发展了在传质过程中分别考虑孔隙水和孔隙水蒸气的耦合数学模型，模型中的主要未知量为温度、水蒸气含量和混合气体压力。但是模型中假定同一点的孔隙水压力和孔隙混合气体压力相等（即略去了孔隙水和孔隙混合气体之间的毛细作用），定义的孔隙混合气体压力等于孔隙水蒸气压力和孔隙干空气压力之和，而且模型没有考虑应力应变场对传热与传质耦合过程的影响。利用此模型对遭受火灾的矩形截面柱中的传热与传质耦合过程进行了数值分析，结果表明柱中某处孔隙混合气体压力快速增长的原因是由于湿分阻塞了水蒸气质量的传输。但值得注意的是，这样的分析对于不考虑流相间相互毛细作用的模型是不协调的。Tenchev 等还进一步提出了混凝土的爆裂破坏准则和分析过程。

England，Khoylou 和 Ichikawa 提出了一个由控制热和湿分传输两个方程组成的数学模型，其中的湿分流动包含两种不同的形式，即压力相关流动和基于扩散形式的流动。

Dal Pont 和 Ehrlacher 建立了一个高温下混凝土的热-水力-化学耦合模型，模型中的基本未知变量多达 11 个，同时模型中没有考虑混凝土骨架的力学行为。

Majorana 等在 Bazant 等的工作基础上提出了一个湿热和力学模型，用于模拟高温下的混凝土结构行为，但是模型中的湿热和力学平衡方程并没有直接耦合而是分开处理的。

值得指出的是，以上模拟高温高速率热荷载下混凝土（特别是 HPC）结构中的传质-传热-力学耦合行为及以爆裂为特征的破坏现象的数学模型中，没有一个是传热-传质（液相和气相的流动和扩散）-力学全耦合模型，上述研究中均把传热-传质耦合模型和混凝土的变形和强度（爆裂破坏）分析模型分开。Obeid 和 Mounajed 等基于非饱和多孔介质理论也建立了一个热-湿-力学（THM）耦合模型，模型中假定混凝土骨架的力学行为表现为热弹性，只考虑蒸发相变，而且传热和传质过程是解耦的，混合气体压力在整个过程中保持不变，数值上等于一个标准大气压。在此模型基础上，Obeid 和 Mounajed 又进一步加以改善，提出了 THM+P 模型，即在新模型中将混合气体压力作为独立的未知变量。Gawin 等在 Schrefler

关于多孔介质的热-水力-力学耦合模型、Bazant 等的模型基础上发展了一个湿-热-力学全耦合模型，考虑了各流相之间的相互作用，引入了与混凝土固相变形直接相关联的 Bishop 应力，它与孔隙流体压力和外载（机械、热载荷等）相平衡，同时考虑了相变和水合-脱水过程的效应。数值结果显示了混凝土结构损伤区中高水蒸气压力的存在和可能产生的爆裂破坏。为了防止混凝土的高温爆裂，对模型加以改进，从而能够模拟掺加了聚丙烯纤维的 HPC 的高温耦合行为。Davie 等提出了一个多相耦合的湿-热-力（HTM）混凝土模型，其与 Gawin 模型最大的区别是使用湿分含量代替毛细压力作为模型基本独立变量之一，其原因是湿分含量在所有温度情况下都具有明确的物理意义。Bary 等建立了一个简单的 THM 耦合模型，用于模拟分析储存核废料的混凝土结构在发生突发高温事故时所表现的热-湿-力耦合过程，模型中特别考虑了饱和度曲线中的温度效应，即随着温度的升高，饱和度会显著降低。但显而易见，上述模型在 THM 耦合模型的框架内，都没有包含高温下存在的重要的耦合化学反应与传输过程。

国内一些研究人员也对混凝土或钢筋混凝土在高温下的热-湿-力学行为进行了理论和数值方面的研究。董毓利和范维澄等利用有限差分方法分析了火灾时钢筋混凝土板内的温度分布，并根据高温时钢筋与混凝土的本构关系和钢筋混凝土结构理论，提出了用于钢筋混凝土板耐火设计的分析方法。姚亚雄等对火灾下的钢筋混凝土框架结构做了非线性温度场分析，考虑了材料屈服强度与弹性模量对温度的依赖性，利用有限元方法进行了结构在机械和热荷载下的应力分析。但他们的数值分析都是基于把钢筋混凝土作为连续体而非含流体的多孔介质，没有考虑湿含量及水蒸气压力的影响。冯雅等利用 Luikov 的多孔介质的热湿模型建立了火灾下的钢筋混凝土的简化热湿模型，利用有限体积法对混凝土构件进行了数值分析，并与试验结果进行了比较，但没有涉及孔隙压力和应力分析及其与混凝土高温破坏和束缚水脱水过程的关系。刘光廷和焦修刚为研究混凝土的温度和湿度变形及开裂，根据多相体系非连续介质中的热质耦合传导理论对混凝土的热湿状态和耦合传导进行了研究。他们应用简化的热湿耦合方程，提出了对混凝土中温度场和湿度场进行数值计算的方法。

4.1.2　Bazant 模型

过去几十年发展的用于分析混凝土高温行为的数学模型中，Bazant 等建立的模型应用范围最广。该模型基于典型的唯象方法，只考虑单一的湿分流，即单一流相中包括液态水和湿空气。因此，混凝土中的质量流 $\boldsymbol{J}$ 由两部分组成，分别为由湿分浓度梯度（即扩散量，Fick 定律）和温度梯度（即对流量，Soret 效应）引起。类似地，热流 $\boldsymbol{q}$ 也由两部分组成，分别为由温度梯度（即热传导，Fourier 定律）和湿分浓度梯度（即对流量，Doufour 效应）引起。$\boldsymbol{J}$ 和 $\boldsymbol{q}$ 的表达式分别为

$$\boldsymbol{J} = -a_{ww} \cdot \mathrm{grad}\, w - a_{wT} \cdot \mathrm{grad}\, T \tag{4.1}$$

$$\boldsymbol{q} = -a_{Tw} \cdot \mathrm{grad}\, w - a_{TT} \cdot \mathrm{grad}\, T \tag{4.2}$$

式中：w 是含水量，即在固定温度下的单位体积混凝土中自由水（即除化学束缚水）的总质量。

注意到，式（4.1）和式（4.2）中的系数 $a_{ij}\ (i, j = w, T)$ 通常情况下是非对称的，同时也表

示热流和质量流与混凝土中的应力应变场无关。

由于含水量 w 是温度 T 和孔隙气压力 p 的函数，在忽略对流影响（Soret 效应）的情况下，Bazant 给出的湿分流关系式为

$$\boldsymbol{J}=-a\cdot \mathrm{grad}\ p \tag{4.3}$$

可以看出，式（4.3）具有 Darcy 表达式的特征，其中 a 为渗透率系数，单位为 m/s。Bazant 后来又给出了湿分流的另一种在均匀温度下的等价形式，即

$$\boldsymbol{J}=-c\cdot \mathrm{grad}\ h \tag{4.4}$$

式（4.4）是一种扩散类型的表达式，其中 c 是扩散系数，h 为相对湿度（孔隙气压力与饱和蒸汽压力的比值）。

同样地，忽略对流项（Dufour 效应）的影响，热流可以表示为

$$\boldsymbol{q}=-b\cdot \mathrm{grad}\ T \tag{4.5}$$

通过这种方式，式（4.1）和式（4.2）可以部分地解耦。称为部分解耦的原因是式（4.3）中 $\mathrm{grad}\ p=(\partial p/\partial w)\cdot \mathrm{grad}\ w+(\partial p/\partial T)\cdot \mathrm{grad}\ T$，因此热-湿之间仍旧存在耦合影响。

最终，高温下混凝土的湿分质量守恒方程和能量守恒方程分别为

$$\frac{\partial w}{\partial t}-\frac{\partial w_{\mathrm{d}}}{\partial t}=-\mathrm{div}\ \boldsymbol{J} \tag{4.6}$$

$$\rho C\frac{\partial T}{\partial t}-C_{\mathrm{a}}\frac{\partial w}{\partial t}-C_{\mathrm{w}}\boldsymbol{J}\cdot \mathrm{grad}\ T=-\mathrm{div}\ \boldsymbol{q} \tag{4.7}$$

式中：w_{d} 是化学束缚水质量（由高温引起的混凝土固相中的脱水过程释放到混凝土孔隙中的水的质量）；ρ 和 C 分别为混凝土（包括化学束缚水，不含自由水）的密度和比热；C_{a} 和 C_{w} 分别为自由水吸附热和液态水的等压热容量。

式（4.7）中 $C_{\mathrm{w}}\boldsymbol{J}\cdot \mathrm{grad}\ T$ 项代表由于水的流动而带来的热传导影响，通常在 Bazant 模型中此项要略去；但是如果在快速升温情况下，如火灾或核事故中，此项是很重要的。

4.1.3 Ahmed 模型

Ahmed 等建立了将温度、气体压力和水蒸气摩尔比作为主要基本未知量的耦合模型，模型中水蒸气的质量守恒微分方程为

$$\frac{\partial}{\partial t}(\rho_{\mathrm{v}}\varepsilon_{\mathrm{g}}\varphi)-\frac{\partial}{\partial x}\left(\rho_{\mathrm{v}}\varepsilon_{\mathrm{g}}K_{\mathrm{p}}\frac{\partial P}{\partial x}\varphi\right)-\frac{\partial}{\partial x}\left(\rho_{\mathrm{g}}\varepsilon_{\mathrm{g}}D\frac{\partial \varphi}{\partial x}\right)=\varGamma \tag{4.8}$$

式中：ρ_{v} 和 ρ_{g} 分别是水蒸气和混合气体（水蒸气和干空气）的密度（$\mathrm{kg/m^3}$）；ε_{g} 为混合气体占多孔介质的体积百分比（$\mathrm{m^3/m^3}$）；φ 是混合气体中水蒸气的摩尔比（kmol/kmol）；P 为多孔介质中的混合气压力（Pa）；D 是混合气体的修正扩散系数（$\mathrm{m^2/s}$）；$\varGamma$ 为单位体积多孔介质中液态水汽化的质量变化率 [$\mathrm{kg/(m^3\cdot s)}$]；K_{p} 是渗透系数。

式（4.8）中的四项分别定义为瞬态项、对流项、扩散项和源项。

渗透系数 K_{p} 的定义为

$$K_{\mathrm{p}}=\frac{K_{\mathrm{g}}}{g\rho_{\mathrm{g}}\varepsilon_{\mathrm{g}}} \tag{4.9}$$

其中

$$K_{\mathrm{g}}=\frac{\rho g}{\mu}K \tag{4.10}$$

式中：g 为重力加速度（$\mathrm{m/s^2}$）；K_{g} 是混合气体的渗透系数（m/s）；ρ 是密度；μ 是黏性系数；K 为通常意义下的渗透系数。

混合气体的修正扩散系数 D 可以表示为

$$D=\frac{M_{\mathrm{v}}M_{\mathrm{a}}}{M^2}D' \tag{4.11}$$

式中：M、M_{a} 和 M_{v} 分别是混合气体、干空气和水蒸气的摩尔质量（kg/kmol）；D' 为混合气体的扩散系数（$\mathrm{m^2/s}$）。

混合气体（水蒸气和干空气）的质量守恒微分方程为

$$\frac{\partial}{\partial t}(\rho_{\mathrm{v}}\varepsilon_{\mathrm{g}})-\frac{\partial}{\partial x}\left(\rho_{\mathrm{v}}\varepsilon_{\mathrm{g}}K_{\mathrm{p}}\frac{\partial P}{\partial x}\varphi\right)=\varGamma \tag{4.12}$$

式中三项分别定义为瞬态项、对流项和源项。

其能量守恒微分方程为

$$\rho C_{\mathrm{p}}\frac{\partial T}{\partial t}-\rho_{\mathrm{g}}\varepsilon_{\mathrm{g}}C_{\mathrm{pg}}\frac{\partial P}{\partial x}\frac{\partial T}{\partial x}-\left[\rho_{\mathrm{g}}\varepsilon_{\mathrm{g}}(C_{\mathrm{pv}}-C_{\mathrm{pa}})D\frac{\partial\varphi}{\partial x}\right]\frac{\partial T}{\partial x}=\frac{\partial}{\partial x}\left(k\frac{\partial T}{\partial x}\right)-Q\varGamma \tag{4.13}$$

式中：C_{p}、C_{pg}、C_{pv} 和 C_{pa} 分别是多孔介质的总有效热容、混合气体的热容、水蒸气的热容和干空气的热容；k 为多孔介质的有效热传导系数。

式（4.13）中的源项 $Q\varGamma$（蒸发/脱水）定义为

$$Q\varGamma=-\left[Q_{\mathrm{l}}\frac{\partial\delta_{\mathrm{lf}}}{\partial t}+(Q_{\mathrm{l}}+Q_{\mathrm{dh}})\frac{\partial\delta_{\mathrm{ld}}}{\partial t}\right] \tag{4.14}$$

式中：Q_{l} 是蒸发潜热（J/kg）；Q_{dh} 是多孔介质中化学束缚水的水合潜热（J/kg）；δ_{lf} 为单位体积多孔介质中自由液态水的质量密度（$\mathrm{kg/m^3}$）；δ_{ld} 为单位体积多孔介质中化学束缚水（水泥浆中）的质量密度（$\mathrm{kg/m^3}$）。

式（4.13）中的五项分别定义为瞬态项、对流项、扩散项、传导项和源项。

4.1.4　Tenchev 模型

Tenchev 等发展了在传质过程中分别考虑孔隙水和孔隙水蒸气的耦合数学模型，模型中的主要未知量为温度、水蒸气含量和混合气体压力。

该模型的建立主要基于以下假设：

（1）无限小混凝土体积内的所有相均处于热平衡状态；

（2）水蒸气、干空气及其混合气体都按理想气体来处理；

（3）同一点的孔隙水压力和孔隙混合气体压力相等（即略去孔隙水和孔隙混合气体之间的毛细作用）；

（4）不考虑应力应变场对传热与传质耦合过程的影响；

（5）忽略温度梯度对传质过程的影响（Soret 效应）；

（6）不考虑束缚水的逸散，即只有当束缚水释放为自由水后才会扩散和蒸发。

4.1.4.1 控制方程

液态水的质量守恒方程为

$$\frac{\partial \overline{\rho}_{\mathrm{L}}}{\partial t} = -\nabla \cdot \boldsymbol{J}_{\mathrm{L}} - \dot{E}_{\mathrm{L}} + \frac{\partial \overline{\rho}_{\mathrm{D}}}{\partial t} \tag{4.15}$$

式中：$\overline{\rho}_{\mathrm{L}}$ 是单位体积的混凝土中液态水的质量（kg/m³）；$\overline{\rho}_{\mathrm{D}}$ 是单位体积的混凝土中由脱水所释放的束缚水的质量（kg/m³）；$\dot{E}_{\mathrm{L}}$ 是单位体积的混凝土中液态水的蒸发率 [kg/(m³·s)]；液态水的质量流 $\boldsymbol{J}_{\mathrm{L}}$ 可以表示为

$$\boldsymbol{J}_{\mathrm{L}} = \overline{\rho}_{\mathrm{L}} \boldsymbol{v}_{\mathrm{L}} \tag{4.16}$$

其中，液态水的 Darcy 速度 $\boldsymbol{v}_{\mathrm{L}}$ 为

$$\boldsymbol{v}_{\mathrm{L}} = -\frac{KK_{\mathrm{L}}}{\mu_{\mathrm{L}}} \nabla P_{\mathrm{L}} \tag{4.17}$$

式中：K 为干燥混凝土的固有渗透系数（m²）；K_{L} 为干燥混凝土内水的相对渗透系数（%）；μ_{L} 是水的黏性系数 [kg/(m·s)]；P_{L} 为水压力（Pa）。

水蒸气的质量守恒方程为

$$\frac{\partial (\varepsilon_{\mathrm{G}} \tilde{\rho}_{\mathrm{V}})}{\partial t} = -\nabla \cdot \boldsymbol{J}_{\mathrm{V}} + \dot{E}_{\mathrm{L}} \tag{4.18}$$

式中：$\tilde{\rho}_{\mathrm{V}}$ 是单位体积的混合气体中水蒸气的质量（kg/m³）；ε_{G} 为混合气体的体积比（混合气体体积与混凝土体积的比，%）。

相似地可以定义液态水的体积比 ε_{L} 为

$$\varepsilon_{\mathrm{L}} = \frac{\overline{\rho}_{\mathrm{L}}}{\rho_{\mathrm{L}}} \tag{4.19}$$

式中：ρ_{L} 为液态水密度（kg/m³）。

进而定义孔隙度 p_{or} 为

$$p_{\mathrm{or}} = \varepsilon_{\mathrm{L}} + \varepsilon_{\mathrm{G}} \tag{4.20}$$

根据 Fick 定律，水蒸气的质量流 $\boldsymbol{J}_{\mathrm{V}}$ 可以表示为

$$\boldsymbol{J}_{\mathrm{V}} = \varepsilon_{\mathrm{G}} \tilde{\rho}_{\mathrm{V}} \boldsymbol{v}_{\mathrm{G}} - \varepsilon_{\mathrm{G}} \tilde{\rho}_{\mathrm{G}} D_{\mathrm{AV}} \nabla \left(\frac{\tilde{\rho}_{\mathrm{V}}}{\tilde{\rho}_{\mathrm{G}}} \right) \tag{4.21}$$

式中：D_{AV} 是水蒸气在混合气体中的扩散系数（m²/s）；$\tilde{\rho}_{\mathrm{G}}$ 是混合气体的质量密度（kg/m³），且有关系式

$$\tilde{\rho}_{\mathrm{G}} = \tilde{\rho}_{\mathrm{A}} + \tilde{\rho}_{\mathrm{V}} \tag{4.22}$$

其中，$\tilde{\rho}_{\mathrm{A}}$ 是单位体积的混合气体中干空气的质量（kg/m³）。

而混合气体的 Darcy 速度 $\boldsymbol{v}_{\mathrm{G}}$ 可以表示为

$$\boldsymbol{v}_{\mathrm{G}} = -\frac{KK_{\mathrm{G}}}{\mu_{\mathrm{G}}} \nabla P_{\mathrm{G}} \tag{4.23}$$

式中：K_{G} 为干燥混凝土内混合气体的相对渗透系数（%）；μ_{G} 是混合气体的黏性系数 [kg/(m·s)]；P_{G} 为混合气体压力（Pa），由 Dalton 定律有

$$P_{\mathrm{G}} = P_{\mathrm{A}} + P_{\mathrm{V}} \tag{4.24}$$

其中，P_{A} 和 P_{V} 分别为干空气和水蒸气的压力（Pa）。

可得理想气体状态方程可以写为

$$P_{A}=R_{A}\tilde{\rho}_{A}T \tag{4.25}$$

$$P_{V}=R_{V}\tilde{\rho}_{V}T \tag{4.26}$$

式中：R_{A} 和 R_{V} 分别为干空气和水蒸气的气体常数。

干空气的质量守恒方程为

$$\frac{\partial(\varepsilon_{G}\tilde{\rho}_{A})}{\partial t}=-\nabla\cdot\boldsymbol{J}_{A} \tag{4.27}$$

根据 Fick 定律，干空气的质量流 $\boldsymbol{J}_{A}$ 可以表示为

$$\boldsymbol{J}_{V}=\varepsilon_{G}\tilde{\rho}_{A}\boldsymbol{v}_{G}-\varepsilon_{G}\tilde{\rho}_{G}D_{AV}\nabla\left(\frac{\tilde{\rho}_{A}}{\tilde{\rho}_{G}}\right) \tag{4.28}$$

能量守恒方程为

$$(\rho C)\frac{\partial T}{\partial t}=-\nabla\cdot(-k\nabla T)-(\rho C\boldsymbol{v})\cdot\nabla T-\lambda_{E}\dot{E}_{L}-\lambda_{D}\frac{\partial\bar{\rho}_{D}}{\partial t} \tag{4.29}$$

式中：T 为温度；ρC 为混凝土的有效热容 [J/(m^3·°C)]；k 是混凝土的热传导系数 [J/(m^2·s·°C/m)]；λ_{E} 为蒸发潜热（J/kg）；λ_{D} 为脱水潜热（J/kg）；$\rho C\boldsymbol{v}$ 为由液相流动产生的能量传输向量，可进一步写为

$$\rho C\boldsymbol{v}=\bar{\rho}_{L}C_{L}\boldsymbol{v}_{L}+(\tilde{\rho}_{V}C_{V}+\tilde{\rho}_{A}C_{A})\varepsilon_{G}\boldsymbol{v}_{G} \tag{4.30}$$

其中，C_{L}、C_{V} 和 C_{A} 分别是液态水的热容、水蒸气的热容和干空气的热容 [J/(m^3·°C)]。

注意到，只有当式（4.29）中的 k 值取绝对干燥混凝土的热传导系数时，式（4.30）才被使用，否则可以认为 $\rho C\boldsymbol{v}=0$。

4.1.4.2　耦合微分方程组

由控制方程式（4.15）、式（4.18）、式（4.27）和式（4.29）经过一系列化简和合并后，可得到以 T、P_{G} 和 $\tilde{\rho}_{V}$ 为基本未知变量的数学模型的耦合微分方程组，即

$$\frac{\partial(\varepsilon_{G}\tilde{\rho}_{A})}{\partial t}=-\nabla\cdot\boldsymbol{J}_{A} \tag{4.31}$$

$$\frac{\partial(\varepsilon_{G}\tilde{\rho}_{V})}{\partial t}+\frac{\partial\bar{\rho}_{L}}{\partial t}-\frac{\partial\bar{\rho}_{D}}{\partial t}=-\nabla\cdot(\boldsymbol{J}_{V}+\boldsymbol{J}_{L}) \tag{4.32}$$

$$(\rho C)\frac{\partial T}{\partial t}-\lambda_{E}\frac{\partial\bar{\rho}_{L}}{\partial t}+(\lambda_{E}+\lambda_{D})\frac{\partial\bar{\rho}_{D}}{\partial t}=\nabla\cdot(k\nabla T)+\lambda_{E}\nabla\cdot\boldsymbol{J}_{L}\cdot-(\rho C\boldsymbol{v})\cdot\nabla T \tag{4.33}$$

为了便于对此耦合微分方程组进行有限元求解，需要将方程组式（4.31）至式（4.33）都重新改写为用基本未知变量 T、P_{G} 和 $\tilde{\rho}_{V}$ 表示的形式，即

$$C_{TT}\frac{\partial T}{\partial t}+C_{TP}\frac{\partial P_{G}}{\partial t}+C_{TV}\frac{\partial\tilde{\rho}_{V}}{\partial t}=\nabla\cdot(K_{TT}\nabla T+K_{TP}\nabla P_{G}+K_{TV}\nabla\tilde{\rho}_{V}) \tag{4.34}$$

$$C_{AT}\frac{\partial T}{\partial t}+C_{AP}\frac{\partial P_{G}}{\partial t}+C_{AV}\frac{\partial\tilde{\rho}_{V}}{\partial t}=\nabla\cdot(K_{AT}\nabla T+K_{AP}\nabla P_{G}+K_{AV}\nabla\tilde{\rho}_{V}) \tag{4.35}$$

$$C_{MT}\frac{\partial T}{\partial t}+C_{MP}\frac{\partial P_{G}}{\partial t}+C_{MV}\frac{\partial\tilde{\rho}_{V}}{\partial t}=\nabla\cdot(K_{MT}\nabla T+K_{MP}\nabla P_{G}+K_{MV}\nabla\tilde{\rho}_{V}) \tag{4.36}$$

其中

$$C_{TT}=(\rho C)+(\lambda_{E}+\lambda_{D})\frac{\partial\bar{\rho}_{D}}{\partial T}-\lambda_{E}\frac{\partial\bar{\rho}_{L}}{\partial T};C_{TP}=0;C_{TV}=-\lambda_{E}\frac{\partial\bar{\rho}_{L}}{\partial\tilde{\rho}_{V}} \tag{4.37a}$$

$$C_{AT}=\tilde{\rho}_{A}\frac{\partial p_{or}}{\partial T}-\frac{\tilde{\rho}_{A}}{\rho_{L}}\frac{\partial\bar{\rho}_{L}}{\partial T}-\frac{\varepsilon_{G}P_{G}}{R_{A}T^{2}};C_{AP}=\frac{\varepsilon_{G}}{R_{A}T};C_{AV}=-\varepsilon_{G}\frac{R_{V}}{R_{A}}-\frac{\tilde{\rho}_{A}}{\rho_{L}}\frac{\partial\bar{\rho}_{L}}{\partial\tilde{\rho}_{V}} \tag{4.37b}$$

$$C_{MT}=\left(1-\frac{\tilde{\rho}_{V}}{\rho_{L}}\right)\frac{\partial\bar{\rho}_{L}}{\partial T}+\tilde{\rho}_{A}\frac{\partial p_{or}}{\partial T}-\frac{\partial\bar{\rho}_{D}}{\partial T};C_{MP}=0;C_{MV}=\varepsilon_{G}+\left(1-\frac{\tilde{\rho}_{V}}{\rho_{L}}\right)\frac{\partial\bar{\rho}_{L}}{\partial\tilde{\rho}_{V}} \tag{4.37c}$$

$$K_{TT}=k;K_{TP}=-\lambda\frac{\bar{\rho}_{L}KK_{L}}{\mu_{L}};K_{TV}=0 \tag{4.37d}$$

$$K_{AT}=-\frac{D_{VA}\varepsilon_{G}\tilde{\rho}_{V}}{\tilde{\rho}_{G}R_{A}T}\frac{P_{G}}{T};K_{AP}=\frac{KK_{G}}{\mu_{G}}\varepsilon_{G}\tilde{\rho}_{A}+\frac{D_{VA}\varepsilon_{G}\tilde{\rho}_{V}}{\tilde{\rho}_{G}R_{A}T};K_{AV}=-\left(\tilde{\rho}_{A}+\frac{R_{V}}{R_{A}}\tilde{\rho}_{V}\right)\frac{D_{VA}\varepsilon_{G}}{\tilde{\rho}_{G}} \tag{4.37e}$$

$$K_{MT}=-K_{AT};K_{MP}=\frac{KK_{G}}{\mu_{G}}\varepsilon_{G}\tilde{\rho}_{V}-\frac{D_{VA}\varepsilon_{G}\tilde{\rho}_{V}}{\tilde{\rho}_{G}R_{A}T}+\frac{\bar{\rho}_{L}KK_{L}}{\mu_{L}};K_{MV}=-K_{AV} \tag{4.37f}$$

4.1.5 Gawin 模型

1999 年 Gawin 等在 Schrefler 关于多孔介质的热-水力-力学耦合模型、Bazant 等的模型基础上，发展了一个湿-热-力学全耦合模型，模型中的主要未知量为固相骨架位移、毛细压力（吸力）、混合气体压力和温度。

4.1.5.1 耦合微分方程组

控制干空气、湿分质量守恒和能量守恒的耦合偏微分方程组分别为

$$\varphi\frac{\partial}{\partial t}[(1-S)\rho_{ga}]+(1-S)\rho_{ga}\frac{\partial\varphi_{hydr}}{\partial t}+\alpha(1-S)\rho_{ga}\frac{\partial}{\partial t}(\nabla\cdot\boldsymbol{u})+\nabla\cdot(\rho_{ga}\boldsymbol{v}_{ga}^{d})=0 \tag{4.38}$$

$$\begin{aligned}&\varphi\frac{\partial}{\partial t}[(1-S)\rho_{gw}]+(1-S)\rho_{gw}\frac{\partial\varphi_{hydr}}{\partial t}+\alpha(1-S)\rho_{gw}\frac{\partial}{\partial t}(\nabla\cdot\boldsymbol{u})+\nabla\cdot(\rho_{gw}\boldsymbol{v}_{g})+\nabla\cdot(\rho_{g}\boldsymbol{v}_{gw}^{d})\\&=-\varphi\frac{\partial}{\partial t}(S\rho_{w})-S\rho_{w}\frac{\partial\varphi_{hydr}}{\partial t}-\alpha S\rho_{w}\frac{\partial}{\partial t}(\nabla\cdot\boldsymbol{u})-\nabla\cdot(\rho_{w}\boldsymbol{v}_{l})-\frac{\partial}{\partial t}(\Delta m_{hydr})\end{aligned} \tag{4.39}$$

$$\begin{aligned}&\rho C_{p}\frac{\partial T}{\partial t}+(C_{pw}\rho_{w}\boldsymbol{v}_{l}+C_{pg}\rho_{g}\boldsymbol{v}_{g})\nabla T-\nabla\cdot(\lambda_{eff}\nabla T)\\&=\Delta h_{phase}\left[\varphi\frac{\partial}{\partial t}(S\rho_{w})+S\rho_{w}\frac{\partial\varphi_{hydr}}{\partial t}+\alpha S\rho_{w}\frac{\partial}{\partial t}(\nabla\cdot\boldsymbol{u})+\nabla\cdot(\rho_{w}\boldsymbol{v}_{l})\right]+\Delta h_{hydr}\frac{\partial}{\partial t}(\Delta m_{hydr})\end{aligned} \tag{4.40}$$

式中：φ 为总孔隙度（孔隙体积与总体积的比值）；S 为液相体积饱和度（液相体积与孔隙体积的比值）；ρ_{ga} 为混合气体中干空气的质量浓度（kg/m^3）；$\boldsymbol{u}$ 为固相骨架的位移向量；$\boldsymbol{v}_g$ 为混合气体的速度（m/s）；$\boldsymbol{v}_{ga}^{d}$ 为干空气的相对平均扩散速度（m/s）；ρ_{gw} 为混合气体中水蒸气的质量浓度（kg/m^3）；$\boldsymbol{v}_{gw}^{d}$ 为水蒸气的相对平均扩散速度（m/s）；$\boldsymbol{v}_l$ 为液相的速度（m/s）；C_p 为多孔介质的有效热容 $[J/(m^3\cdot K)]$；ρ_w 为液相的密度（kg/m^3）；ρ_g 为混合气体的密度（kg/m^3）；C_{pw} 为液相的热容 $[J/(m^3\cdot K)]$；C_{pg} 为混合气体的热容 $[J/(m^3\cdot K)]$；λ_{eff} 为有效热传导系数 $[W/(m\cdot K)]$；Δh_{phase} 为相变潜热（J/kg），当 $S\leqslant S_{ssp}$（S_{ssp} 是固相饱和点）时 $\Delta h_{phase}=\Delta h_{adsorp}$（$\Delta h_{adsorp}$ 是吸附潜热），而当 $S>S_{ssp}$ 时 $\Delta h_{phase}=\Delta h_{vap}$（$\Delta h_{vap}$ 是蒸发潜热）；Δh_{hydr} 为单位质量的水和产物所释放的热量（J/kg）；φ_{hydr} 为由于混凝土脱水产生的孔隙度，其有如下关系式，即

$$\frac{\partial \varphi_{\text{hydr}}}{\partial t} = -\frac{\partial}{\partial t}\left(\frac{\Delta m_{\text{hydr}}}{\rho_s}\right) \tag{4.41}$$

其中，Δm_{hydr} 是与水合-脱水过程相关的质量源（kg/m³）；ρ_s 是混凝土的密度（kg/m³）。

Biot 常数 α 可以使用下式计算：

$$\alpha = 1 - \frac{K_T}{K_M} \tag{4.42}$$

式中：K_T 为多孔介质固体骨架的体积模量（MPa）；K_M 为多孔介质固相颗粒的体积模量（MPa）。

整个混合体的线性动量平衡方程可以写为

$$\nabla \cdot \frac{\partial \boldsymbol{\sigma}}{\partial t} + \frac{\partial \rho}{\partial t}\boldsymbol{b} = 0 \tag{4.43}$$

式中：$\boldsymbol{\sigma}$ 为总应力张量；$\boldsymbol{b}$ 为重力加速度向量；ρ 为多孔多相介质的平均密度（kg/m³），且有

$$\rho = (1-\varphi)\rho_s + \varphi S \rho_w + \varphi(1-S)\rho_g \tag{4.44}$$

固相质量守恒方程为

$$\frac{\partial}{\partial t}[(1-\varphi)\rho_s] + \nabla \cdot [(1-\varphi)\rho_s \boldsymbol{v}_s] = \frac{\partial}{\partial t}(\Delta m_{\text{hydr}}) \tag{4.45}$$

式中：$\boldsymbol{v}_s$ 为固相骨架速度。

4.1.5.2　水力本构

对于毛细水，该模型中使用的水力本构方程为

$$\boldsymbol{v}_l = -\frac{\boldsymbol{K}K_{rw}}{\mu_w}(\nabla p_g - \nabla p_c - \rho_w \boldsymbol{b}) \tag{4.46}$$

式中：p_c 是毛细压力（吸力），其有如下关系式，即

$$p_c = p_g - p_w \tag{4.47}$$

其中，p_g 为混合气体压力；p_w 为液相压力；$\boldsymbol{K}$ 为绝对渗透系数张量（m²）；K_{rw} 为液相的相对渗透系数；μ_w 为液相的黏性系数 [kg/(m·s)]。

对于束缚水，有

$$\boldsymbol{v}_b = -\boldsymbol{D}_b \nabla S_b \tag{4.48}$$

式中：$\boldsymbol{D}_b$ 为束缚水扩散系数张量，而束缚水饱和度 S_b 可由下式给出，即

$$S_b = \begin{cases} S & S \leqslant S_{ssp} \\ S_{ssp} & S > S_{ssp} \end{cases} \tag{4.49}$$

对于混合气体，有

$$\boldsymbol{v}_g = -\frac{\boldsymbol{K}K_{rg}}{\mu_g}\nabla p_g \tag{4.50}$$

式中：K_{rg} 为混合气体的相对渗透系数；μ_g 为混合气体的黏性系数 [kg/(m·s)]。

干空气和水蒸气组成的混合气体的扩散过程可以由 Fick 定律表示为

$$\boldsymbol{v}_{ga} = -\frac{M_a M_w}{M_g^2}\boldsymbol{D}_{\text{eff}}\nabla\left(\frac{p_{ga}}{p_g}\right) = \frac{M_a M_w}{M_g^2}\boldsymbol{D}_{\text{eff}}\nabla\left(\frac{p_{gw}}{p_g}\right) = -\boldsymbol{v}_{gw} \tag{4.51}$$

式中：p_{ga} 为干空气压力；p_{gw} 为水蒸气压力；$\boldsymbol{D}_{\text{eff}}$ 为混合气体的有效扩散系数张量（m²/s）；M_a

和 M_w 分别为干空气和水的摩尔质量（kg/kmol）；而混合气体的摩尔质量 M_g 可以表示为

$$\frac{1}{M_g}=\frac{\rho_{gw}}{\rho_g}\frac{1}{M_w}+\frac{\rho_{ga}}{\rho_g}\frac{1}{M_a} \tag{4.52}$$

由理想气体状态方程，有

$$p_{ga}=\rho_{ga}\frac{RT}{M_a} \tag{4.53}$$

$$p_{gw}=\rho_{gw}\frac{RT}{M_w} \tag{4.54}$$

$$p_g=\rho_g\frac{RT}{M_g} \tag{4.55}$$

由 Dalton 定律，有

$$p_g=p_{ga}+p_{gw} \tag{4.56}$$

4.2 力学本构模型

4.2.1 概述

20 世纪 60 年代以来，有限元技术已经发展成为分析复杂结构的一种强有力的工具。随着力学分析理论的发展和数值计算能力的不断提高，对工程结构的分析开始由单个的构件、简单的简化计算模型向反映结构实际特性的整体结构发展。计算机技术与有限元分析方法的结合，显示出结构分析正朝着更为合理而精细的方向发展。然而，要实现结构的精细化分析，只有先进的数值分析方法是不够的，与其同等重要的是正确的材料物理本构模型。

混凝土（普通混凝土）是由水泥、骨料（砂、石）和水按一定的比例配合并拌制成混合物，然后经过一定时间硬化而成的人造石材。这样组成的混凝土材料的物理性质和综合力学性能不仅取决于各组分的性质、配合比以及各相之间力学、物理或化学的相互制约机理，而且与制作工艺（搅拌、成型、养护等）和周围环境等均有较大的关系。因此，相对较为均匀的金属材料而言，混凝土材料的力学性能显然要复杂得多。

在早期的混凝土结构分析中，受到计算机技术的限制以及对材料本身性能的了解不足，一般在线弹性范围内对构件与结构进行分析。由于早期的混凝土构件和结构及其设计都相对比较简单，分析精度要求较低，因此这种线弹性分析方法在当时起到了一定的作用。随着混凝土材料在大跨度结构、超高层建筑等大型复杂结构中的广泛应用，迫切需要对结构进行更为精确的分析、设计和控制。于是，尽管简单但非常粗糙的线弹性分析的局限性日益显现出来，即对混凝土结构进行线弹性分析的结果与实际情况往往相差甚远。人们逐渐意识到，混凝土结构有限元分析的误差主要来源于所采用的混凝土本构关系无法很好地描述材料的非线性力学行为。只有准确地把握混凝土材料的本构行为和力学性能，才可能对混凝土整体结构有一个完整、清晰的认识，并实现结构的精细化设计。

4.2.2　应力不变量和应力空间

多孔多相介质力学中的力学符号与传统的力学符号有所区别。在多孔多相介质力学中,对应力、应变定义拉为正,而对孔隙流体压力定义压为正。

在三维应力分析中,一点的应力状态由 9 个应力分量来描述,这些应力分量构成一个二阶对称张量,称为应力张量,即有

$$\boldsymbol{\sigma}_{ij}=\boldsymbol{\sigma}_{ji} \tag{4.57}$$

应力张量又可以分解为偏应力张量和球应力,即

$$\boldsymbol{\sigma}_{ij}=\boldsymbol{s}_{ij}+\delta_{ij}\boldsymbol{\sigma}_m \tag{4.58}$$

其中,球应力为

$$\boldsymbol{\sigma}_m=\frac{\boldsymbol{\sigma}_{ii}}{3} \tag{4.59}$$

通过空间中的一点可以找到互相垂直的三个平面,在这三个平面上剪应力为零,而这三个平面称为主平面。主平面上的正应力称为主应力(σ_1、σ_2 和 σ_3),这三个主应力可看作该点应力状态的特征,它们与所选用的坐标系无关。主应力的独立性质可以用某些特征常数表示,可称其为应力不变量。在屈服函数中通常采用第一应力不变量 $\boldsymbol{I}_1$、第二偏应力不变量 $\boldsymbol{J}_2'$、第三偏应力不变量 $\boldsymbol{J}_3'$ 和 Lode 角 θ,它们的表达式分别为

$$\boldsymbol{I}_1=\boldsymbol{\sigma}_{ii} \tag{4.60}$$

$$\boldsymbol{J}_2'=\frac{1}{2}\boldsymbol{s}_{ij}\boldsymbol{s}_{ij} \tag{4.61}$$

$$\boldsymbol{J}_3'=\frac{1}{3}\boldsymbol{s}_{ij}\boldsymbol{s}_{jk}\boldsymbol{s}_{ki} \tag{4.62}$$

$$\cos\theta=\frac{2\sigma_1-\sigma_2-\sigma_3}{\sqrt{12\boldsymbol{J}_2'}} \tag{4.63}$$

或

$$\cos 3\theta=\frac{3\sqrt{3}}{2}\frac{\boldsymbol{J}_3'}{(\boldsymbol{J}_2')^{3/2}} \tag{4.64}$$

第一应力不变量主要和体积应变相关联。第二偏应力不变量主要描述物体的剪切行为。在非饱和多孔介质弹塑性理论中,经常采用净应力 σ^*、有效应力 σ' 或 Bishop 应力 σ'' 等作为作用于固体骨架的应力度量。因此,下面公式中所提到的 $\boldsymbol{I}_1$、$\boldsymbol{J}_2'$ 和 $\boldsymbol{J}_3'$ 均指以净应力、有效应力或 Bishop 应力等为应力度量的应力不变量。

图 4.1 中由矢量 $\overrightarrow{OP}$、表示的主应力空间中点 $P(\sigma_1,\sigma_2,\sigma_3)$ 的应力状态可分解为两个分矢量:第一个分量 $\overrightarrow{ON}$ 沿静水压力轴方向,而第二个分量 $\overrightarrow{NP}$ 在垂直于静水压力轴的偏平面中。矢量 $\overrightarrow{ON}$ 和 $\overrightarrow{NP}$ 的长度分别为 ξ 和 ρ,且有

$$\xi=\frac{1}{\sqrt{3}}\boldsymbol{I}_1 \tag{4.65}$$

$$\rho=\sqrt{2\boldsymbol{J}_2'} \tag{4.66}$$

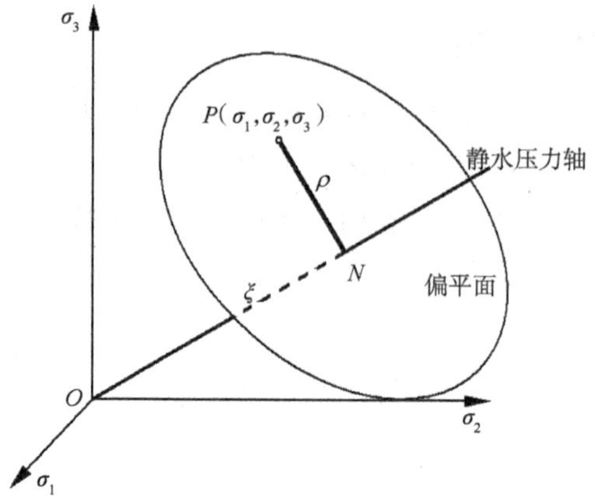

图 4.1 主应力空间中应力状态的几何表示

Fig. 4.1 The geometric representation of stress state in the principal stress space

4.2.3 常温下力学本构模型

迄今为止,凡是在力学中发展起来的各种理论都曾被用作建立混凝土本构模型的理论基础。在常温下,现有的混凝土本构模型概括起来主要有以弹性力学为基础的模型、以经典塑性力学为基础的模型、内蕴时间模型、断裂力学模型和损伤力学模型。

弹性和塑性本构模型(加上软化段的处理)能够较好地描述混凝土材料的弹性段、屈服条件以及不可恢复变形的发展,但却无法描述微裂缝发展造成的损伤影响,如刚度退化以及荷载反向后裂缝闭合引起的刚度恢复等材料宏观力学性能劣化现象。近几十年来,由于不可逆热力学的迅速发展,人们认识到对混凝土本构关系的认识不能仅从纯力学或机械能守恒的观点出发,而应该基于不可逆热力学的观点深入过程的物理本质,建立现实的本构模型。基于不可逆热力学框架,研究混凝土本构关系的主要理论有内蕴时间理论和损伤力学理论。典型的混凝土材料本构模型及其相互关系如图 4.2 所示。

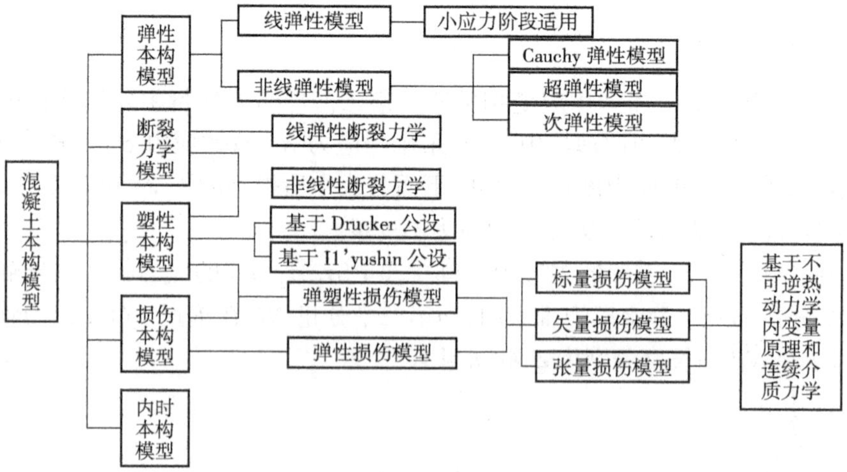

图 4.2 混凝土材料本构模型及其相互关系

Fig. 4.2 The constitutive models for concrete materials and their interrelations

4.2.3.1　弹性本构模型

弹性材料是现实材料的主要理论模型之一,其中的应力只决定于变形前的初始状态和变形后的现时状态,而与复杂的变形过程无关,外力一旦除去便恢复到初始状态,而且对周围环境不产生任何影响,即变形过程是可逆的。

1. 线弹性模型

早期的混凝土结构分析一般采用线弹性本构模型。它基于以下两个假定:一是应变能函数只是线性化应变张量 $\boldsymbol{\varepsilon}_{ij}$ 的二次函数;二是外力对连续介质所做的变形功全部以应变能的形式储存起来。该模型比较简单直观,可用广义虎克定律表示为

$$\boldsymbol{\sigma}_{ij}=\boldsymbol{C}_{ijkl}\boldsymbol{\varepsilon}_{kl} \tag{4.67}$$

式中:$\boldsymbol{\sigma}_{ij}$ 为应力张量;$\boldsymbol{\varepsilon}_{kl}$ 为应变张量;$\boldsymbol{C}_{ijkl}$ 为四阶弹性刚度张量,由 81 个元素组成。

如果材料为正交各向异性,独立常数可减少至 9 个;如果材料为各向同性,独立常数可减少至 2 个,此时可用 Lame 常数 λ、μ 来表达,即

$$\boldsymbol{\sigma}_{ij}=2\mu\boldsymbol{\varepsilon}_{ij}+\lambda\boldsymbol{\varepsilon}_{kk}\delta_{ij} \tag{4.68}$$

上述线弹性本构模型适用于混凝土开裂前的状态,当混凝土处于较低压应力及拉应力下时误差较小,其余情况误差较大。

2. 非线弹性模型

非线弹性本构模型一般属于经验性模型,其计算简单且比较精确,适用于单调加载下的混凝土非线性变形阶段。非线弹性本构模型通常可分为三种类型:Cauchy 弹性、超弹性和亚弹性。

1)Cauchy 弹性模型

Cauchy 弹性模型中应力只依赖于应变,应变也只依赖于应力,而与加载历史无关,各向同性的应力-应变本构关系为

$$\boldsymbol{\sigma}_{ij}=F_{ij}(\boldsymbol{\varepsilon}_{kl}) \tag{4.69}$$

但是该模型中应力不一定能由应变能对应变求导得到。除在单调或比例加载条件下外,不同加载途径下得到的应变能和余能表达式通常不是唯一的,不能满足弹性体能量守恒定律。鉴于上述 Cauchy 弹性模型违背了能量守恒原理,从而引入了超弹性本构模型。

2)超弹性(hyperelastic)模型

若材料具有作为应变张量解析函数的应变能函数,且应变能函数的变化率等于应力所做的功,则称为超弹性材料或 Green 弹性材料。超弹性模型是应用应变能和余能原理建立的各向同性非线弹性本构关系。假设应变能密度为 W,余能密度为 Ω,则有

$$\boldsymbol{\sigma}_{ij}=\frac{\partial W}{\partial\boldsymbol{\varepsilon}_{ij}},\ \boldsymbol{\varepsilon}_{ij}=\frac{\partial\Omega}{\partial\boldsymbol{\sigma}_{ij}} \tag{4.70}$$

Cauchy 弹性模型和超弹性模型一般都是全量式应力-应变关系,采用不断变化的割线模量,并假设力学性能与应力状态的路径无关,主要应用于单调或比例加载条件下。

考虑到混凝土材料的力学性能不仅与现时的应力状态有关,而且与达到此应力状态的变形历史有关,故引入亚弹性本构模型。

3)亚弹性(hypoelastic)模型

Truesdell对弹性有三种定义,即一般意义上的弹性、超弹性和亚弹性。对于等温或绝热条件下的小变形弹性体,这三种定义是等价的。但是,当将其推广到较一般的物质和变形范围时,它们不再等价,并得到三种不同级别的弹性。由于亚弹性材料对无限小位移的无黏性及可逆性以及与有限变形的路径相关,故采用“亚弹性”这一术语。亚弹性模型所描述的应力-应变关系与变形路径有关,与时间无关,一般表示成增量形式,即

$$\mathrm{d}\boldsymbol{\sigma}_{ij} = F_{ij}(\mathrm{d}\boldsymbol{\varepsilon}_{kl}, \boldsymbol{\sigma}_{mn}) \tag{4.71}$$

采用全量式应力-应变本构关系的有Cedolin、Kotsovos、Ottosen等模型。采用增量式应力-应变本构关系的有Elwi、Darwin等模型。

非线性弹性理论在一定程度上反映了混凝土的非线性特征,但混凝土的应力-应变关系并不是一一对应的,不同的加载路径下所得到的应变能和余能表达式不是唯一的。因此,对于单调加载情况,非线性弹性理论难以覆盖各种应力状态下的受力变形过程;对于循环加载情况,该模型与混凝土实际受力特性存在较大的差异。同时,利用材料的单轴应力-应变本构关系进行平面应力状态下的结构非线性分析,不可避免地会引入诸如拉压软化系数、二维应力状态下的强度包络线等经验关系,从而给结构的非线性分析带来较大的不确定性。

4.2.3.2 塑性本构模型

经典的塑性理论主要有两种,即形变理论和增量理论。

形变理论是弹塑性小变形理论的简称,其建立的全量式应力-应变关系为

$$\boldsymbol{\sigma}_{ij} = \boldsymbol{C}_{ijkl}\boldsymbol{\varepsilon}_{kl} \tag{4.72}$$

式中:$\boldsymbol{C}_{ijkl}$不仅与材料有关,也与塑性变形程度有关。

由于与加载路径无关,因此形变理论仅适用于简单加载情况,其优点是数学处理方便。

增量理论又称为流动理论,它是描述材料在塑性状态时应力与应变速率或应变增量之间关系的理论。尽管在实际应用中需要按加载过程积分,计算相对较为复杂,但该理论的发展对认识混凝土的本构关系产生了重大的影响。

增量理论是在屈服面和正交流动法则基础上建立起来的,其主要是由初始屈服面、后继屈服面(加载面或硬化法则)、加载-卸载准则、流动法则等四部分组成。引入不同的屈服函数(包括初始屈服面和硬化法则)与不同的流动法则即可产生不同的模型,如假定后继屈服面与初始屈服面一致,即可产生理想弹塑性模型。

根据Drucker公设确定的流动法则只适用于稳定材料,而无法模拟应力-应变曲线的下降段(即软化段)。而基于伊留辛(Il'yushin)公设的塑性本构模型则可在应变空间建立适用于硬化、软化段统一的本构模型。由于应变测量难度很大,混凝土在应变空间的屈服面尚缺乏试验验证。

混凝土塑性本构模型大多将混凝土视为各向同性材料,以上述经典塑性理论为基础,最常用的塑性破坏准则是在应力空间中由1~5个独立控制的材料常数确定的。早期提出的是适用于手工计算的单参数和二参数型的简单塑性破坏模型,随着计算机技术的发展和越来越多的试验资料可供使用,这些较简单的模型已通过增添附加参数而得以改进并推广,并且已建立各种三参数、四参数和五参数模型。单参数模型主要有von Mises模型和Tresca模

型，二参数模型主要有 Morh-Coulomb 模型和 Drucker-Prager 模型，三参数模型主要有 Bresler-Pister 模型、William-Warnke 三参数模型和 Argyris 等提出的模型，四参数模型主要有 Ottosen 模型、Reimann 模型和 Hsieh 等提出的模型，五参数模型主要有 William-Warnke 五参数模型。

1. 单参数模型

混凝土材料在主应力空间中屈服面的形状可由屈服面与偏平面的交线和其子午平面中的子午线予以最佳描述。屈服面的偏截面是指屈服面和垂直于静水压力轴且 ξ=常数的偏平面的相交曲线，屈服面的子午线是指屈服面与包含静水压力轴且 θ=常数的平面（子午面）的相交曲线。对于拉应力或较小的压应力，屈服面的偏截面形状近似于三角形，而对于较高的平均压应力则变得更圆。然而，在这两个极端区内（中间的压应力值域），混凝土的屈服形式是不同的。在拉伸和较小压缩型的应力下，混凝土的屈服是脆性断裂的劈裂型；在高静水压力下，混凝土可能像延性材料那样在屈服面上屈服和流动。过去曾提出过几种对于脆性材料断裂和对于延性材料屈服的简易的单参数屈服准则模型，因此把这些屈服面组合起来可形成遍及应力空间的完整屈服面，这种简单的近似似乎是合理的。

1）Rankine 模型

Rankine（1876）的最大拉应力准则可以很好地描述在拉伸和较小压应力下混凝土的脆断。这一准则假定只要此点上的最大主应力达到简单拉伸试验得出的材料抗拉强度 f_t 时，混凝土就发生脆断。根据这一准则确定的屈服面方程为

$$\sigma_1 = f_t, \sigma_2 = f_t, \sigma_3 = f_t \tag{4.73}$$

屈服面由分别垂直于 σ_1、σ_2 和 σ_3 轴的三个平面组成，也可称为断裂面或拉伸屈服面。在主应力空间 $0° \leqslant \theta \leqslant 60°$ 的范围内，这个屈服面可以表示成基于应力不变量的形式，即

$$f(\boldsymbol{I}_1, \boldsymbol{J}_2', \theta) = 2\sqrt{3}\sqrt{\boldsymbol{J}_2'}\cos\theta + \boldsymbol{I}_1 - 3f_t \tag{4.74}$$

图 4.3 中概要地显示了此屈服面的偏截面以及拉伸（$\theta = 0°$）和压缩（$\theta = 60°$）子午线。

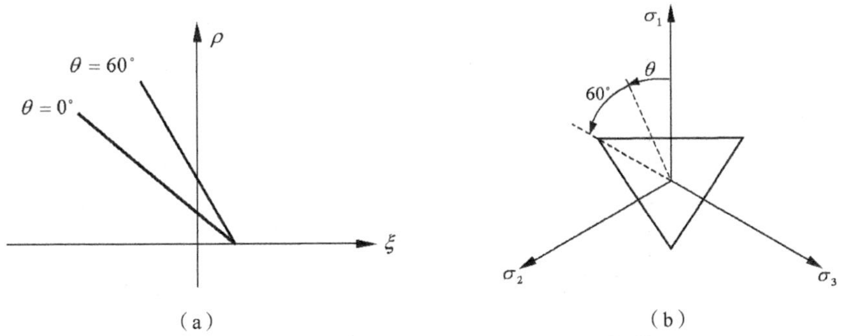

图 4.3　Rankine 模型的（a）子午线和（b）偏截面

Fig. 4.3　The Rankine model (a) in (ξ, ρ) plane and (b) in deviator plane

2）Tresca 模型

对于在高静水压力范围内的混凝土，可采用剪应力准则来预测延性屈服，如 Tresca 准则（1864）和 von Mises 准则（1913）。

按照 Tresca 准则（1864），材料的延性破坏（或屈服）发生在一点的最大剪应力达到临

界值时，其屈服面的表达式为

$$f=\max\left[\frac{1}{2}|\sigma_1-\sigma_2|,\frac{1}{2}|\sigma_2-\sigma_3|,\frac{1}{2}|\sigma_3-\sigma_1|\right]-k \tag{4.75}$$

式中：k 为纯剪破坏（屈服）应力，对于混凝土，k 由简单压缩试验确定（用单轴压缩强度 f_c 作为屈服应力）；对于 Tresca 准则，$k=\frac{1}{2}f_c$，相应的 Tresca 准则屈服面的偏截面和子午线如图 4.4 所示。

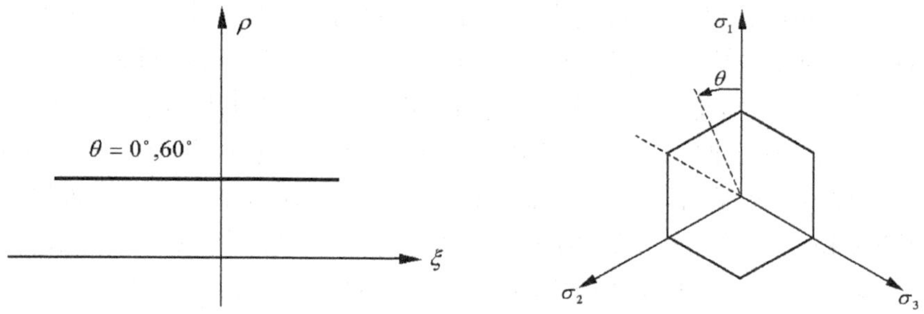

图 4.4 Tresca 模型的（a）子午线和（b）偏截面

Fig. 4.4 The Tresca model (a) in (ξ,ρ) plane and (b) in deviator plane

3）von Mises 模型

von Mises 准则（1913）假设破坏（屈服）发生在八面体剪应力 τ_{oct} 达到其临界值时，其屈服面的表达式为

$$f=J_2'-k^2 \tag{4.76}$$

对于 von Mises 准则，式（4.76）中的纯剪破坏（屈服）应力 $k=\frac{1}{\sqrt{3}}f_c$，相应的 von Mises 准则屈服面的偏截面和子午线如图 4.5 所示。

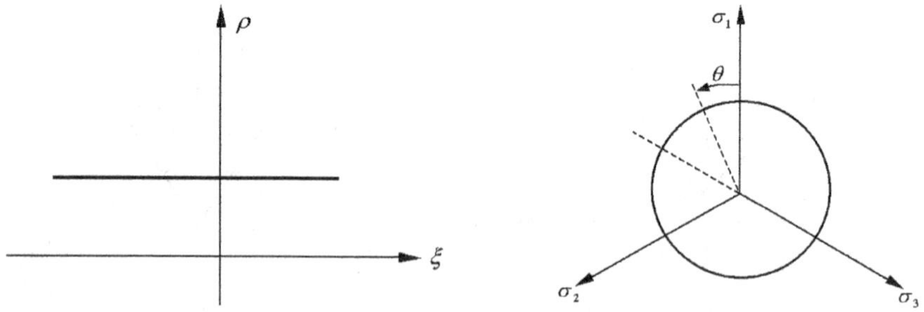

图 4.5 von Mises 模型的（a）子午线和（b）偏截面

Fig. 4.5 The von Mises model (a) in (ξ,ρ) plane and (b) in deviator plane

2. 二参数模型

在中间的压应力值域内，混凝土的屈服准则对静水应力状态是敏感的，上述简单的单参数模型不能描述在这一中间程度压应力下断裂-延性状态屈服，因此必须使用与压力有关的

屈服模型。

对于压力相关塑性，沿应力空间静水压力轴屈服面的偏截面大小不同，且几何形状一般也不相似，如先前所述，对于混凝土在静水压力值小时，这些偏截面形状近似于三角形，当静水压力增大时变得更接近圆形。然而，为了简便，通常假设所有偏截面几何相似，压力的作用只是调整横截面的大小，如常见的 Mohr-Coulomb 和 Drucker-Prager 屈服准则，都是属于子午线与静水应力分量 $\boldsymbol{I}_1$ 线性相关的二参数模型。

1)Mohr-Coulomb 模型

在 Mohr-Coulomb 准则中，假设屈服发生在混凝土材料中一点处任一平面上的剪应力 τ 达到与同一平面中的正应力 σ_{N} 线性相关的值时，其屈服面的表达式为

$$\tau = c - \sigma_{\mathrm{N}} \tan\varphi \tag{4.77}$$

式中：材料常数 c 和 φ 分别为内聚力和内摩擦角。

Mohr-Coulomb 屈服准则还可以表示成基于主应力的广义形式，即

$$f = \frac{\boldsymbol{I}_1}{3}\sin\varphi + \sqrt{\boldsymbol{J}_2'}\sin\left(\theta + \frac{\pi}{3}\right) + \frac{\sqrt{\boldsymbol{J}_2'}}{\sqrt{3}}\cos\left(\theta + \frac{\pi}{3}\right)\sin\varphi - c\cos\varphi \tag{4.78}$$

Mohr-Coulomb 屈服准则认为三轴拉伸试验和三轴压缩试验的内摩擦角相等，在主应力空间表示为一不规则六棱锥，如图 4.6 所示。对于特殊情况 $\sigma_{\mathrm{N}} = 0$，Mohr-Coulomb 屈服准则可简化成 Tresca 准则，即 $\tau = c = k$。

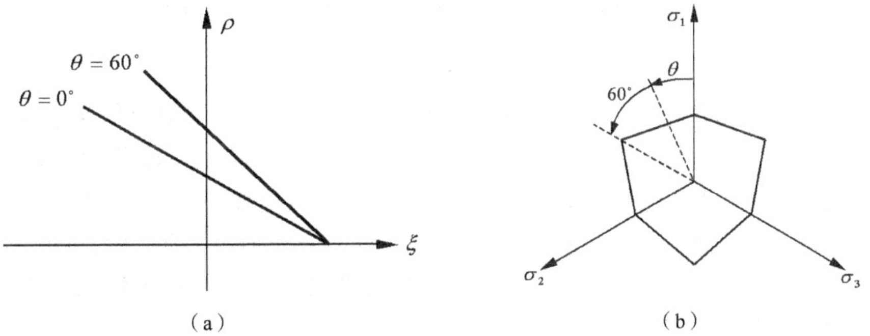

图 4.6　Mohr-Coulomb 模型的(a)子午线和(b)偏截面

Fig. 4.6　The Mohr-Coulomb model(a)in(ξ,ρ)plane and(b)in deviator plane

2)Drucker-Prager 模型

由于 Mohr-Coulomb 模型的屈服面在 π 平面上投影所存在的角点给数值求解带来了很多困难，因此 Drucker 和 Prager 通过对 von Mises 准则的简单修正，提出了一个对 Mohr-Coulomb 屈服面光滑近似的 Drucker-Prager 模型。在主应力空间，Drucker-Prager 屈服面为一圆锥体，在偏平面上的轨迹为圆形(图 4.7)，因而更容易在程序中实现，其屈服面的表达式为

$$f = \sqrt{\boldsymbol{J}_2'} + m\boldsymbol{I}_1 - k \tag{4.79}$$

式中：材料参数 m 和 k 决定了屈服面的形状和大小，其值可以通过 Mohr 包络线中的内聚力 c 和内摩擦角 φ 得出。

如果考虑 Drucker-Prager 的轨迹为 Mohr-Coulomb 六边形的外接圆，即 $\theta = 0°$，则有

$$m=\frac{2\sin\varphi}{\sqrt{3}(3-\sin\varphi)},k=\frac{6c\cos\varphi}{\sqrt{3}(3-\sin\varphi)} \tag{4.80}$$

如果考虑 Drucker-Prager 的轨迹为 Mohr-Coulomb 六边形的内切圆，即 $\theta=60°$，则有

$$m=\frac{2\sin\varphi}{\sqrt{3}(3+\sin\varphi)},k=\frac{6c\cos\varphi}{\sqrt{3}(3+\sin\varphi)} \tag{4.81}$$

Drucker-Prager 模型的塑性势函数通常定义为与屈服面表达式类似的形式，即

$$g=\sqrt{\boldsymbol{J}_2'}+m'\boldsymbol{I}_1 \tag{4.82}$$

式中：$m'=\dfrac{2\sin\psi}{\sqrt{3}(3-\sin\psi)}$，其中 ψ 是膨胀角。

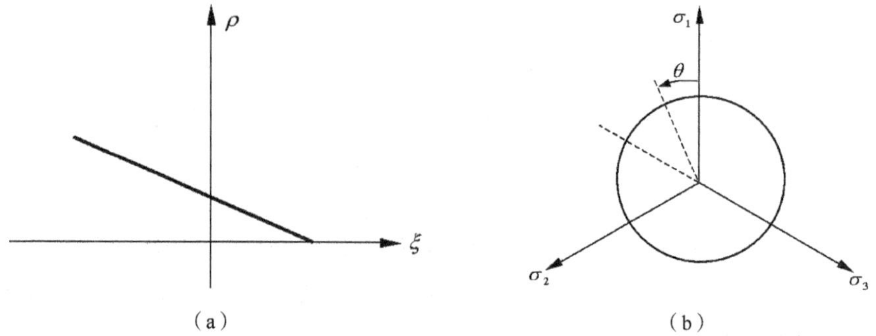

图 4.7 Drucker-Prager 模型的(a)子午线和(b)偏截面

Fig. 4.7 The Drucker-Prager model(a)in(ξ,ρ)plane and(b)in deviator plane

3. 三参数模型

对于分析混凝土的本构关系来说，Drucker-Prager 准则有两个缺点：$\boldsymbol{I}_1$ 和 $\sqrt{\boldsymbol{J}_2'}$（或 ξ 和 ρ）之间的线性关系和不依赖于 θ 角。试验显示，ξ-ρ 关系应为曲线，在偏截面上屈服面的轨迹线不是圆形，而是取决于 θ 角，因此在 Drucker-Prager 准则基础上可以通过两种途径进一步改善，从而产生了三参数模型：①假设 ξ-ρ 有抛物线关系，但保持圆形横截面（与 θ 无关），如 Bresler-Pister 模型；②保持 ξ-ρ 有线性关系，但由横截面体现 θ 相关性（即非圆横截面），如 William-Warnke 模型。

1)Bresler-Pister 模型

Bresler 和 Pister 在 1958 年提出了一个 ξ 与 ρ 抛物线相关，且具有圆形偏截面的三参数屈服准则，如图 4.8 所示。Bresler-Pister 模型屈服面的表达式为

$$f=\frac{\sqrt{\boldsymbol{J}_2'}}{f_c}-a+b\frac{\boldsymbol{I}_1}{f_c}-c\left(\frac{\boldsymbol{I}_1}{f_c}\right)^2 \tag{4.83}$$

式中：f_c 为混凝土的单轴压缩强度；a、b 和 c 是拟合有效试验数据曲线而确定的 3 个材料破坏参数。

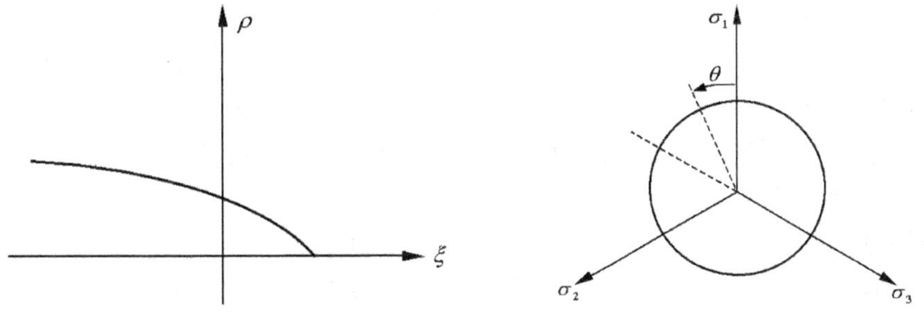

(a)　(b)

图 4.8　Bresler-Pister 模型的(a)子午线和(b)偏截面

Fig. 4.8　The Bresler-Pister model(a)in(ξ,ρ)plane and(b)in deviator plane

2)William-Warnke 模型

William 和 Warnke 于 1974 年建立了一个用于拉伸和低压力区域内屈服的 William-Warnke 三参数模型。William-Warnke 屈服面具有直的子午线和非圆形偏截面，并且满足试验观察到的对称、圆滑和外凸的条件，如图 4.9 所示。William-Warnke 模型屈服面的表达式为

$$f=\frac{1}{3A}\frac{\boldsymbol{I}_1}{f_c}+\sqrt{\frac{2}{5}}\frac{\sqrt{\boldsymbol{J}_2'}}{\rho(\theta)}-1 \tag{4.84}$$

式中：A 为材料常数；$\rho(\theta)$ 描绘了一个在 $0°\leqslant\theta\leqslant 60°$ 偏平面中的椭圆形屈服面轨迹曲线。

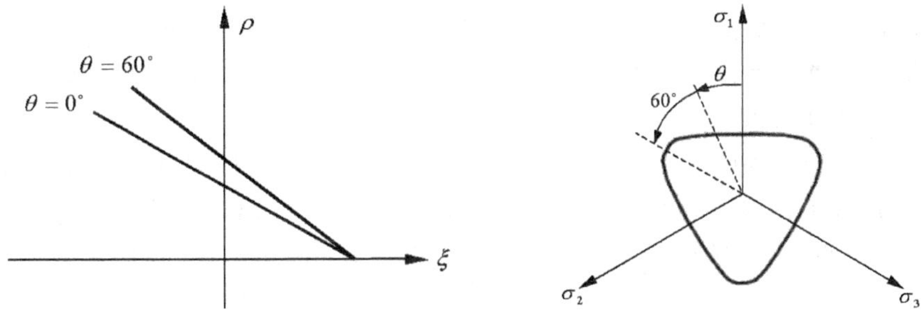

(a)　(b)

图 4.9　William-Warnke 模型的(a)子午线和(b)偏截面

Fig. 4.9　The William-Warnke model(a)in(ξ,ρ)plane and(b)in deviator plane

4.2.3.3　内蕴时间模型

内蕴时间本构模型是由 Valanis 提出并完成了其中的主要理论工作，如内时的定义及构造、本构的材料不变性概念的提出等。内蕴时间理论的基本概念是塑性和黏塑性等耗散材料内任一点的现时应力状态是该邻域内整个变形和温度历史的泛函，该历史是用一个取决于变形过程中的材料特性和变形程度的内蕴时间标度 Z 来量度的。

如果能够恰当地定义某些内蕴时间标度，以使得广义内摩擦力正比于相应的内变量对应的变化率，那么所研究的耗散材料的本构方程的形式将与黏弹性材料内摩擦力正比于相应的内变量速率的本构方程形式完全一样，这一规律被视为耗散型材料本构方程形式不变性定律。实际上，上述本构方程形式不变性的条件可以放宽，只要求两种材料的广义内摩擦

力和相应内变量的广义变化率之间的关系具有相同的形式即可。

内蕴时间的概念是内蕴时间理论的中心概念，其出发点是用由物理内涵的内蕴时间 Z 替代一个普适和绝对的牛顿时间 t，以量度不同材料的不可逆变形的历史。内蕴时间理论不以屈服面的概念作为其理论发展的基本前提，也不把确定屈服面作为其计算的依据，但它并不排斥屈服面的后验性存在。

内蕴时间理论以不可逆热力学为基础，用统一的观点去处理加载和卸载等过程，力图建立普遍适用的理论体系以适用于多种材料，其优点是摆脱了屈服面的约束，在实际问题计算中能用一个统一的公式描述全过程。由于内蕴时间理论是模仿线性黏弹性理论建立的，只有在偏离平衡态不远时才能适用，对于有限弹塑性变形，内蕴时间理论的适用性还需进一步讨论。

虽然内蕴时间理论抛弃了经典塑性力学中复杂的屈服面，并已经成功解决了一些实际问题，但是其本身远未完善，对已知试验的解释程度、如何反映物质响应的积分核函数及物质所特有的内蕴时间、如何向大变形大温差方向推广以及如何进行有效的数值计算等问题，都需要进一步研究。

最早把内蕴时间理论用于混凝土研究的是 Bazant，其模型没有涉及不可逆热力学，而是直接采用内蕴时间的概念，采用试凑法和参数优选法得到参数值，其虽然能够较好地模拟混凝土的性能，但是模型参数过多且相互耦合，而且某些参数缺乏明确的物理意义，同时使用起来也过于烦琐。

4.2.3.4 断裂力学模型

在考虑存在一定数量离散裂缝的混凝土材料中的力学行为时，可以采用线弹性断裂力学或非线性断裂力学来描述裂缝的演化。基于脆性材料假定，断裂力学基本理论建立了 Griffith 断裂准则，并根据裂缝尖端应力和位移确定该裂缝是继续扩展（propagate）还是锁闭（arrested）。如果裂缝周围的材料不存在残余应力，则认为该材料是线弹性的，可以采用线弹性断裂力学描述裂缝和材料的变形。然而，裂缝周围区域的材料往往会发生比较明显的塑性变形，此时线弹性断裂力学理论不再适用，因此学者们提出了非线性断裂力学。

Zaitsev，Nemat-Nasser 和 Hori 等结合局部平均概念，在局部意义上利用断裂力学基本理论对混凝土材料进行了分析，其结果表明，对于混凝土、岩石等伪脆性材料，断裂力学模型能够给出可以接受的结果。Mindess 调查和比较了 1928—1982 年线弹性断裂力学和非线性断裂力学在素混凝土、纤维加强混凝土、添加聚合物混凝土等材料上的全部应用实例，其主要结论包括：①如果能够获取（一般通过试验测量）水泥浆体的应力强度因子等参数，断裂力学基本理论能够应用于素混凝土中的离散裂缝演化分析；②在裂缝不会分叉或者扩展不会穿越骨料的前提下，如果能够给出骨料、水泥浆体以及结合面的应力强度因子等参数，断裂力学基本理论也可适用。

Carpinteri，Hillerborg 以及 Bazant 等假定任意时刻所有的裂缝表现出完全一样的力学行为，在整体意义上运用断裂力学基本原理对混凝土材料进行建模和分析。其中，最为有名的是 Hillerborg 的虚拟裂缝模型，其将裂缝扩展所需的能量在给定体积上积分即可得到所需的混凝土本构关系。数值分析结果表明，该模型能够较为准确地预测混凝土材料的力学行为。

从原理上讲，经典的非线性断裂力学可以应用于混凝土材料的本构建模和非线性分析。然而，混凝土材料及结构的非线性分析具有以下显著特点：

（1）混凝土材料的微裂缝在承载之前即存在，而且其大小、方向、出现的位置及裂缝分布具有随机性；

（2）只有当裂缝尖端前的材料中存在均匀应力场时，断裂力学理论才能应用于裂缝的演化分析，但遗憾的是，在混凝土材料中上述情况几乎不可能存在；

（3）在有限元分析过程中，每一荷载增量步甚至迭代步中的裂缝扩展都需要改变网格拓扑并重新划分网格。

显然，在描述混凝土材料中宏观离散裂缝的演化时，断裂力学理论受到较大的限制，也使得断裂力学在结构非线性分析中的应用极不现实。同时，对于断裂力学是否适用于混凝土材料仍然存在一定的争议，Wittmann 对裂缝尖端应力强度因子或 J 积分是不是材料属性提出了质疑，Kachanov 则认为大量裂缝的存在、开裂后材料的劲度等概念与断裂力学的基本假定是相悖的。

4.2.3.5　损伤力学模型

如果一个模型能以某种方式定性或定量地描述微缺陷密度与分布（或损伤状态）以及损伤演化方程，则该模型就可以被称为损伤力学模型。

损伤力学的兴起和发展可追溯至 1958 年 Kachanov 的工作，他应用连续性因子和有效应力的概念，成功地处理了金属蠕变的脆性断裂问题。后来，Robotnov 又进一步引进了损伤因子的概念，此后的 20 年间，这些概念主要局限于分析蠕变断裂。直到 20 世纪 70 年代后期，材料损伤的概念开始受到多方面的重视。Lemaitre、Chaboche、Hult、Leckie 和 Hayhurst 等采用连续介质力学的方法，将损伤因子推广为一种场变量，并由 Janson 和 Hult 首次提出了连续损伤力学的概念。

材料的损伤演化是指在服役过程中，由于材料内部大量微观损伤（微裂纹、微缺陷和微空洞）的萌生、扩展和连接，直至材料最后完全失效破坏的过程。材料的微观损伤将最终导致其宏观力学性能（如强度、刚度等）的劣化。作为一种具有初始缺陷的多相复合材料，混凝土的微裂缝发展（即损伤演化）在较低的应力或应变水平下即已开始。在受拉应力作用下，混凝土材料呈明显的脆性，几乎不产生屈服，裂纹发展方向基本与最大主应力方向相同。在已知加载历史、材料的损伤本构关系以及损伤演化规律的前提下，采用损伤力学的方法研究混凝土材料的损伤本构行为，可以掌握损伤的发展演化规律及结构内应力、应变场的演化过程，进而开展混凝土结构分析、设计、强度校核、结构寿命预估以及损伤评估工作。

在研究材料的疲劳损伤、蠕变疲劳损伤、弹性损伤、塑性延性损伤等各个方面，连续损伤力学都得到了广泛而成功的应用。在众多已有的混凝土损伤本构模型中，又以弹性损伤模型和弹塑性损伤模型的应用最为广泛，因此下面主要简要介绍这两个损伤模型。

1. 弹性损伤模型

在考虑混凝土等准脆性材料的非弹性力学行为方面，连续损伤力学模型可以通过不同的方式来描述材料刚度和强度的退化以及单边效应。为了便建模简单，早期的混凝土损伤本构关系都假定混凝土材料卸载后，不存在不可恢复的永久变形，即假定塑性变形 $\varepsilon^p=0$。尽管该假定与试验事实明显不符，但这些弹性损伤模型为连续损伤力学的建立、完善和推广至弹塑性损伤本构关系提供了早期的理论和试验基础。

已经有大量的学者利用弹性损伤模型研究混凝土材料的非线性特性，主要的混凝土弹性损伤模型包括 Ladeveze、Mazars、Mazars-Pijaudier-Cabot、Oliver、Lubarda、Comi、Cervera、Losi、Papa-Taliercio、Halm-Dragon 以及 Comi-Perego 等。

2. 弹塑性损伤模型

从混凝土材料反复荷载作用下的应力-应变全过程曲线（图 4.10 和图 4.11）可以看出，在变形过程中，当应力卸载至零时，通常会存在相当一部分变形不可恢复，而且这种残余应变随变形水平的增大而增加。单纯的弹性损伤模型无法描述上述不可恢复变形的影响。由于在低周反复荷载或者动力荷载作用下，混凝土的塑性变形是影响其结构非线性行为的一个重要因素，因此要建立适用于各种荷载条件下结构非线性分析的混凝土材料本构模型，应该考虑这种不可恢复变形的影响。

考虑到混凝土材料中同时存在塑性破坏过程和微裂纹/微孔洞的发生发展的损伤过程，越来越多的学者建立了基于损伤力学和塑性力学的耦合模型。在这些基于损伤力学和塑性力学的弹塑性损伤模型中，其共同点是将应变张量 $\boldsymbol{\varepsilon}$ 分解为弹性应变张量 $\boldsymbol{\varepsilon}^e$ 和塑性应变张量 $\boldsymbol{\varepsilon}^p$ 两部分，即 $\boldsymbol{\varepsilon}=\boldsymbol{\varepsilon}^e+\boldsymbol{\varepsilon}^p$，并分别利用损伤力学和塑性力学予以求解。而在如何处理塑性和损伤的相互耦合影响方面，已经建立和发展了一些比较有效的方法。

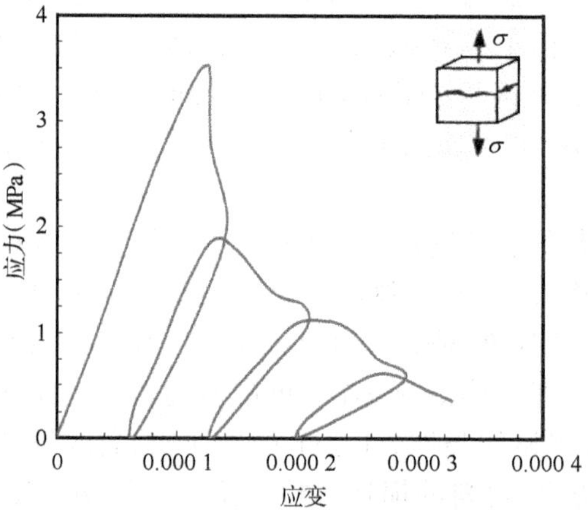

图 4.10 混凝土在轴向循环拉伸荷载作用下的应力-应变曲线（Gopalaratnam 和 Shah，1985）

Fig. 4.10 The stress-strain curve of concrete subjected to the axial cycle tensile load（Gopalaratnam and Shah，1985）

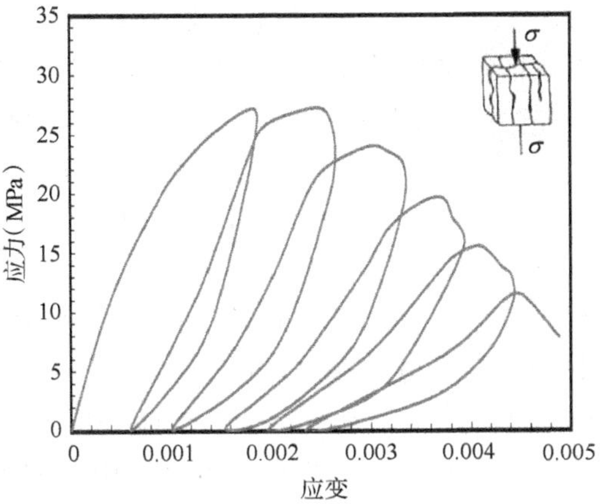

图 4.11　混凝土在轴向循环压缩荷载作用下的应力-应变曲线(Karsan 和 Jorsa，1969)

Fig. 4.11　The stress-strain curve of concrete subjected to the axial cycle compressive load(Karsan and Jorsa，1969)

第一种方法是最早将损伤和塑性耦合起来的是 Lemaitre 和 Chaboche 研究金属合金材料而使用的所谓延性破坏方法，其最主要的假设是微孔洞的萌生和发展过程是由塑性应变引发的。后来相继有许多学者将这种方法应用到混凝土材料方面，如 Oller、Meschke 和 Lackner、Kratzig 和 Polling，在这些模型中损伤的演化被定义为某种塑性应变的函数。但是这类模型的弊端是在单轴拉伸情况下产生的塑性比较小而损伤很大；当单轴压缩时，情况则相反，即塑性应变很大而损伤很小；并且很难解释为什么塑性应变在混凝土中可以在微裂纹产生之前发生，而通常假设不可恢复变形是由微裂纹的滑移和内摩擦产生的，这样一个过程就需要在微裂纹出现和发展之前形成一个微裂纹的内表面。

第二种方法应用了有效应力概念，因此更适用于处理拉伸和压缩问题。这时塑性屈服函数不再表达成名义应力的函数，而是有效应力(即作用于微裂纹中无损材料上的应力)的函数。其中具有代表性的工作有 Simo 和 Ju、Ju、Hansen 和 Schreyer、Yazdani 和 Schreyer、Fichant、Mazars 和 Pijaudier-Cabot、Salari、Lee 和 Fenves、Faria、Jefferson、Jason、吴建营等。

第三种方法可以称为强耦合方法，它与第二种方法正相反，其塑性过程是建立在名义应力空间上的。在这种方法基础上开展工作的学者有李锡夔等、Gatuingt 和 Pijaudier-Cabot 等。Luccioni、Armero 和 Oller 等对这种方法给出了一致性的热力学基础，并且针对这种模型的算法进行了讨论。

4.2.4　高温下混凝土本构行为的研究

由于混凝土成分的复杂性，高温下其内部要发生多种物理和化学变化，其相应的力学性能的表现形式必然要比常温下复杂得多，因此需要对这种特殊条件下的混凝土建立与之相适应的本构模型，从而能更加准确和全面地反映其力学行为。

Ulm 和 Bazant 等基于非等温、考虑脱水过程的化学相变、与混凝土变形相互耦合的多孔介质连续体的逸散能不等式以及作为温度、弹性应变、水合物质量和相应内状态变量的函数的自由能表达式，推导出了应力关于应变、温度和水合物质量的率型本构模型。他们工作的一个重要思想是高速率加热混凝土中微观结构上的热损伤和热脱黏及宏观上可观察到的强度和弹性模量丧失，本质上依赖和归因于混凝土中可脱化学束缚水的水合物质量。在高温下因水合物化学分解引起的束缚水丧失，削弱了混凝土中水泥胶化体的化学结合力结构并破坏了微孔隙的黏结力，导致化学-塑性软化现象。最后，Ulm 等通过利用 William-Warnke 弹塑性破坏准则将上述思想完全实现，并成功地分析了 1996 年发生在英-法海峡隧道的火灾问题。

Luccioni 等在之前他们建立的常温下弹塑性-损伤本构模型基础上，通过引入高温损伤过程，发展了用于高温下混凝土力学分析的热-力学模型。Kang 等提出的本构模型中应变分量有四个，即热应变、力学应变、热蠕变和湿分引起的瞬态应变。Ju 等发展了一个轴对称热-力损伤模型，用于分析飞机发动机所喷射出的高温气体引起的飞机场混凝土跑道快速升温并逐渐冷却的过程，并且使用 Newman 裂纹扩展模型评估由于内部孔隙压力引起的机场混凝土跑道各个位置的爆裂时间。

Nechnech 等建立了用于分析高温下混凝土结构热-力学过程的弹塑性-损伤模型，模型中的损伤包括力学损伤和温度引起的热损伤两部分，并考虑了由于裂纹引起的力学损伤与瞬态蠕变之间的相互作用。该模型中力学损伤变量的演化过程与以塑性应变所表示的肉眼可观察到的裂纹开裂相关联，因此可以很方便地通过基于应力的试验数据结果来修正损伤的演化发展过程，而不需要额外引入基于应变的损伤破坏面。

Pearce 等发展了一个考虑瞬态热蠕变的梯度增强热-力学损伤模型，其中的热蠕变模型可以看作 Thelandersson 模型的扩展，同时此梯度增强损伤模型中加入了温度的影响，因此由温度引起的材料刚度的丧失可以通过一个简单的热损伤模型来实现。

Baker 和 de Borst 基于热力学定律发展了一个全耦合各向异性热-力学损伤模型，用于瞬时高温和高应力下的混凝土分析，并以热力学的观点重新解释了比热、熵的演化和完全各向异性热-力学损伤平面等概念和规律。

Gawin 和 Schrefler 等基于 Mazars 损伤模型建立了一个由于热引起的化学弹性损伤本构模型，模型中考虑了随着温度升高而发生的脱水过程对混凝土的损伤影响，并在许多实际工程的混凝土结构火灾安全性评估中得到了广泛的应用。但其所考虑的混凝土在高温下的破坏忽略了塑性破坏机理，仅以单一的弹性损伤机理描述。

国内一些研究工作者也对混凝土或钢筋混凝土在高温下的力学行为进行了大量卓有成效的理论和试验方面的研究。吴波等、过镇海和时旭东、钮宏等，姚亚雄等、谢狄敏等和南建林等分别对高温后混凝土和钢筋混凝土结构和构件的力学与强度性能进行了一系列试验研究。他们从实验中观察并归纳的一些结论，特别是由此建立的一些定量描述力学性能的数学表达式，为分析高温下混凝土中复杂的力学行为提供了方便有效的途径。

需要指出的是，以上已成功应用于工程实际中的高温下混凝土本构模型，基本上或者是基于弹塑性（以 Ulm 和 Bazant 为代表）或者是基于弹性-损伤（以 Gawin 和 Schrefler 为代表）理论而建立的；即使后来个别学者建立了用于高温下混凝土材料非线性行为分析的弹塑性-损伤耦合本构模型，但其模型中无论是所考虑的影响混凝土破坏的因素，还是所使用的本构关系及其积分算法，都不能令人完全满意。

考虑到高温下混凝土材料中同时存在的塑性破坏过程和微裂纹/微孔洞的发生发展的

损伤过程，本书将基于已有损伤模型和弹塑性屈服准则建立一个化学塑性-损伤耦合本构模型，以再现高温下混凝土的真实失效现象，即以高温爆裂为特征的混凝土强度和刚度的丧失。模型中不仅将考虑高温下脱水和脱盐过程引起的化学软化和化学损伤，并且会考虑塑性应变硬化/软化、吸力硬化及力学损伤等因素，同时将发展针对此耦合本构模型的一致性积分算法和推导出相应的一致性切线模量矩阵。

参考文献

[1] 陈荣毅，沈祖炎. 钢筋混凝土结构抗火设计述评[J]. 工业建筑，1999，29(8)：13-16.

[2] BAZANT Z P，KAPLAN M F. Concrete at high temperatures[M]. UK：Longman Group Limited，1996.

[3] CERNY R，ROVNANIKOVA P. Transport processes in concrete[M]. London：Spon Press，2002.

[4] LUIKOV A V. Heat and mass transfer in capillary porous bodies[M]. Oxford：Pergamon，1966.

[5] PHILIPS J R，DEVRIES D A. Moisture movement in porous materials under temperature gradients[J]. Transactions American geophysical union，1957，38：222-232.

[6] DE VRIES D A. Simultaneous transfer of heat and moisture in porous materials[J]. Transactions American geophysical union，1958，39：909-916.

[7] LUIKOV A V. Systems of differential equations of heat and mass transfer in capillary-porous bodies[J]. International journal of heat & mass transfer，1975，18：1-14.

[8] DAYAN A，GLUEKLER E L. Heat and mass transfer within an intensely heated concrete slab[J]. Int. J. International journal of heat & mass transfer，1982，25：1461-1467.

[9] CHEN P，PEI D C T. A mathematical model of drying processes[J]. International journal of heat & mass transfer，1989，32：297-310.

[10] WHITAKER S. Simultaneous heat，mass and momentum transfer in porous media：a theory of drying[J]. Advances in heat transfer，1977，13：119-203.

[11] BAZANT Z P，THONGUTHAI W. Pore pressure and drying of concrete at high temperature[J]. Journal of the engineering mechanics division，1978，104：1059-1079.

[12] BAZANT Z P，THONGUTHAI W. Pore pressure in heated concrete walls：theoretical prediction[J]. Magazine of concrete research，1979，31(107)：67-76.

[13] BAZANT Z P，CHERN J C，THONGUTHAI W. Finite element program for moisture and heat transfer in heated concrete[J]. Nuclear engineering and design，1981，68：61-70.

[14] MAJUMDAR P，GUPTA A，MARCHERTAS A. Moisture propagation and resulting stress in heated concrete walls[J]. Nuclear engineering & design，1995，156：159-165.

[15] MAJUMDAR P，MARCHERTAS A. Heat，moisture transfer，and induced stresses in porous materials under rapid heating[J]. Numerical heat transfer，part A，1997，32：111-130.

[16] HAUPL P，GRUNEWALD J，FECHNER H，et al. Coupled heat air and moisture transfer

in building structures[J]. International journal of heat and mass transfer, 1997, 40(7): 1633-1642.

[17] BAROGHEL-BOUNY V, MAINGUY M, LASSABATERE T, et al. Characterization and identification of equilibrium and transfer moisture properties for ordinary and high-performance cementitious materials[J]. Cement and concrete research, 1999, 29(8): 1225-1238.

[18] ABDEL-RAHMAN A K, AHMED G N. Computational heat and mass transport in concrete walls exposed to fire[J]. Numerical heat transfer, part A, 1996, 29: 373-395.

[19] AHMED G N, HURST J P. Coupled heat and mass transport phenomena in siliceous aggregate concrete slabs subjected to fire[J]. Fire and materials, 1997, 21: 161-168.

[20] AHMED G N, HURST J P. Modeling pore pressure, moisture, and temperature in high-strength concrete columns exposed to fire[J]. Fire technology, 1999, 35(3): 232-262.

[21] TENCHEV R T, LI L Y, PURKISS J A. Finite element analysis of coupled heat and moisture transfer in concrete subjected to fire[J]. Numerical hest transfer, 2001, 39: 685-710.

[22] TENCHEV R T, LI L Y, PURKISS J A, et al. Finite element analysis of coupled heat and mass transfer in concrete when it is in fire[J]. Magazine of concrete research, 2001, 53 (2): 117-125.

[23] LI L Y, PURKISS J A, TENCHEV R T. An engineering model for coupled heat and mass transfer in heated concrete[J]. Journal of mechanical engineering science, 2002, 216: 213-224.

[24] TENCHEV R T, PURKISS J A, LI L Y. Numerical analysis of thermal spalling in a concrete column[C]. Proceedings of 9th National Congress on Theoretical and Applied mechanics, Varna, Bulgaria, 2001.

[25] KHOYLOU N. Modelling of moisture migration and spalling behaviour in non-uniformly heated concrete[D]. England, University of London, 1997.

[26] ICHIKAWA Y. Prediction of pore pressures, heat and moisture transfer leading to spalling of concrete during fire[D]. England, University of London, 2000.

[27] ENGLAND G L, KHOYLOU N. Moisture flow in concrete under steady state non-uniform temperature states: experimental observations and theoretical modeling[J]. Nuclear engineering and design, 1995, 156(1-2): 83-107.

[28] ICHIKAWA Y, ENGLAND G L. Prediction of moisture migration and pore pressure build-up in concrete at high temperatures[J]. Nuclear engineering and design, 2004, 228(1-3): 245-259.

[29] DAL P S, EHRLACHER A. Numerical and experimental analysis of chemical dehydration, heat and mass transfers in a concrete hollow cylinder submitted to high temperatures[J]. International journal of heat and mass transfer, 2004, 47(1): 135-147.

[30] MAJORANA C E, SALOMONI V, SCHREFLER B A. Hygrothermal and mechanical model of concrete at high temperature[J]. Materials and structures, 1998, 31: (210): 378-386.

[31] OBEID W, MOUNAJED G, ALLICHE A. Mathematical formulation of thermo-hygro-mechanical coupling problem in non-saturated porous media[J]. Computer methods in applied mechanics and engineering, 2001, 190(39): 5105-5122.

[32] OBEID W, MOUNAJED G. A new coupling F.E. model for the simulation of thermal-hydro-mechanical behaviour of concretes at high temperatures[J]. Materials and structures, 2004, 37(270): 422-432.

[33] GAWIN D, BAGGIO P, SCHREFLER B A. Coupled heat, water and gas flow in deformable porous media[J]. International journal for numerical methods in fluids, 1995, 20: 969-987.

[34] GAWIN D, SCHREFLER B A.Thermo-hydro-mechanical analysis of partially saturated porous materials[J]. Engineering computations, 1996, 13(7): 113-143.

[35] GAWIN D, MAJORANA C E, SCHREFLER B A. Hygro-thermic and mechanical behaviour of concrete at high temperatures[M]. Beijing: Int. Academic Publishers, 1996: 221-242.

[36] GAWIN D, MAJORANA C E, PESAVVENTO F, et al. A fully coupled multiphase F.E. model of hygro-thermo-mechanical behaviour of concrete at high temperature[C]. Computational Mechanics, CIMNE, 1998.

[37] GAWIN D, MAJORANA C E, SCHREFLER B A. Numerical analysis of hygro-thermal behaviour and damage of concrete at high temperature[J]. Mechanics of cohesive-frictional materials, 1999, 4: 37-74.

[38] PESAVENTO F. Non-linear modelling of concrete as multiphase porous material in high temperature conditions[D]. Italy: University of Padova, 2000.

[39] GAWIN D, PESAVENTO F, SCHREFLER B A. Modelling of hygro-thermal behaviour and damage of concrete at temperature above the critical point of water[J]. International journal for numerical and analytical methods in geomechanics, 2002, 26: 537-562.

[40] GAWIN D, PESAVENTO F, SCHREFLER B A. Simulation of damage-permeability coupling in hygro-thermo-mechanical analysis of concrete at high temperature[J]. Communications in numerical methods in Engineering, 2002, 18: 113-119.

[41] GAWIN D, PESAVENTO F, SCHREFLER B A. Modelling of hygro-thermal behaviour of concrete at high temperature with thermo-chemical and mechanical material degradation[J]. Computer methods in applied mechanics & engineering, 2003, 192: 1731-1771.

[42] SCHREFLER B A. Multiphase flow in deforming porous material[J]. International journal for numerical methods in engineering, 2004, 60(1): 27-50.

[43] GAWIN D, PESAVENTO F, SCHREFLER B A. Modelling of deformations of high strength concrete at elevated temperatures[J]. Materials and structures/concrete science and engineering, 2004, 37(268): 218-236.

[44] GAWIN D, ALONSO C, ANDRADE C, et al. Effect of damage on permeability and hygro-thermal behaviour of high performance concretes at elevated temperatures - Part 1: ex-

perimental results[J]. Computers & concrete, 2005, 2(3): 189-202.

[45] GAWIN D, MAJORANA C E, PESAVENTO F, et al. Effect of damage on permeability and hygro-thermal behaviour of high performance concretes at elevated temperatures - Part 2: numerical analysis[J]. Computers & concrete, 2005, 2(3): 203-214.

[46] GAWIN D, PESAVENTO F, SCHREFLER B A. Towards prediction of the thermal spalling risk through a multi-phase porous media model of concrete[J]. Computer methods in applied mechanics and engineering, 2006, 195(41-43): 5707-5729.

[47] SCHREFLER B A. F.E. in environmental engineering: coupled thermo-hydro-mechanical process in porous media[J]. Archives of computational methods in engineering, 1995, 2: 1-54.

[48] WITEK A, GAWIN D, PESAVENTO F, et al. Finite element analysis of various methods for protection of concrete structures against spalling during fire[J]. Computational mechanics, 2007, 39:271-292.

[49] DAVIE C T, PEARCE C J, BICANIC N. A fully generalised, coupled, multi-phase, hygro-thermo-mechanical model for concrete[J]. Material and structures, 2010, 43: 13-33.

[50] DAVIE C T, PEARCE C J, BICANIC N. Fully coupled, hygro-thermo-mechanical sensitivity analysis of a pre-stressed concrete pressure vessel[J]. Engineering structures, 2014, 59: 536-551.

[51] BARY B, DURAND S, RANC G, et al. A coupled thermo-hydro-mechanical-damage model for concrete subjected to moderate temperatures[J]. International journal of heat & mass transfer, 2008, 51: 2847-2862.

[52] BARY B, DE MORAIS M V G, POYET S, et al. Simulations of the thermo-hydro-mechanical behaviour of an annular reinforced concrete structure heated up to 200 ℃[J]. Engineering structures, 2012, 36:302-315.

[53] 董毓利，范维澄，王清安，等. 火灾后钢筋混凝土板的承载力计算与可靠指标分析[J]. 火灾科学，1996，5(2)：7-11.

[54] 董毓利，范维澄，王清安，等. 火灾温度下钢筋混凝土板的非线性分析[J]. 火灾科学，1997，6(2)：34-38.

[55] 董毓利，王清安，范维澄. 火灾中均布荷载作用下钢筋混凝土方板的极限分析[J]. 自然灾害学报，1997，6(4)：18-22.

[56] 董毓利，王清安，范维澄. 火灾后钢筋混凝土异形板的极限均布荷载[J]. 力学与实践，1998，4：53-55.

[57] 姚亚雄，朱泊龙. 钢筋混凝土框架结构火灾反应分析[J]. 同济大学学报，1997，25(3)：255-261.

[58] 冯雅，陈启高，王尔其. 钢筋混凝土火灾下热湿耦合热过程[J]. 重庆建筑大学学报，1999，21(3)：41-44.

[59] 刘光廷，焦修刚. 混凝土的热湿传导耦合分析[J]. 清华大学学报，2004，44(12)：1653-1655.

[60] 焦修刚，刘光廷. 混凝土热湿耦合数值计算中的参数拟合[J]. 清华大学学报，2005，45（3）：319-321.

[61] 焦修刚，刘光廷，李鹏辉，等. 混凝土温湿度耦合方程组的数值解法[J]. 三峡大学学报，2005，27（4）：329-332.

[62] 张盛东. 混凝土本构理论研究进展与评述[J]. 南京建筑工程学院学报，2002，3：44-53.

[63] 吴建营. 基于损伤能释放率的混凝土弹塑性损伤本构模型及其在结构非线性分析中的应用[D]. 上海：同济大学，2004.

[64] TRUESDELL C. The simplest rate theory of pure elasticity[J]. Communication of pure and applied mathematics，1955，8：123-132.

[65] CEDOLIN L，CRUTZEN Y R J，DEI P S. Triaxial stress-strain relationship for concrete[J]. Journal of engineering mechanics，1977，103（3）：423-469.

[66] KOTSOVOS M D，NEWMAN J B. Generalized stress-strain relations for concrete[J]. Journal of the engineering mechanics division，ASCE，1978，104：845-856.

[67] OTTOSEN N S. Constitutive model for short-time loading of concrete[J]. Journal of engineering mechanics，1979，105（1）：127-141.

[68] ELWI A A，MURRAY D W. A 3D hypoelastic concrete constitutive relationship[J]. Journal of the engineering mechanics division，ASCE，1979，105：623-641.

[69] DARWIN D，PECKNOLD D A W. Analysis of RC shear panels under cyclic loading[J]. Journal of structures division，ASCE，1976，102：355-369.

[70] 陈惠发，SALUB A F. 混凝土和土的本构方程[M]. 北京：中国建筑工业出版社，2004.

[71] COULOMB C A L. Essai sur une application des regles de maximis et minimis a quelques problems de statique，relatifs a l'architecture[C]. Mem. de l'Acad. des，Sc. Paris，1773.

[72] DRUCKER D C，PRAGER W. Soil mechanics and plasticity analysis or limit design[J]. Quarterly applied mathematics，1952，10：157-165.

[73] BRESLER B，PISTER K S. Strength of concrete under combined stresses[J]. Journal of american concrete institute，1958，55：321-345.

[74] WILLIAM K J，WARNKE E P. Constitutive model for the triaxial behaviour of concrete，IABSE Proc. 19，seminar on concrete structure subjected to triaxial stresses，Paper Ⅲ-1[C]. International Association for Bridge and Structural Engineering，Zurich，1975.

[75] ARGYRIS J H，FAUST G，SZIMMAT J，et al. Recent developments in the finite element analysis of prestressed concrete reactor vessels[J]. Nuclear engineering and design，1974，28：42-75.

[76] OTTOSEN N S. A failure criterion for concrete[J]. Journal of engineering mechanics division，ASCE，1977，103：527-534.

[77] REIMANN H. Kritische spannungszustande der betons bei mehrachsiger[C]. Ruhender Kurzzeitbe-lastung，Deutscher Auschuss fur Stahlbeton，Berlin，1965.

[78] HSIEH S S，TING E C，CHEN W F. A plasticity-fracture model for concrete[J]. International journal of solids and structures，1982，18（3）：181-197.

[79] 陈惠发，SALUB A F. 土木工程材料的本构方程[M]. 武汉：华中科技大学出版社，2001.

[80] VALANIS K C. Theory of viscoplasticity without a yield surface[J]. Archives of mechanics, 1971, 23: 517-551.

[81] BAZANT Z P, BHAT P D. Endochronic theory of inelastic and failure of concrete[J]. Journal of engineering mechanics, 1976, 102(4): 701-721.

[82] BAZANT Z P. Endochronic inelastic and increment plasticity[J]. International journal of solids and structures, 1978, 14: 619-714.

[83] SHAH S P. Determination of fracture parameters of plain concrete using three-point bend test[J]. Materials structures, 1980, 23(5): 457-560.

[84] CARPINTERI A. Scaling laws and renormalization groups for strength and toughness of disordered materials[J]. International journal of solids and structures, 1984, 31(3): 291-302.

[85] BAZANT Z P. Mechanics of distributed cracking[J]. Applied mechanics reviews, 1986, 39(5): 675-705.

[86] CHERPANOV G P. Mechanics of brittle fracture[M]. New York: McGraw Hill Book Co., 1979.

[87] SIH G C, PARIS P C, IRWIN G R. On cracks in rectilinearly anisotropic bodies[J]. International journal of fracture mechanics, 1965, 1(2): 189-203.

[88] ZAITSEV Y. Deformation and strength models for concrete based on fracture mechanics[M]. Moscow: Stroiizdat, 1982.

[89] ZAITSEV Y. Crack propagation in a composite material[M]. Amsterdam: Elsevier Applied Science, 1983.

[90] NEMAT-NASSER S, HORI M. Compression induced non-planer crack extension with application to splitting, exfoliation and rockburst[J]. Journal of geophysical research atmospheres, 1983, 87(9): 6805-6821.

[91] NEMAT-NASSER S, HORI M. Rock failure in compression[J]. International journal of engineering science, 1985, 22(5): 999-1015.

[92] NEMAT-NASSER S, HORI M. Elastic solids with microdefects[M]. New York: Springer-Verlag, 1988.

[93] MINDESS L M. The application of fracture mechanics to cement and concrete: a historical review[M]. Amsterdam: Elsevier Applied Science, 1983.

[94] WITTMANN F H. Structure of concrete with respect to crack formation[M]. Amsterdam: Elsevier Applied Science, 1983.

[95] HILLERBORG A, MODEER M, PETERSSON P E. Analysis of crack formation and crack growth in concrete by means of fracture mechanics and finite elements[J]. Cement and concrete research, 1976, 6: 773-782.

[96] HILLERBORG A. Analysis of fracture by means of the fictitious crack model, particular for fiber reinforced concrete[J]. International journal of cement composite, 1980, 2(4):

177-185.

[97] HILLERBORG A. Influence of beam size on concrete fracture energy determination according to a draft RIELM recommendation[C]. Report TVBM-3021, Lund Institute of Technology, Division of Building Material, Lund, Sweden, 1985.

[98] DE BORST R. Analysis of mixed-mode fracture in concrete[J]. Journal of engineering mechanics, 1984, 113(11): 1793-1758.

[99] DE BORST R. Computation of post-bifurcation and post-failure behavior of strain-softening solids[J]. Computers and structures, 1987, 25(2): 211-224.

[100]CRISFIELD M A, WILLS J. Analysis of R.C. panels using different concrete models[J]. Journal of engineering mechanics, 1989, 115(3): 578-597.

[101]RICE J R. Continuum mechanics and thermodynamics of plasticity in relation to microscale deformation mechanisms[M]. Cambridge, MA: MIT Press, 1975: 23-57.

[102]KRAJCINOVIC D, SELVARAJ S. Constitutive equations for concrete[C]. Proceeding International Conference Laws for Engineering Materials, Tucson, AZ., 1983: 399-406.

[103]KACHANOV L M. On the relationship between fracturing of brittle microcracking solid and its effective elastic properties[M]. Toughening Mechanisms in Quasi-Brittle material, 1991: 373-378.

[104]KACHANOV L M. On creep rupture time[J]. Izv. Akad. Nauk, 1958, 8: 26-31.

[105]ROBOTNOV Y N. Creep rupture[C]. Applied Mechanics, Proceeding of ICAM-12, 1968: 342-349.

[106]LEMAITRE J. Evaluation of dissipation and damage in metals submitted to dynamic loading[C]. Proceeding of ICAM-1, Japan, 1971.

[107]CHABOCHE J L. Une loi differentielle d'endommagiment de fatigue avec cumulation non lineaire[C]. Revue. Francaise Mecanique, 1974: 50-51.

[108]HULT J. Creep in continua and structures, Topics in Applied continuum Mechanics[M]. Vienna: Springer-Verlag, 1974.

[109]LECKIE F A, HAYHURST D R. Creep rupture of structures[C]. Proceedings of the Royal Society, London, 1974, A340: 323-347.

[110]JANSON J, HULT J. Fracture mechanics and damage mechanics: a combined approach[J]. Journal de mecanique appliquee, 1977, 1(1): 69-84.

[111]LEMAITRE J. A continuum damage mechanics model for ductile fracture[J]. Journal of engineering materials technology, 1985, 107: 83-89.

[112]LEMAITRE J, CHABOCHE J L. A nonlinear model of creep-fatigue damage cumulation and interaction[C]. Proceeding of TUTAM Symposium of Mechanics of Visco-elasticity Media and Bodies, Gotenbourg, Sweden, Springer-Verlag, 1974.

[113]CORDEBOIS J P, SIDOROFF F. Damage induced elastic anisotropy[M]. Euromech Colloque 115, Martinus Nijhoff, 1979: 761-774.

[114]KACHANOV M. Continuum model of medium with cracks[J]. Journal of engineering me-

chanics division, 1980, 106: 1039-1051.

[115]CORDEBOIS J P, SIDOROFF F. Endommagement anisotropice en elasticite et plasticite[J]. Journal of mechanics theory application, 1982, Special: 45-59.

[116]LEMAITRE J. Local approach of fracture[J]. Engineering fracture mechanics, 1986, 25 (5/6): 523-537.

[117]SIMO J C, JU J W. Strain-and stress-based continuum damage models-Ⅰ: formulation[J]. International journal of solids and structures, 1987, 23(7): 821-840.

[118]SIMO J C, JU J W. Strain-and stress-based continuum damage models-Ⅱ: computational aspects[J]. International journal of solids and structures, 1987, 23(7): 841-869.

[119]LADEVEZE P. Sur une théorie de l'endommagement anisotrope[C]. LMT Cachan, Report No. 34, Cachan, France, 1983.

[120]MAZARS J. Application de la mecanique de lendnnag emment an comportememt nonlineaire de structure[D]. Paris: University of Paris, 1984.

[121]MAZARS J. A description of micro- and macro-scale damage of concrete structures[J]. Engineering fracture mechanics, 1986, 25: 729-737.

[122]MAZARS J, PIJAUDIER-CABOT G. Continuum damage theory: application to concrete[J]. Journal of engineering mechanics, 1989, 115(2): 345-365.

[123]OLIVER J, CERVERA M, OLLER S, et al. Isotropic damage models and smeared crack analysis of concrete[M]. Computer Aided Analysis and Design of Concrete Structures, 1990, 2: 945-957.

[124]LUBARDA V A, KRAJCINOVIA D, MASTILOVIC S. Damage model for brittle elastic solids with unequal tensile and compressive strengths[J]. Engineering fracture mechanics, 1994, 49: 681-697.

[125]COMI C, BERTHAUD Y, BILLARDON R. On localization in ductile-brittle materials under compressive loadings[J]. Europe journal of mechanics A/solids, 1995, 14: 19-43.

[126]CERVERA M, OLIVER J, FARIA R. Seismic evaluation of concrete dams via continuum damage models[J]. Earthquake engineering and structural dynamics, 1995, 24: 1225-1245.

[127]CERVERA M, OLIVER J, MANZOLI O. A rate-dependent isotropic damage model for the seismic analysis of concrete dams[J]. Earthquake engineering and structural dynamics, 1996, 25: 987-1010.

[128]LOSI G. Ladder models for the constitutive behavior of heterogeneous materials with damage[J]. International journal of solids structures, 1995, 32(6): 795-816.

[129]PAPA E, TALIERCIO A. Anisotropic damage model for the multiaxial static and fatigue behavior of plain concrete[J]. Engineering fracture mechanics, 1996, 55: 163-179.

[130]HALM D, DRAGON A. A model of anisotropic damage microcrack growth: unilateral effect[J]. International journal of damage mechanics, 1996, 5: 384-402.

[131]COMI C, PEREGO U. Fracture energy based bi-dissipative damage model for concrete[J]. International journal of solids and structures, 2001, 38: 6427-6454.

[132]GOPALARATNAM V S, SHAH S P. Softening response of plain concrete in direct tension[J]. ACI materials journal, 1985, 82(3): 310-323.

[133]KARSAN I D, JORSA J O. Behavior of concrete under compressive loadings[J]. Journal of structure division, 1969, 95(12): 2535-2563.

[134]LEMAITRE J, CHABOCHE J L. Mécanique des Matériaux Solides[M]. Paris: Dunod, 1984.

[135]OLLER S, ONATE E, OLIVER J, et al. Finite element nonlinear analysis of concrete structures using a plastic damage model[J]. Engineering fracture mechanics, 1990, 35: 219-231.

[136]MESCHKE G, LACKNER R. Anisotropic modelling of cracked concrete based on plasticity-damage theory[C]. Computational Plasticity, CIMNE, Barcelona, 1997: 1543-1550.

[137]KRATZIG W, POLLING R. An elasto-plastic damage model for reinforced concrete with minimum number of material parameters[J]. Computers & structures, 2004, 82: 1201-1215.

[138]JU J W. On energy-based coupled elastoplastic damage theories: constitutive modeling and computational aspects[J]. International journal of solids and structures, 1989, 25(7): 803-833.

[139]HANSEN N R, SCHREYER H L. Thermodynamically consistent theories for elastoplasticity coupled with damage[M]. ASME Publications, 1992: 53-67.

[140]YAZDANI S, SCHREYER H L. Combined plasticity and damage mechanics model for plain concrete[J]. Journal of engineering mechanics, 1990, 116: 1435-1450.

[141]FICHANT S, LA BORDERIE C, PIJAUDIER-CABOT G. Isotropic and anisotropic descriptions of damage in concrete structures[J]. Mechanics of cohesive frictional materials, 1999, 4: 339-359.

[142]SALARI M R, SAEB S, WILLIAM K J, et al. A coupled elastoplastic damage model for geomaterials[J]. Computer methods in applied mechanics & engineering, 2004, 193: 2625-2643.

[143]LEE J, FENVES G L. Plastic damage models for cyclic loading of concrete structures[J] Journal of engineering mechanics, 1998, 124(8): 892-900.

[144]FARIA R, OLIVER J, CERVERA M. A strain-based plastic viscous damage model for massive concrete structures[J]. International journal of solids & structures, 1998, 35: 1533-1558.

[145]JEFFERSON A D. Craft—a plastic damage contact model for concrete— Ⅰ: model theory and thermodynamic considerations[J]. International journal of solids & structures, 2003, 40: 5973-5999.

[146]JASON L, HUERTA A, PIJAUDIER-CABOT G, et al. An elastic plastic damage formulation for concrete: application to elementary tests and comparison with an isotropic damage model[J]. Computer methods in applied mechanics and engineering, 2006, 195: 7077-

7092.

[147]WU J Y, LI J, FARIA R. An energy release rate-based plastic-damage model for concrete[J]. International journal of solids and structures, 2006, 43: 583-612.

[148]LI X K, DUXBURY P D, LYONS P. Coupled creep-elastoplastic-damage analysis for isotropic and anisotropic nonlinear materials[J]. International journal of solids and structures, 1994, 31: 1181-1206.

[149]LI X K. Large strain constitutive modeling and computation for isotropic, creep elastoplastic damage solids[J]. International journal for numerical methods in engineering, 1995, 38: 841-860.

[150]李锡夔. 蠕变-弹塑性-损伤耦合响应的有限元分析[J]. 计算结构力学及其应用, 1995, 12(1): 26-38.

[151]李锡夔. 有限应变下蠕变-弹塑性-损伤耦合本构模型的数值模拟[J]. 计算力学学报, 1997, 14(2): 134-142.

[152]GATUINGT F, PIJAUDIER-CABOT G. Coupled damage and plasticity modelling in transient dynamic analysis of concrete[J]. International journal for numerical & analytic methods in geomechanics, 2002, 26: 1-24.

[153]LUCCIONI B, OLLER S, DANESI R. Coupled plastic damaged model[J]. Computer methods in applied mechanics & engineering, 1996, 129: 81-89.

[154]ARMERO F, OLLER S. A general framework for continuum damage models-I: infinitesimal plastic damage models in stress space[J]. International journal of solids & structures, 2000, 37: 7409-7436.

[155]ULM F J, COUSSY O, BAZANT Z P. The “Chunnel” fire-Ⅰ: chemoplastic softening in rapidly heated concrete[J]. Journal of engineering mechanics, 1999, 125(3): 272-282.

[156]ULM F J, ACKER P, LEVY M. The “Chunnel” fire-Ⅱ: analysis of concrete damage[J]. Journal of engineering mechanics, 1999, 125(3): 283-289.

[157]COMEAU E, WOLF A. Fire in the chunnel[J]. NFPA Journal, 1996, 91(2): 58-64.

[158]WINNEY M. Arches brace chunnel for six month repair schedule[C]. New Civil Engineer, 1996.

[159]LUCCIONI B M, FIGUEROA M I, DANESI R F. Thermo-mechanic model for concrete exposed to elevated temperatures[J]. Engineering structures, 2003, 25: 729-742.

[160]KANG S W, HONG S G. Behavior of concrete members at elevated temperatures considering inelastic deformation[J]. Fire technology, 2003, 39: 9-22.

[161]JU J W, ZHANG Y. Axisymmetric thermomechanical constitutive and damage modeling for airfield concrete pavement under transient high temperature[J]. Mechanics of materials, 1998, 29: 307-323.

[162]NECHNECH W, MEFTAH F, REYNOUARD J M. An elasto-plastic damage model for plain concrete subjected to high temperatures[J]. Engineering structures, 2002, 24: 597-611.

[163]PEARCE C J, NIELSEN C V, BICANIC N. Gradient enhanced thermo-mechanical damage model for concrete at high temperatures including transient thermal creep[J]. International journal for numerical & analytic methods in geomechanics, 2004, 28: 715-735.

[164]THELANDERSSON S. Modeling of combined thermal and mechanical action in concrete[J]. Journal of engineering mechanics, 1987, 113(6): 893-906.

[165]THELANDERSSON S. On the multiaxial behaviour of concrete exposed to high temperature[J]. Nuclear engineering and design, 1982, 75: 271-282.

[166]BAKER G, DE BORST R. An anisotropic thermomechanical damage model for concrete at transient elevated temperatures[J]. Philosophical transactions of the royal society A: mathematical, physical and engineering sciences, 2005, 363(1836): 2603-2628.

[167]吴波，袁杰，杨成山. 高温后高强混凝土的微观结构分析[J]. 哈尔滨建筑大学学报，1999, 32(3): 8-12.

[168]吴波，袁杰，王光远. 高温后高强混凝土力学性能的实验研究[J]. 土木工程学报，2000, 33(2): 8-12.

[169]过镇海，时旭东. 钢筋混凝土的高温性能及其计算[M]. 北京：清华大学出版社，2003.

[170]钮宏，陆洲导，陈磊. 高温下钢筋与混凝土本构关系的实验研究[J]. 同济大学学报，1990, 18(3): 287-297.

[171]姚亚雄，朱泊龙. 钢筋混凝土框架结构抗火试验研究[J]. 同济大学学报，1996, 24(6): 619-624.

[172]谢狄敏，钱在兹. 高温作用后混凝土抗拉强度与粘接强度的试验研究[J]. 浙江大学学报，1998, 32(5): 597-602.

[173]南建林，过镇海，时旭东. 混凝土的温度-应力耦合本构关系[J]. 清华大学学报，1997, 37(6): 87-90.

第 5 章 混凝土中化学-热-湿-力(CTHM)全耦合宏观分级模型

随着混凝土特别是高性能混凝土(HPC)的不断推广和广泛应用,由于所处实际环境的多样性,混凝土中存在的多种化学基质物不可避免地会影响到它们在具体工况下的水力和力学性质。在火灾等高温环境下,混凝土多相系统中会发生多种物理化学现象,为了研究这些现象并探究其中机理,必须建立相应的能够考虑化学对混凝土水力和力学性质影响的更全面的数学模型。为描述作为非饱和多孔介质和吸湿材料的混凝土中的化学-热-湿-力学耦合行为,本章介绍所建立的非混溶(immiscible)-混溶(miscible)多相介质两级模型。

5.1 混溶-非混溶两级模型

5.1.1 非混溶级模型

混凝土作为孔隙尺寸极为细小的多孔介质和吸湿材料,在它的凝胶孔和毛细孔中可充满(饱和混凝土)或部分地充填自由水(毛细水、可蒸发水);同时,由水泥灰浆水合作用在混凝土中包含的化学束缚水和在混凝土固相表面的吸附束缚水,在高温下可以通过脱水过程释放为自由水并蒸发。盐分(化学基质溶解物)在混凝土中是以结晶物的形式作为混凝土固相的一部分存在的,它可以溶解在孔隙水中,并且以两种基本的状态存在,即自由离子态和束缚离子态。由于大多数盐分的高离解特性,自由离子态的盐分随着孔隙水的移动而迁移,而束缚离子态的盐分则吸附在孔隙壁上。

因此,混凝土首先被模型化为一个含固相、孔隙液体(带有溶解盐分)和孔隙混合气体(干空气和水蒸气)的三相介质,即非饱和变形多孔多相介质材料,并且假定在宏观尺度参考系下,在任一数学点上同时存在上述三相介质。

令固、液、气三相的质量密度分别为 ρ_s、ρ_l 和 ρ_g,一个典型单元体的单位体积三相可剖分为 $1-n$、nS_l 和 nS_g,其中 n 是孔隙度,S_l、S_g 分别是液、气相饱和度,且有 $S_l+S_g=1$,如图 5.1 所示。

定义固、液和气三相的表观密度分别为

$$\rho^s=(1-n)\rho_s \tag{5.1}$$

$$\rho^l=nS_l\rho_l \tag{5.2}$$

$$\rho^g=nS_g\rho_g \tag{5.3}$$

定义混凝土作为多孔多相连续介质混合体的平均密度为

$$\rho=(1-n)\rho_s+nS_l\rho_l+nS_g\rho_g=\rho^s+\rho^l+\rho^g \tag{5.4}$$

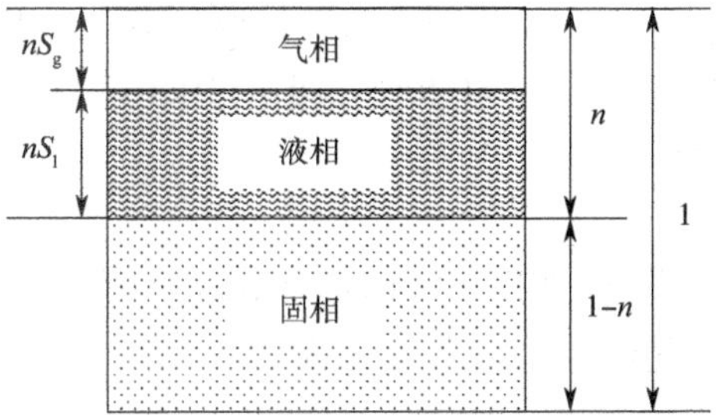

图 5.1　一个典型单元体的单位体积三相剖分示意图

Fig. 5.1　Volumetric portions of the three phases within a typical unit element

5.1.2　混溶级模型

混凝土模型化中的次级模型是对非混溶的固、液、气三相介质中每一相中的混溶介质进行模型描述。混合气体中包括干空气和水蒸气;混合液体中包含孔隙水和混溶于水的基质溶解成分;固体骨架由混合的骨料、灰粉等干相和因水合作用而结合在混凝土固相中的化学束缚水组成。次级模型的主要特点是假定每一相中各次相成分彼此均匀地混溶或混合,而不存在界面。

对于混合气相,有

$$\rho_g = \rho_a + \rho_v \tag{5.5}$$

式中:ρ_a,ρ_v 分别为混合气相中的干空气和水蒸气的质量浓度(kg/m³)。

定义混合气体中的干空气和水蒸气的表观密度分别为

$$\rho^a = nS_g\rho_a \tag{5.6}$$

$$\rho^v = nS_g\rho_v \tag{5.7}$$

相似地,对于混合液相,则有

$$\rho_l = \rho_w + \rho_p \tag{5.8}$$

式中:ρ_w 为液相中的水密度(kg/m³);$\rho_p(=c_p)$ 为化学基质溶解物的浓度(kg/m³),定义化学基质溶解物的质量浓度 $c_p^* = c_p/\rho_l$(kg/kg)。

定义孔隙水和化学基质溶解物的表观密度,即作为多孔连续介质的单位体积混凝土中的水的质量和基质溶解物的质量,分别为

$$\rho^w = nS_l\rho_w \tag{5.9}$$

$$\rho^p(=c^p) = nS_l\rho_p = nS_lc_p \tag{5.10}$$

5.2　控制方程组

5.2.1　动量守恒方程

多孔多相混合介质总体动量守恒方程可写为

$$\boldsymbol{L}_1 = \nabla\cdot\boldsymbol{\sigma} + \rho\boldsymbol{g} = 0 \tag{5.11}$$

式中：$\boldsymbol{\sigma}$ 是总应力张量，$\boldsymbol{\sigma}=\boldsymbol{\sigma}''-\alpha p_{\mathrm{s}}\boldsymbol{I}$，其中 $\boldsymbol{I}$ 是单位张量，$\boldsymbol{\sigma}''$ 是 Bishop 应力张量，它直接与混凝土固体骨架的变形相联系；$\boldsymbol{g}$ 是重力加速度向量；Biot 常数 α 的定义为

$$\alpha=1-\frac{K_{\mathrm{T}}}{K_{\mathrm{s}}}=1-\frac{\delta_{ij}\boldsymbol{D}_{ijkl}^{\mathrm{ep}}\delta_{kl}}{3K_{\mathrm{s}}} \tag{5.12}$$

其中 K_{T}、K_{s} 分别是固相骨架和固相颗粒材料的体积模量；$\boldsymbol{D}_{ijkl}^{\mathrm{ep}}$ 为四阶弹塑性本构张量。

作用于固体骨架的孔隙混合流体压力 p_{s} 定义为

$$p_{\mathrm{s}}=p_{\mathrm{g}}-S_{\mathrm{l}}p_{\mathrm{c}} \tag{5.13}$$

式中：p_{g}、p_{c} 分别是孔隙混合气体压力和毛细压力（吸力）。

5.2.2 质量守恒方程

依据 Hassanizadeh 和 Gray 提出的体积平均化理论，模型化为化学反应多孔连续介质的混凝土的控制固相、干空气、水、水蒸气（考虑相变过程）和溶解于液相的基质溶解物的质量守恒偏微分方程组可写为

$$\frac{\partial\rho^{\mathrm{s}}}{\partial t}+\nabla\cdot(\rho^{\mathrm{s}}\boldsymbol{v})=-\dot{m}_{\mathrm{h}}-\dot{m}_{\mathrm{s}} \tag{5.14}$$

$$\frac{\partial\rho^{\mathrm{a}}}{\partial t}+\nabla\cdot(\rho^{\mathrm{a}}\boldsymbol{v}_{\mathrm{a}})=0 \tag{5.15}$$

$$\frac{\partial\rho^{\mathrm{w}}}{\partial t}+\nabla\cdot(\rho^{\mathrm{w}}\boldsymbol{v}_{\mathrm{l}})=\dot{m}_{\mathrm{h}}-\dot{m}_{\mathrm{v}} \tag{5.16}$$

$$\frac{\partial\rho^{\mathrm{v}}}{\partial t}+\nabla\cdot(\rho^{\mathrm{v}}\boldsymbol{v}_{\mathrm{v}})=\dot{m}_{\mathrm{v}} \tag{5.17}$$

$$\frac{\partial c^{\mathrm{p}}}{\partial t}+\nabla\cdot(c^{\mathrm{p}}\boldsymbol{v}_{\mathrm{p}})=\dot{m}_{\mathrm{s}} \tag{5.18}$$

式中：$\boldsymbol{v}$、$\boldsymbol{v}_{\mathrm{a}}$、$\boldsymbol{v}_{\mathrm{l}}$、$\boldsymbol{v}_{\mathrm{v}}$ 和 $\boldsymbol{v}_{\mathrm{p}}$ 分别是固体骨架、干空气、孔隙混合液体、水蒸气和液相溶解氯盐的真实速度；$\dot{m}_{\mathrm{h}}$ 和 $\dot{m}_{\mathrm{s}}$ 分别是由于脱水和基质溶解两个相变过程而导致固相的质量丧失率；$\dot{m}_{\mathrm{v}}$ 是由于蒸发相变过程而导致液相的质量丧失率。

从混凝土固相骨架上离解并溶解于孔隙液相中的基质溶解物中一般包含 n_k 种不同的成分，即 $\dot{m}_{\mathrm{s}}=\sum_{k=1}^{n_k}\dot{m}_{\mathrm{s}}^{k}$。理论上，式（5.18）所示质量守恒方程应对基质溶解物中的每一单个成分逐个写出，而实际上可仅对那些对耦合过程具有重要影响的成分逐个写出即可。为简化本书讨论的数值模型与方法，假定仅考虑一种基质溶解物成分，从而可写成统一形式，即

$$\frac{\partial\rho^{\pi}}{\partial t}+\nabla\cdot(\rho^{\pi}\boldsymbol{v}_{\pi})=\dot{m}_{\pi} \tag{5.19}$$

式中：$\boldsymbol{v}_{\pi}$ 和 $\dot{m}_{\pi}$ 分别为 π 相（固体骨架、干空气、水、水蒸气和液相基质溶解物）的速度和质量源。

定义孔隙混合液体和混合气体相对于固体骨架的相对速度分别为

$$\boldsymbol{v}_{\mathrm{ls}}=\boldsymbol{v}_{\mathrm{l}}-\boldsymbol{v} \tag{5.20}$$

$$\boldsymbol{v}_{\mathrm{gs}}=\boldsymbol{v}_{\mathrm{g}}-\boldsymbol{v} \tag{5.21}$$

式中：$\boldsymbol{v}_{\mathrm{g}}$ 是混合气体的真实速度。

定义干空气和水蒸气在混合气相中的相对扩散速度 $\boldsymbol{v}_{\mathrm{ag}}$、$\boldsymbol{v}_{\mathrm{vg}}$ 分别为

$$\boldsymbol{v}_{\mathrm{ag}}=\boldsymbol{v}_{\mathrm{a}}-\boldsymbol{v}_{\mathrm{g}} \tag{5.22}$$

$$\boldsymbol{v}_{\mathrm{vg}}=\boldsymbol{v}_{\mathrm{v}}-\boldsymbol{v}_{\mathrm{g}} \tag{5.23}$$

定义干空气和水蒸气相对于混合气相速度的扩散流量 $\boldsymbol{J}_{\mathrm{g}}^{\mathrm{a}}$、$\boldsymbol{J}_{\mathrm{g}}^{\mathrm{v}}$ 分别为

$$\boldsymbol{J}_{\mathrm{g}}^{\mathrm{a}}=\rho^{\mathrm{a}}\boldsymbol{v}_{\mathrm{ag}} \tag{5.24}$$

$$\boldsymbol{J}_{\mathrm{g}}^{\mathrm{v}}=\rho^{\mathrm{v}}\boldsymbol{v}_{\mathrm{vg}} \tag{5.25}$$

定义基质溶解物相对于孔隙液体的扩散流量 $\boldsymbol{J}_{\mathrm{l}}^{\mathrm{p}}$ 为

$$\boldsymbol{J}_{\mathrm{l}}^{\mathrm{p}}=c^{\mathrm{p}}\boldsymbol{v}_{\mathrm{pl}}=-\boldsymbol{D}_{\mathrm{h}}\nabla c^{\mathrm{p}} \tag{5.26}$$

式中：$\boldsymbol{D}_{\mathrm{h}}$ 为混凝土扩散系数张量，并假设各向同性扩散，即 $\boldsymbol{D}_{\mathrm{h}}=D_{\mathrm{h}}\boldsymbol{I}$；$\boldsymbol{v}_{\mathrm{pl}}$ 为液相基质溶解物在混合液体中的相对扩散速度，即

$$\boldsymbol{v}_{\mathrm{pl}}=\boldsymbol{v}_{\mathrm{p}}-\boldsymbol{v}_{\mathrm{l}} \tag{5.27}$$

在本模型中使用以下记号：

$$\frac{\mathrm{D}(*)}{\mathrm{D}t}=\frac{\partial(*)}{\partial t}+\nabla(*)^{\mathrm{T}}\dot{\boldsymbol{u}},\boldsymbol{v}=\dot{\boldsymbol{u}}=\frac{\partial\boldsymbol{u}}{\partial t},(\dot{*})=\frac{\partial(*)}{\partial t} \tag{5.28}$$

式中：$\boldsymbol{u}$ 是固相位移向量。

注意到固相真实质量密度的变化率不仅与固体颗粒压缩性、固体骨架体积应变率及温度变化相关，同时与固相脱水和基质溶解这两个相变过程相关。以 $\varGamma_{\mathrm{h}}$ 和 $\varGamma_{\mathrm{s}}$ 分别表示固相脱水度和基质溶解度，则固相真实质量密度可表示为

$$\rho_{\mathrm{s}}=\rho_{\mathrm{s}}(p_{\mathrm{s}},\nabla\boldsymbol{u},T,\varGamma_{\mathrm{h}},\varGamma_{\mathrm{s}}) \tag{5.29}$$

固相真实质量密度的变化率可表示为

$$\frac{\mathrm{D}\rho_{\mathrm{s}}}{\rho_{\mathrm{s}}\mathrm{D}t}=\frac{(\alpha-n)\dfrac{\mathrm{D}p_{\mathrm{s}}}{K_{\mathrm{s}}\mathrm{D}t}-(1-\alpha)\nabla\cdot\boldsymbol{v}-(\alpha-n)\beta_{\mathrm{s}}\dot{T}}{1-n}+\frac{1}{\rho_{\mathrm{s}}}\left[\frac{\partial\rho_{\mathrm{s}}}{\partial\varGamma_{\mathrm{h}}}\frac{\partial\varGamma_{\mathrm{h}}}{\partial T}+\frac{\partial\rho_{\mathrm{s}}}{\partial\varGamma_{\mathrm{s}}}\frac{\partial\varGamma_{\mathrm{s}}}{\partial T}\right]\dot{T} \tag{5.30}$$

式中：β_{s} 是固相的热膨胀系数。

利用式(3.73)和式(3.88)可推导出孔隙度的变化率为

$$\frac{\mathrm{D}n}{\mathrm{D}t}=(\alpha-n)\left(\frac{\mathrm{D}p_{\mathrm{s}}}{K_{\mathrm{s}}\mathrm{D}t}-\beta_{\mathrm{s}}\dot{T}+\nabla\cdot\boldsymbol{v}\right)+\left[\frac{1-n}{\rho_{\mathrm{s}}}\left(\frac{\partial\rho_{\mathrm{s}}}{\partial\varGamma_{\mathrm{h}}}\frac{\partial\varGamma_{\mathrm{h}}}{\partial T}+\frac{\partial\rho_{\mathrm{s}}}{\partial\varGamma_{\mathrm{s}}}\frac{\partial\varGamma_{\mathrm{s}}}{\partial T}\right)+\frac{1}{\rho_{\mathrm{s}}}\left(\frac{\partial m_{\mathrm{h}}}{\partial T}+\frac{\partial m_{\mathrm{s}}}{\partial T}\right)\right]\dot{T} \tag{5.31}$$

同时，注意到式(5.14)和式(5.30)中的 $\dot{\varGamma}_{\mathrm{h}}$、$\dot{\varGamma}_{\mathrm{s}}$、$\dot{m}_{\mathrm{h}}$ 和 $\dot{m}_{\mathrm{s}}$ 可分别表示为 $\dfrac{\partial\varGamma_{\mathrm{h}}}{\partial T}\dot{T}$、$\dfrac{\partial\varGamma_{\mathrm{s}}}{\partial T}\dot{T}$、$\dfrac{\partial m_{\mathrm{h}}}{\partial T}\dot{T}$ 和 $\dfrac{\partial m_{\mathrm{s}}}{\partial T}\dot{T}$。

1. 干空气质量守恒方程

将式(5.21)和式(5.22)代入式(5.15)，可得

$$\frac{\mathrm{D}\rho^{\mathrm{a}}}{\mathrm{D}t}+\rho^{\mathrm{a}}(\nabla\cdot\boldsymbol{v})+\nabla\cdot(\rho^{\mathrm{a}}\boldsymbol{v}_{\mathrm{gs}}+\boldsymbol{J}_{\mathrm{g}}^{\mathrm{a}})=0 \tag{5.32}$$

利用式(5.31)，略去 $\nabla p_{\mathrm{s}}\cdot\boldsymbol{v}$、$n\nabla(S_{\mathrm{g}}\rho_{\mathrm{a}})\cdot\boldsymbol{v}$ 项，则干空气质量守恒方程(5.32)可展开为

$$L_2 = n\frac{\partial S_{\mathrm{g}}}{\partial t}\rho_{\mathrm{a}} + nS_{\mathrm{g}}\frac{\partial \rho_{\mathrm{a}}}{\partial t} + \alpha S_{\mathrm{g}}\rho_{\mathrm{a}}(\nabla\cdot\boldsymbol{v}) + \nabla\cdot(\rho^{\mathrm{a}}\boldsymbol{v}_{\mathrm{gs}}) + \nabla\cdot(\rho^{\mathrm{a}}\boldsymbol{v}_{\mathrm{ag}}) +$$
$$\rho_{\mathrm{a}}S_{\mathrm{g}}\left(\frac{1-n}{\rho_{\mathrm{s}}}\left(\frac{\partial\rho_{\mathrm{s}}}{\partial\Gamma_{\mathrm{h}}}\frac{\mathrm{d}\Gamma_{\mathrm{h}}}{\mathrm{d}T}\dot{T} + \frac{\partial\rho_{\mathrm{s}}}{\partial\Gamma_{\mathrm{s}}}\frac{\mathrm{d}\Gamma_{\mathrm{s}}}{\mathrm{d}T}\dot{T}\right)\right) + \rho_{\mathrm{a}}S_{\mathrm{g}}\frac{1}{\rho_{\mathrm{s}}}(\dot{m}_{\mathrm{h}} + \dot{m}_{\mathrm{s}}) +$$
$$\rho_{\mathrm{a}}S_{\mathrm{g}}(\alpha - n)\left(\frac{\partial p_{\mathrm{s}}}{K_{\mathrm{s}}\partial t} - \beta_{\mathrm{s}}\dot{T}\right) = 0 \tag{5.33}$$

2. 孔隙湿分质量守恒方程

将式(5.20)代入式(5.16),可得

$$\frac{\mathrm{D}\rho^{\mathrm{w}}}{\mathrm{D}t} + \rho^{\mathrm{w}}(\nabla\cdot\boldsymbol{v}) + \nabla\cdot(\rho^{\mathrm{w}}\boldsymbol{v}_{\mathrm{ls}}) = \dot{m}_{\mathrm{h}} - \dot{m}_{\mathrm{v}} \tag{5.34}$$

将式(5.21)和式(5.23)代入式(5.17),可得

$$\frac{\mathrm{D}\rho^{\mathrm{v}}}{\mathrm{D}t} + \rho^{\mathrm{v}}(\nabla\cdot\boldsymbol{v}) + \nabla\cdot(\rho^{\mathrm{v}}\boldsymbol{v}_{\mathrm{gs}} + \boldsymbol{J}_{\mathrm{g}}^{\mathrm{v}}) = \dot{m}_{\mathrm{v}} \tag{5.35}$$

将式(5.34)和式(5.35)相加,略去 $\nabla p_{\mathrm{s}}\cdot\boldsymbol{v}$、$n\nabla(S_{\mathrm{g}}\rho_{\mathrm{v}} + S_{\mathrm{l}}\rho_{\mathrm{w}})\cdot\boldsymbol{v}$ 项,可得到孔隙湿分的质量守恒方程为

$$L_3 = n\frac{\partial S_{\mathrm{l}}}{\partial t}(\rho_{\mathrm{w}} - \rho_{\mathrm{v}}) + nS_{\mathrm{g}}\frac{\partial\rho_{\mathrm{v}}}{\partial t} + nS_{\mathrm{l}}\frac{\partial\rho_{\mathrm{w}}}{\partial t} + \alpha(S_{\mathrm{g}}\rho_{\mathrm{v}} + S_{\mathrm{l}}\rho_{\mathrm{w}})(\nabla\cdot\boldsymbol{v}) + \nabla\cdot(\rho^{\mathrm{w}}\boldsymbol{v}_{\mathrm{ls}}) +$$
$$\nabla\cdot(\rho^{\mathrm{v}}\boldsymbol{v}_{\mathrm{gs}}) + \nabla\cdot(\rho^{\mathrm{v}}\boldsymbol{v}_{\mathrm{vg}}) + (S_{\mathrm{g}}\rho_{\mathrm{v}} + S_{\mathrm{l}}\rho_{\mathrm{w}})\left(\frac{1-n}{\rho_{\mathrm{s}}}\left(\frac{\partial\rho_{\mathrm{s}}}{\partial\Gamma_{\mathrm{h}}}\frac{\mathrm{d}\Gamma_{\mathrm{h}}}{\mathrm{d}T}\dot{T} + \frac{\partial\rho_{\mathrm{s}}}{\partial\Gamma_{\mathrm{s}}}\frac{\mathrm{d}\Gamma_{\mathrm{s}}}{\mathrm{d}T}\dot{T}\right)\right) +$$
$$\left((S_{\mathrm{g}}\rho_{\mathrm{v}} + S_{\mathrm{l}}\rho_{\mathrm{w}})\frac{1}{\rho_{\mathrm{s}}} - 1\right)\dot{m}_{\mathrm{h}} + (S_{\mathrm{g}}\rho_{\mathrm{v}} + S_{\mathrm{l}}\rho_{\mathrm{w}})\frac{\dot{m}_{\mathrm{s}}}{\rho_{\mathrm{s}}} - \beta_{\mathrm{swg}}\dot{T} +$$
$$(\alpha - n)(S_{\mathrm{g}}\rho_{\mathrm{v}} + S_{\mathrm{l}}\rho_{\mathrm{w}})\frac{\partial p_{\mathrm{s}}}{K_{\mathrm{s}}\partial t} = 0 \tag{5.36}$$

其中

$$\beta_{\mathrm{swg}} = \beta_{\mathrm{s}}(\alpha - n)(S_{\mathrm{g}}\rho_{\mathrm{v}} + S_{\mathrm{l}}\rho_{\mathrm{w}}) \tag{5.37}$$

3. 液相基质溶解物的质量守恒方程

将式(5.20)和式(5.27)代入式(5.18),可得

$$\frac{\mathrm{D}c^{\mathrm{p}}}{\mathrm{D}t} + c^{\mathrm{p}}(\nabla\cdot\boldsymbol{v}) + \nabla\cdot(c^{\mathrm{p}}\boldsymbol{v}_{\mathrm{ls}} + \boldsymbol{J}_{\mathrm{l}}^{\mathrm{p}}) = \dot{m}_{\mathrm{s}} \tag{5.38}$$

利用式(5.26)和式(5.28),控制化学基质溶解物随孔隙水流动的质量守恒方程为

$$L_5 = \frac{\partial c^{\mathrm{p}}}{\partial t} + \nabla\cdot(c^{\mathrm{p}}\boldsymbol{v}_{\mathrm{l}} - \boldsymbol{D}_{\mathrm{h}}\nabla c^{\mathrm{p}}) - \dot{m}_{\mathrm{s}} = 0 \tag{5.39}$$

5.2.3 能量守恒方程

假定孔隙材料各相(固、液和气)在任何局部点都处于热动力学平衡状态,即 $T^{\pi} = T\ (\pi = \mathrm{s,l,g})$。因此,可将孔隙材料作为一个混合体,写出能量(焓)守恒方程为

$$(\rho C_{\mathrm{p}})_{\mathrm{eff}}\frac{\partial T}{\partial t} + (C_{\mathrm{pl}}\rho^{\mathrm{l}}\boldsymbol{v}_{\mathrm{ls}} + C_{\mathrm{pg}}\rho^{\mathrm{g}}\boldsymbol{v}_{\mathrm{gs}})\cdot\nabla T - \nabla\cdot(\lambda_{\mathrm{eff}}\nabla T) = -\Delta h_{\mathrm{v}}\dot{m}_{\mathrm{v}} - \Delta h_{\mathrm{h}}\dot{m}_{\mathrm{h}} - \Delta h_{\mathrm{s}}\dot{m}_{\mathrm{s}} \tag{5.40}$$

式中:C_{ps}、C_{pl}、C_{pa} 和 C_{pv} 分别是固相、液相、干空气和水蒸气的等压热容;Δh_{v}、Δh_{h} 和 Δh_{s} 分别

是水的蒸发焓、脱水焓和基质溶解焓；λ_{eff} 是依赖于温度和孔隙水饱和度的有效热传导系数；有效热容 $\left(\rho C_{\text{p}}\right)_{\text{eff}}$ 可表示为

$$\left(\rho C_{\text{p}}\right)_{\text{eff}} = \rho^{\text{s}} C_{\text{ps}} + \rho^{\text{l}} C_{\text{pl}} + \rho^{\text{a}} C_{\text{pa}} + \rho^{\text{v}} C_{\text{pv}} \tag{5.41}$$

利用式（5.34），消去式（5.40）中的 $\dot{m}_{\text{v}}$，可得

$$\begin{aligned} L_4 = &\left(\rho C_{\text{p}}\right)_{\text{eff}} \frac{\partial T}{\partial t} + \left[C_{\text{pl}} \rho^{\text{l}} \boldsymbol{v}_{\text{ls}} + C_{\text{pg}} \rho^{\text{g}} \boldsymbol{v}_{\text{gs}}\right] \cdot \nabla T - \nabla \cdot \left(\lambda_{\text{eff}} \nabla T\right) - \\ &\Delta h_{\text{v}} \left(\rho_{\text{w}} n \frac{\partial S_{\text{l}}}{\partial t} + n S_{\text{l}} \frac{\partial \rho_{\text{w}}}{\partial t} + S_{\text{l}} \rho_{\text{w}} \frac{1-n}{\rho_{\text{s}}} \left(\frac{\partial \rho_{\text{s}}}{\partial \Gamma_{\text{h}}} \frac{\text{d} \Gamma_{\text{h}}}{\text{d} T} \dot{T} + \frac{\partial \rho_{\text{s}}}{\partial \Gamma_{\text{s}}} \frac{\text{d} \Gamma_{\text{s}}}{\text{d} T} \dot{T} \right) + \right. \\ &\left. \alpha S_{\text{l}} \rho_{\text{w}} \left(\nabla \cdot \boldsymbol{v}\right) + \nabla \cdot \left(\rho^{\text{w}} \boldsymbol{v}_{\text{ls}}\right) + S_{\text{l}} \rho_{\text{w}} \left(\alpha - n\right) \left(\frac{\partial p_{\text{s}}}{K_{\text{s}} \partial t} - \beta_{\text{s}} \dot{T} \right) + n \nabla (S_{\text{l}} \rho_{\text{w}}) \cdot \boldsymbol{v} \right) + \\ &\left(\Delta h_{\text{h}} + \Delta h_{\text{v}} - \Delta h_{\text{v}} \frac{S_{\text{l}} \rho_{\text{w}}}{\rho_{\text{s}}} \right) \dot{m}_{\text{h}} + \left(\Delta h_{\text{s}} - \Delta h_{\text{v}} \frac{S_{\text{l}} \rho_{\text{w}}}{\rho_{\text{s}}} \right) \dot{m}_{\text{s}} = 0 \end{aligned} \tag{5.42}$$

5.3 初始和边界条件

本模型五个控制方程中的五个基本独立场变量选取为 $\boldsymbol{u}$、p_{g}、p_{c}、T 和 c^{p}，而这些基本未知变量的分布依赖于空间位置 $\boldsymbol{x} = \left(x_1, x_2, x_3\right)$ 和时间 t。要确定指定时间和空间点的基本未知变量，仅有控制方程是不够的，还必须具备指定问题的初始条件和边界条件。考虑到模型的完整性，下面给出各种可能问题下的初始条件和边界条件。

对于给定分析区域 Ω 及其边界 Γ_π（$\pi = \text{u,g,c,T,p}$）上 $t = 0$ 时的初始条件为

$$\boldsymbol{u} = \boldsymbol{u}^0, p_{\text{g}} = p_{\text{g}}^0, p_{\text{c}} = p_{\text{c}}^0, T = T^0, c^p = c^{p,0} \quad \Omega \cup \Gamma_\pi \tag{5.43}$$

Dirichlet 边界条件可表示为

$$\boldsymbol{u}(t) = \hat{\boldsymbol{u}}(t) \quad \Gamma_{\text{u}} \tag{5.44}$$

$$p_{\text{g}}(t) = \hat{p}_{\text{g}}(t) \quad \Gamma_{\text{g}} \tag{5.45}$$

$$p_{\text{c}}(t) = \hat{p}_{\text{c}}(t) \quad \Gamma_{\text{c}} \tag{5.46}$$

$$T(t) = \hat{T}(t) \quad \Gamma_{\text{T}} \tag{5.47}$$

$$c^{\text{p}}(t) = \hat{c}^{\text{p}}(t) \quad \Gamma_{\text{p}} \tag{5.48}$$

相应于每个控制方程的自然（Neumann's）边界及混合（Cauchy's）边界条件可表示为

$$\boldsymbol{B}_1 = \boldsymbol{o} \cdot \boldsymbol{n} = \bar{\boldsymbol{t}} \quad \Gamma_{\text{u}}(\Gamma_1) \tag{5.49}$$

$$B_2 = (\rho^{\text{a}} \boldsymbol{v}_{\text{gs}} + \boldsymbol{J}_{\text{g}}^{\text{a}}) \cdot \boldsymbol{n} - q_{\text{a}} = 0 \quad \Gamma_{\text{g}}(\Gamma_2) \tag{5.50}$$

$$B_3 = (\rho^{\text{w}} \boldsymbol{v}_{\text{ks}} + \rho^{\text{v}} \boldsymbol{v}_{\text{gs}} + \boldsymbol{J}_{\text{g}}^{\text{v}}) \cdot \boldsymbol{n} - [q_{\text{v}} + q_{\text{w}} + \beta_{\text{c}} (\rho_{\text{v}} - \rho_{\text{v}\infty})] = 0 \quad \Gamma_{\text{c}}(\Gamma_3) \tag{5.51}$$

$$B_4 = (\rho^{\text{w}} \boldsymbol{v}_{\text{ks}} \Delta h_{\text{vap}} + \lambda_{\text{eff}} \nabla T) \cdot \boldsymbol{n} + [q_{\text{T}} + \alpha_{\text{c}} (T - T_\infty) + e \sigma_0 (T^4 - T_\infty^4)] = 0 \quad \Gamma_{\text{T}}(\Gamma_4) \tag{5.52}$$

$$B_5 = (-\boldsymbol{D}_{\text{h}} \nabla c^{\text{p}}) \cdot \boldsymbol{n} - q_{\text{p}} = 0 \quad \Gamma_{\text{p}}(\Gamma_5) \tag{5.53}$$

式中：q_{a}、q_{w}、q_{v}、q_{T}、q_{p} 和 $\bar{\boldsymbol{t}}$ 分别为边界 Γ_π（$\pi = \text{u,g,c,T,p}$）上指定的干空气流量、液态水流量、水蒸气流量、热流量、基质溶解物流量和拉伸力；$\rho_{\text{v}\infty}$ 和 T_∞ 分别是远离边界无扰动处的水蒸气质量密度和温度；β_{c} 是质量对流系数；α_{c} 是热对流系数；e 是边界辐射性的热辐射系数；

σ_0 是 Stefan-Boltzmann 常数。

5.4　模型特点

在本模型中，混凝土模型化为充满两种非混溶孔隙流体的非饱和变形多孔介质，即非混溶-混溶级别上的混合气体和混合液体。其中，固、液、气三相之间是非混溶的，两流相间的相互作用通过界面上的毛细力体现；固、液、气三相内部是混溶的，每一相中各次相成分彼此均匀地共存，彼此间不存在界面。基于控制干空气质量守恒、孔隙水成分质量守恒、溶解在液相中的基质成分质量守恒、整个介质混合体的动量守恒和热焓（能量）守恒，建立了耦合偏微分控制方程组，数值模拟和再现混凝土在火灾等高温环境下化学-热-湿-力学耦合行为。混凝土作为多孔多相连续介质的质量集合体，考虑了由高温条件引起的三个相变过程：

（1）脱水，固相中化学束缚水被释放，并作为液相一部分的自由水；

（2）蒸发，作为孔隙液体的自由水因热效应而转化为混溶气体的一部分的水蒸气；

（3）脱盐，混凝土固相中的基质成分因热效应被溶解于孔隙液体中。

参考文献

[1] LI X K，L R T，SCHREFLER B A. A coupled chemo-thermo-hygro-mechanical model of concrete at high temperature and failure analysis[J]. International journal for numerical and analytical methods in geomechanics，2006，30(7)：635-681.

[2] LEWIS R W，SCHREFLER B A. The finite element method in the static and dynamic deformation and consolidation of porous media[M]. Chichester：Wiley & Sons，1998.

[3] HASSANIZADEH S M，GRAY W G. General conservation equations for multi-phase system-1：averaging procedure[J]. Advances in water resources，1979，2：131-144.

[4] HASSANIZADEH S M，GRAY W G. General conservation equations for multi-phase system-2：mass，momenta，energy and entropy equations[J]. Advances in water resources，1979，2：191-203.

[5] HASSANIZADEH S M，GRAY W G. General conservation equations for multi-phase system-3：constitutive theory for porous media flow[J]. Advances in water resources，1980，3(1)：25-40.

[6] LI X K，ZIENKIEWICZ O C，XIE Y M. A numerical model for immiscible two-phase fluid flow in a porous medium and its time domain solution[J]. International journal of numerical methods in engineering，1990，30：1195-1212.

[7] LI X K，WU W H，CESCOTTO S. Contaminant transport with non-equilibrium processes in unsaturated soils and implicit characteristic Galerkin scheme[J]. International journal for numerical and analytical methods in geomechanics，2000，24(3)：219-243.

[8] GAWIN D，MAJORANA C E，SCHREFLER B A. Numerical analysis of hygro-thermal behaviour and damage of concrete at high temperature[J]. Mechanics of cohesive-frictional materials，1999，4：37-74.

第 6 章　高温下混凝土中热力学、传热和传质行为的本构模拟

上一章初步完成了高温下混凝土化学-热-湿-力（CTHM）耦合模型的建立，为了使提出的 CTHM 耦合模型更加完整且便于实际工程应用，相应的耦合本构关系的建立是至关重要的。虽然在第 3 章中已经给出了一些可以描述多孔介质中传质-传热的本构方程，但这些本构方程大多数都是建立在常温环境条件下。在火灾等高温条件下，由于混凝土材料中相应的各种物理化学现象的本构行为及其耦合关系更为复杂，因此本章主要介绍高温条件下混凝土中的热力学、传热和传质的本构方程。

6.1　高温混凝土中流体的物理学与热力学

6.1.1　水的状态方程

当在高温（温度接近水的临界温度 $T_{cr}=647.3\ \text{K}$）情况下，水的状态方程中必须考虑水的密度与温度的强非线性关系，如图 6.1 所示。基于试验测量结果，Furbish 拟合出了如下公式：

$$\rho_w(T)=\left(b_0+b_1T+b_2T^2+b_3T^3+b_4T^4+b_5T^5\right)+\left(p_{wl}-p_{wr}\right)\left(a_0+a_1T+a_2T^2+a_3T^3+a_4T^4+a_5T^5\right) \tag{6.1}$$

式中各系数取值为

$p_{wl}=10\ \text{MPa}$，$p_{wr}=20\ \text{MPa}$，$a_0=4.89\times10^{-7}$，$a_1=-1.65\times10^{-9}$，$a_2=1.86\times10^{-12}$，$a_3=2.43\times10^{-13}$，$a_4=-1.60\times10^{-15}$，$a_5=3.37\times10^{-18}$，$b_0=1.02\times10^{3}$，$b_1=-7.74\times10^{-1}$，$b_2=8.77\times10^{-3}$，$b_3=-9.21\times10^{-5}$，$b_4=3.35\times10^{-7}$，$b_5=-4.40\times10^{-10}$

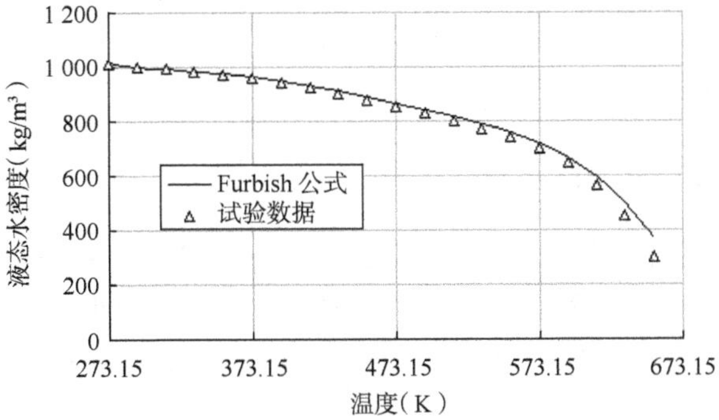

图 6.1　液态水密度与温度的关系

Fig. 6.1　Water density in relation to temperature

6.1.2 饱和蒸汽压力

常温下,饱和蒸汽压力 p_{vs} 可以通过由热力学第二定律推导出的著名的 Clausius-Clapeyron 方程来计算。然而,如果考虑在高温条件下,其适用性就需要进一步验证,因为蒸发焓 ΔH_v 不再为常数,而是温度的函数,即 $\Delta H_v = \Delta H_v(T)$。在本书模型中使用的饱和蒸汽压力 p_{vs} 通过 Hyland 和 Wexler 给出的经验公式(图 6.2)计算,即

$$p_{vs}(T) = \exp\left(\frac{C_8}{T} + C_9 + C_{10}T + C_{11}T^2 + C_{12}T^3 + C_{13}\ln T\right) \tag{6.2}$$

式中:$C_8 = -5.800\times10^3$、$C_9 = 1.391\,5$、$C_{10} = -4.864\,0\times10^{-2}$、$C_{11} = 4.176\,5\times10^{-5}$、$C_{12} = -1.445\,2\times10^{-8}$、$C_{13} = 6.546\,0$。

当 $T \geqslant 647.3$ K,$p_{vs} = p_{cr} = 22.09$ MPa。

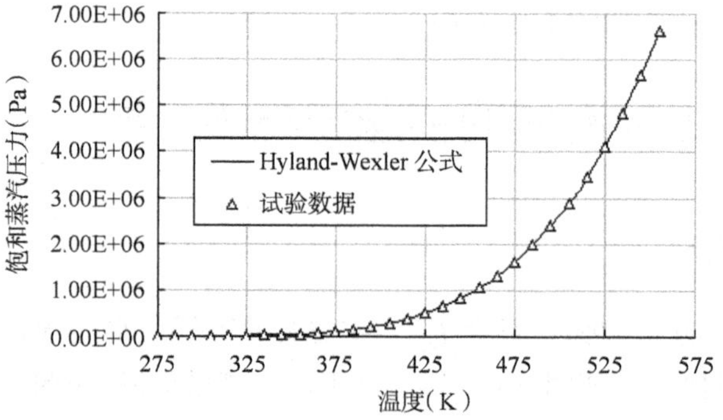

图 6.2 饱和蒸汽压力与温度的关系

Fig. 6.2 Saturation vapour pressure in relation to temperature

6.1.3 热动力平衡关系

众所周知,由于混凝土孔隙中液相与气相间界面是弯曲的,即毛细作用,平衡水蒸气压力 p_v 的大小会与饱和蒸汽压力 p_{vs} 有所不同,它们之间的关系可以通过 Kelvin 方程得到,即

$$p_v = p_{vs}\cdot RH = p_{vs}\exp\left(-\frac{p_c M_v}{\rho_w RT}\right) \tag{6.3}$$

式中:RH 为混凝土孔隙中的相对湿度。

6.1.4 毛细压力的能量含义

孔隙液相与孔隙混合气相的相互作用通过毛细压力(吸力)体现。当孔隙介质温度 $T < T_{cr}$($T_{cr} = 647.3$ K 为水的临界温度,$T < T_{cr}$ 意味可能存在毛细水)以及 $S_l > S_{ssp}$(S_{ssp} 为固相饱和点,当 $S_l > S_{ssp}$ 存在毛细水,而当 $S_l \leqslant S_{ssp}$ 仅存在吸附在固相表面的束缚水),毛细压力定义为

$$p_c = p_g - p_w \tag{6.4}$$

需要强调的是,当 $T \geqslant T_{cr}$ 且 $S_l \leqslant S_{ssp}$ 时,混凝土孔隙中不可能存在毛细水;即使 $T < T_{cr}$,

但若 $S_l \leqslant S_{ssp}$，实际上也已不存在毛细水。在这些条件下，式(6.4)已不再成立。但是计算过程中仍可以在形式上使用毛细压力 p_c，只是此时毛细压力 p_c 仅是在符号意义上表示的 $\rho_w \Psi_c$（Ψ_c 为水的势函数）的广义吸力。实际上，Ψ_c 才是状态变量，它描述了束缚水和水蒸气之间的热动力平衡状态。

6.1.5　蒸发焓

在高温条件下，蒸发焓 Δh_v 与温度的函数关系可以通过 Watson 公式表示为

$$\Delta h_v = 2.672 \times 10^5 (T_{cr} - T)^{0.38} \tag{6.5}$$

图 6.3 给出了蒸发焓 Δh_v 的试验测值与 Watson 公式的比较。

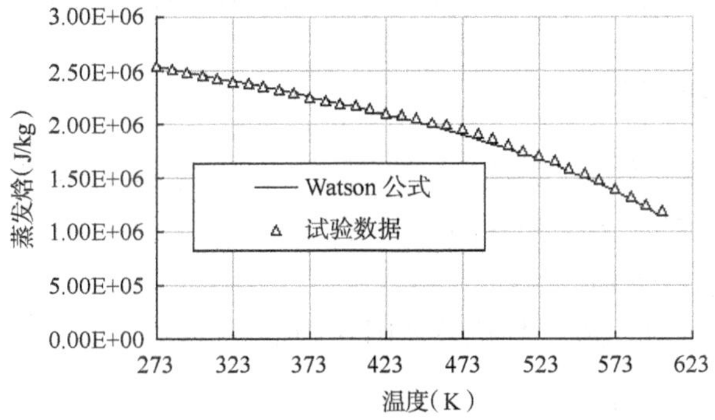

图 6.3　蒸发焓与温度的关系

Fig. 6.3　Enthalpy of evaporation in relation of temperature

6.1.6　湿空气的黏性系数

湿空气的动态黏性系数 μ_g 依赖于温度和水蒸气压力与混合气体压力的比值。在已有的试验数据基础上，Gawin 给出了如下近似公式：

$$\mu_g = \mu_v + (\mu_a - \mu_v)\left(\frac{p_a}{p_g}\right)^{0.608} \tag{6.6}$$

式中：$x = \frac{p_a}{p_g}$ 表示干空气在混合气体中的摩尔百分率；μ_v 和 μ_a 分别为水蒸气和干空气的动态黏性系数，其表达式为

$$\mu_v = \mu_{v0} + \alpha_v (T - T_0) \tag{6.7}$$

$$\mu_a = \mu_{a0} + \alpha_a (T - T_0) + \beta_a (T - T_0)^2 \tag{6.8}$$

式中：$\mu_{v0} = 8.85 \times 10^{-6}$ Pa·s，$\alpha_v = 3.53 \times 10^{-8}$ Pa·s/K；$\mu_{a0} = 17.17 \times 10^{-6}$ Pa·s，$\alpha_a = 4.73 \times 10^{-8}$ Pa·s/K，$\beta_a = 2.22 \times 10^{-11}$ Pa·s·K^2。

图 6.4 给出了 Mason 和 Monchick 试验和用式(6.6)计算得到的结果比较。

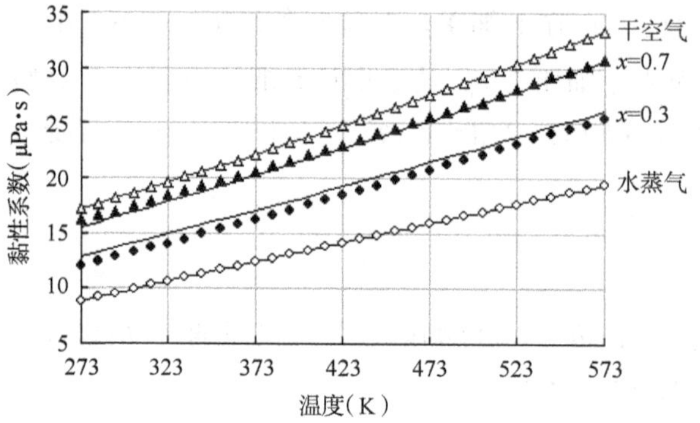

图 6.4 湿空气的动态黏性系数与温度的关系

Fig. 6.4 Dynamic viscosity of moist air in relation of temperature

6.1.7 液态水的黏性系数

液态水的动态黏性系数 μ_w 受温度的影响很大。应用 Thomas 等建立的公式能够在较大的温度变化范围内模拟两者之间的函数关系，即

$$\mu_w = 0.6612(T-229)^{-1.562} \tag{6.9}$$

式(6.9)对应的曲线和试验结果比较如图 6.5 所示。

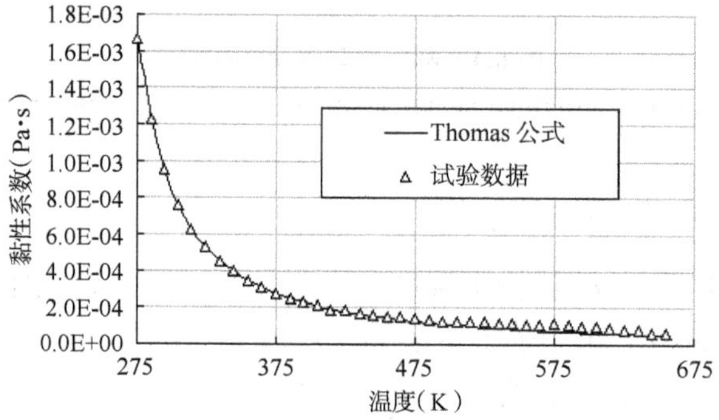

图 6.5 液态水的动态黏性系数与温度的关系

Fig. 6.5 Dynamic viscosity of liquid water in relation of temperature

6.2 高温混凝土中传热、传质、内部结构与热性质

6.2.1 达西流动

采用多相 Darcy 定律作为流相流动的本构方程，对于毛细水，有

$$nS_l\boldsymbol{v}_{ls} = -\frac{\boldsymbol{k}_a k_{rw}}{\mu_w}(\nabla p_w - \rho_l \boldsymbol{g}) \tag{6.10}$$

式中：$\boldsymbol{k}_a$ 是绝对渗透率张量，对于各向同性多孔介质有 $\boldsymbol{k}_a = k\boldsymbol{I}$，$k$ 为绝对(或固有)渗透率系数，$\boldsymbol{I}$ 是单位矩阵；$\boldsymbol{g}$ 为重力加速度张量；k_{rw} 是水的相对渗透率系数，可以表示成孔隙中水的

饱和度 S_l 的函数，即

$$k_{rw}(S_l)=\left(\frac{S_l-S_{l,ir}}{1-S_{l,ir}}\right)^{A_w}\quad(S_l>S_{l,ir})\tag{6.11}$$

其中，$S_{l,ir}$ 是液相的不可约减饱和度，通常可假设为 0；A_w 是常数，取值在<1，3>之间，一般可以取 $A_w=2$。

对于混合气体，有

$$nS_g\boldsymbol{v}_{gs}=-\frac{\boldsymbol{k}_a k_{rg}}{\mu_g}\nabla p_g\tag{6.12}$$

式中：k_{rg} 是混合气体的相对渗透率系数，其与饱和度之间的关系可以表示为

$$k_{rg}(S_l)=1-\left(\frac{S_l}{S_{l,cr}}\right)^{A_g}\quad(S_l<S_{l,cr})\tag{6.13}$$

其中，$S_{l,cr}$ 是临界液相饱和度，超过这个值介质中则没有气体流动；A_g 是常数，取值通常在<1，3>之间。

图 6.6 给出了 $S_{l,ir}=0$、$A_w=2$ 时（液态水）的 k_{rw} 曲线和 $S_{l,cr}=1$、$A_g=2$ 时（混合气体）的 k_{rg} 曲线。

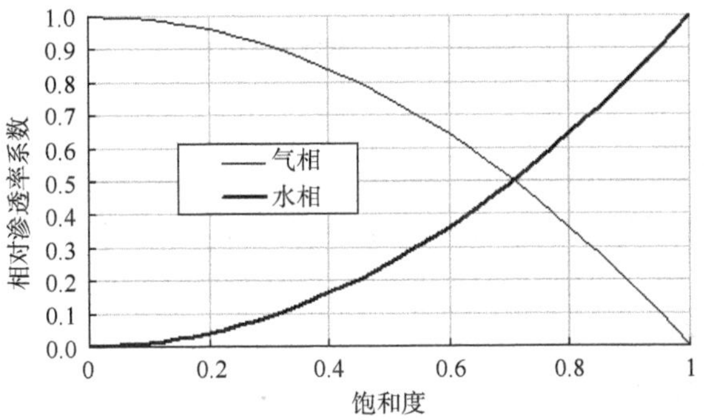

图 6.6　混合气体和液态水的相对渗透率系数

Fig. 6.6　Relative permeability coefficient of mixed gas and liquid water

6.2.2　滞回曲线

多孔介质在排水过程中的吸力 p_c 会随着孔隙水饱和度 S_l 的变化而变化，它们之间的函数关系可以表示为

$$p_c=p_c(S_l)\text{ 或 }S_l=S_l(p_c)\tag{6.14}$$

通常上述函数关系式所代表的 S_l-p_c 空间曲线被称为滞回曲线（hysteresis curve）。滞回曲线显示了排水或吸水过程中多孔介质中孔隙水的饱和度。有些专家称排水曲线为解吸附曲线（desorption curve），称吸水过程曲线为吸附曲线（sorption curve），并且由于滞回现象（hysteresis）的存在，两曲线是不同的，即 S_l-p_c 不是一一对应的单值曲线。

混凝土在高温条件下水分会大量蒸发，因此主要是排水过程，相应的滞回曲线应该为解

吸附曲线。由于我们主要关注的是混凝土在升温过程中所发生的各种物理化学现象，则不必考虑滞回现象，即吸力 p_c 和饱和度 S_l 之间可假定存在唯一的函数关系。

高性能混凝土中吸力（包括在符号意义上表示为 $\rho_w \Psi_c$ 的广义吸力）与液相饱和度的函数关系 $S_l(p_c)$ 可由试验结果拟合表示为

$$S_l = S_l(p_c) = (1 + (ap_c)^b)^c \tag{6.15}$$

式中：$a = 2.35 \times 10^{-8}\,\mathrm{Pa}^{-1}$，$b = 1.83$，$c = -0.58$。

高性能混凝土的 S_l-p_c 曲线如图 6.7 所示。

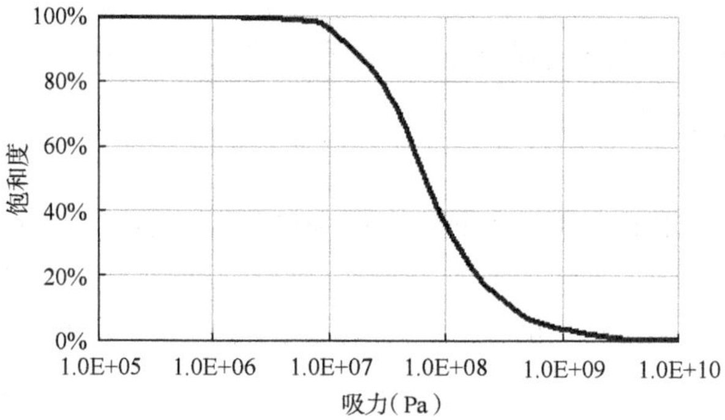

图 6.7　滞回曲线

Fig. 6.7　Hysteresis curve

6.2.3　束缚水的流动

当 $S_l \leqslant S_{ssp}$ 时，根据 Fick 定律，由束缚水饱和度 S_b 空间梯度驱动的束缚水流动可表示为

$$nS_l \boldsymbol{v}_{ls}^{b} = -\boldsymbol{D}_b \nabla S_b \tag{6.16}$$

其中，束缚水饱和度 S_b 定义为

$$S_b = \begin{cases} S_l & S_l \leqslant S_{ssp} \\ S_{ssp} & S_l > S_{ssp} \end{cases} \tag{6.17}$$

而对于各向同性条件下的混凝土中束缚水的扩散张量 $\boldsymbol{D}_b = D_b \boldsymbol{I}$ 可由下式计算：

$$D_b = D_{b,0} \exp\left(-2.08 \frac{S_l}{S_{ssp}} \frac{T}{T_{b,0}}\right) \tag{6.18}$$

其中，$D_{b,0} = 1.57 \times 10^{-11}\ \mathrm{m^2/s}$，参考温度 $T_{b,0} = 295\ \mathrm{K}$。

6.2.4　基质溶解物的传输

综合考虑化学基质溶解物在混凝土孔隙液相中的机械逸散和分子弥散的扩散流量 $\boldsymbol{J}_l^p$ 可以写为

$$\boldsymbol{J}_l^p = c^p \boldsymbol{v}_{pl} = -\boldsymbol{D}_h \nabla c^p \tag{6.19}$$

式中：$\boldsymbol{D}_h$ 为水动力学扩散张量，在各向同性扩散假设下有 $\boldsymbol{D}_h = D_h \boldsymbol{I}$。

6.2.5 水蒸气的扩散

3.2.7 小节中根据 Fick 定律描述的由干空气和水蒸气组成的两相体系扩散质量流为

$$\boldsymbol{J}_{\mathrm{g}}^{\mathrm{a}}=-\rho_{\mathrm{g}}\frac{M_{\mathrm{a}}M_{\mathrm{v}}}{M_{\mathrm{g}}^{2}}\boldsymbol{D}_{\mathrm{p}}\nabla\left(\frac{p_{\mathrm{a}}}{p_{\mathrm{g}}}\right) \tag{6.20}$$

$$\boldsymbol{J}_{\mathrm{g}}^{\mathrm{v}}=-\rho_{\mathrm{g}}\frac{M_{\mathrm{a}}M_{\mathrm{v}}}{M_{\mathrm{g}}^{2}}\boldsymbol{D}_{\mathrm{p}}\nabla\left(\frac{p_{\mathrm{v}}}{p_{\mathrm{g}}}\right) \tag{6.21}$$

如果考虑各向同性孔隙介质，则式（6.20）和式（6.21）中水蒸气的有效扩散张量 $\boldsymbol{D}_{\mathrm{p}}$ 可以表示成与孔隙中水的饱和度、介质温度和气体压力有关的函数形式，即

$$\boldsymbol{D}_{\mathrm{p}}\left(n,S_{\mathrm{l}},p_{\mathrm{g}},T\right)=n\left(1-S_{\mathrm{l}}\right)^{A_{\mathrm{v}}}f_{\mathrm{s}}D_{\mathrm{p0}}\left(\frac{T}{T_{\mathrm{p,0}}}\right)^{B_{\mathrm{v}}}\frac{p_{0}}{p_{\mathrm{g}}}\boldsymbol{I} \tag{6.22}$$

式中：在参考温度 $T_{\mathrm{p,0}}=273.15\ \mathrm{K}$ 和压力 $p_0=101\,325\ \mathrm{Pa}$ 下的水蒸气在空气中的扩散系数 $D_{\mathrm{p0}}=0.258\times10^{-4}\ \mathrm{m^2/s}$；$A_{\mathrm{v}}$ 是常数，通常取值在<1，3>之间；B_{v} 也是常数，由水蒸气在不同温度下的扩散试验得出，其值取为 1.667 时，与试验结果拟合较好；f_{s} 是结构因子，在已建立的一些多孔多相介质模型中，计算水蒸气扩散速度时通常采用弯曲因子 τ，这里用结构因子 f_{s} 来代替 τ，取 $f_{\mathrm{s}}=0.01$。

6.2.6 脱水与脱盐

随着温度升高而发生的脱水和脱盐过程会引起孔隙度的改变，Schneider 和 Herbst 根据试验结果将孔隙度的这种变化近似表示成温度的线性函数，即

$$n=n_0+A_{\varphi}(T-T_{\mathrm{ref}}) \tag{6.23}$$

式中：n_0 是在参考温度 $T_{\mathrm{ref}}=273.15\ \mathrm{K}$ 下的孔隙度值；A_{φ} 是与混凝土类型相关的常数。

利用三种不同类型的 B-35 混凝土试验结果，通过最小二乘法得到式（6.23）中的各个系数的值：硅酸盐混凝土 $n_{\mathrm{ref}}=0.06$、$A_{\varphi}=0.000\,195$；石灰混凝土 $n_{\mathrm{ref}}=0.087$、$A_{\varphi}=0.000\,163$；玄武岩混凝土 $n_{\mathrm{ref}}=0.080\,2$、$A_{\varphi}=0.000\,17$。图 6.8 给出了式（6.23）的拟合曲线。

假设由脱水过程而导致固相的质量丧失 m_{h} 与温度的关系式为

$$\frac{\partial}{\partial T}[m_{\mathrm{h}}]=-H_{\mathrm{h}}(T-T_{\mathrm{h0}})A_{\mathrm{h}}=-H_{\mathrm{h}}A_{\mathrm{h}} \tag{6.24}$$

式中：脱水系数 $A_{\mathrm{h}}=-(0.04-0.08)\ \mathrm{kg/(m^3\cdot K)}$；脱水门槛温度 $T_{\mathrm{h0}}=393.15\ \mathrm{K}$；$H_{\mathrm{h}}=H_{\mathrm{h}}(T-T_{\mathrm{h0}})$ 为 Heaviside 函数，表示当温度 $T\geqslant T_{\mathrm{h0}}$ 时混凝土中才会出现脱水过程。

相似地，我们假设由基质溶解过程而导致固相的质量丧失 m_{s} 与温度的关系式为

$$\frac{\partial}{\partial T}[m_{\mathrm{s}}]=-H_{\mathrm{s}}(T-T_{\mathrm{s0}})A_{\mathrm{s}}=-H_{\mathrm{s}}A_{\mathrm{s}} \tag{6.25}$$

式中：$H_{\mathrm{s}}=H_{\mathrm{s}}(T-T_{\mathrm{s0}})$ 为 Heaviside 函数，脱盐门槛温度 T_{s0} 表示当温度 $T\geqslant T_{\mathrm{s0}}$ 时混凝土中才会出现脱盐过程；脱盐系数 $A_{\mathrm{s}}=-6\times10^{-5}\ \mathrm{kg/(m^3\cdot K)}$。

定义水合度 ξ（脱水度 $\varGamma_{\mathrm{h}}$，即 $\xi=1-\varGamma_{\mathrm{h}}$），其值等于当前化学束缚水合质量 m_{sk} 与初始

化学束缚水合质量 m_0 的比值，它与温度 T 的关系式可以表示为

$$\xi(T)=\frac{m_{sk}}{m_0}=1+\frac{H_h A_h}{m_0}(T-T_{h0}) \tag{6.26}$$

在这里水合度 ξ 的变化范围是从 0（固相中没有束缚水存在）到 1（所有的束缚水全部吸附在固相上，没有脱水现象出现）。

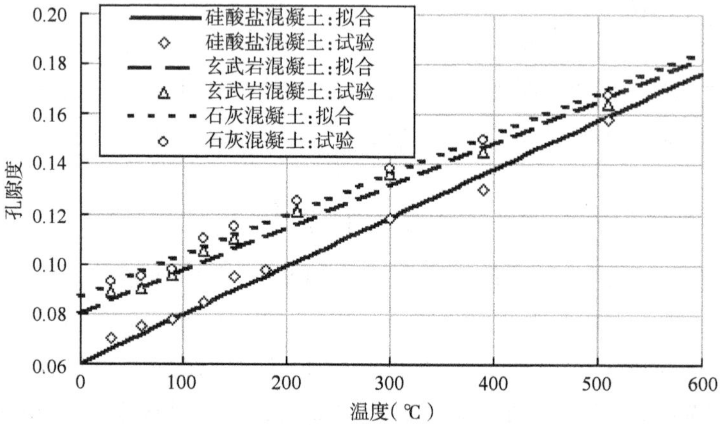

图 6.8　三种 B-35 混凝土不同温度时孔隙度试验曲线和近似公式曲线的比较

Fig. 6.8　Comparison of the experimental values of the porosity for three types of the B-35 concrete at different temperatures with approximate formula

6.2.7　高温混凝土的固相质量密度和孔隙度

在 3.2.10 小节中初步介绍了常温下影响多孔介质固相质量密度的因素，而在高温条件下，混凝土的固相质量密度除与固体颗粒压缩性、固体骨架体积应变率及温度变化有关外，还与固相脱水和脱盐这两个相变过程相关。以 Γ_h 和 Γ_s 分别表示固相脱水度和脱盐度，则多孔介质固相真实质量密度可表示为

$$\rho_s=\rho_s(p_s,\nabla \boldsymbol{u},T,\Gamma_h,\Gamma_s) \tag{6.27}$$

固相真实质量密度的变化率可以表示为

$$\frac{D\rho_s}{\rho_s Dt}=\frac{(\alpha-n)\frac{Dp_s}{K_s Dt}-(1-\alpha)\nabla\cdot\boldsymbol{v}-(\alpha-n)\beta_s\dot{T}}{1-n}+\frac{1}{\rho_s}\left[\frac{\partial\rho_s}{\partial\Gamma_h}\frac{\partial\Gamma_h}{\partial T}+\frac{\partial\rho_s}{\partial\Gamma_s}\frac{\partial\Gamma_s}{\partial T}\right]\dot{T} \tag{6.28}$$

式中：β_s 是固相的热膨胀系数。

利用固相质量守恒方程和式（6.28）可以推导出孔隙度的变化率，即

$$\frac{Dn}{Dt}=(\alpha-n)\left(\frac{Dp_s}{K_s Dt}-\beta_s\dot{T}+\nabla\cdot\boldsymbol{v}\right)+\left[\frac{1-n}{\rho_s}\left(\frac{\partial\rho_s}{\partial\Gamma_h}\frac{\partial\Gamma_h}{\partial T}+\frac{\partial\rho_s}{\partial\Gamma_s}\frac{\partial\Gamma_s}{\partial T}\right)+\frac{1}{\rho_s}\left(\frac{\partial m_h}{\partial T}+\frac{\partial m_s}{\partial T}\right)\right]\dot{T} \tag{6.29}$$

同时，注意到式（6.28）和式（6.29）中的 $\dot{\Gamma}_h,\dot{\Gamma}_s,\dot{m}_h,\dot{m}_s$ 可以表示为 $\frac{\partial\Gamma_h}{\partial T}\dot{T},\frac{\partial\Gamma_s}{\partial T}\dot{T},\frac{\partial m_h}{\partial T}\dot{T},\frac{\partial m_s}{\partial T}\dot{T}$。

下面给出具体的高温混凝土的固相质量密度和孔隙度公式的推导过程。

对式（6.28）和式（6.29）进行重新展开，并定义新的标记，以便推导过程的简便和变量物理意义的清晰。

$$\frac{\mathrm{D}\rho_{\mathrm{s}}}{\rho_{\mathrm{s}}\mathrm{D}t}=\frac{(\alpha-n)\frac{\mathrm{D}\rho_{\mathrm{s}}}{K_{\mathrm{s}}\mathrm{D}t}-(1-\alpha)\nabla\cdot\boldsymbol{v}-(\alpha-n)\beta_{\mathrm{s}}\dot{T}}{1-n}+\frac{1}{\rho_{\mathrm{s}}}\left[\frac{\partial\rho_{\mathrm{s}}}{\partial\Gamma_{\mathrm{h}}}\frac{\partial\Gamma_{\mathrm{h}}}{\partial T}+\frac{\partial\rho_{\mathrm{s}}}{\partial\Gamma_{\mathrm{s}}}\frac{\partial\Gamma_{\mathrm{s}}}{\partial T}\right]\dot{T}$$

$$=\underbrace{\frac{(\alpha-n)\frac{\mathrm{D}\rho_{\mathrm{s}}}{K_{\mathrm{s}}\mathrm{D}t}-(1-\alpha)\nabla\cdot\boldsymbol{v}}{1-n}-\frac{\alpha-n}{1-n}\beta_{\mathrm{s}}\dot{T}}+\underbrace{\frac{1}{\rho_{\mathrm{s}}}\left[\frac{\partial\rho_{\mathrm{s}}}{\partial\Gamma_{\mathrm{h}}}\frac{\partial\Gamma_{\mathrm{h}}}{\partial T}+\frac{\partial\rho_{\mathrm{s}}}{\partial\Gamma_{\mathrm{s}}}\frac{\partial\Gamma_{\mathrm{s}}}{\partial T}\right]\dot{T}}$$

$$=\frac{\mathrm{D}\rho_{\mathrm{s},1}}{\rho_{\mathrm{s},1}\mathrm{D}t}+\frac{\mathrm{D}\rho_{\mathrm{s},2}}{\rho_{\mathrm{s},2}\mathrm{D}t}\tag{6.30}$$

$$\frac{\mathrm{D}n}{\mathrm{D}t}=(\alpha-n)\left(\frac{\mathrm{D}p_{\mathrm{s}}}{K_{\mathrm{s}}\mathrm{D}t}-\beta_{\mathrm{s}}\dot{T}+\nabla\cdot\boldsymbol{v}\right)+\left[\frac{1-n}{\rho_{\mathrm{s}}}\left(\frac{\partial\rho_{\mathrm{s}}}{\partial\Gamma_{\mathrm{h}}}\frac{\partial\Gamma_{\mathrm{h}}}{\partial T}+\frac{\partial\rho_{\mathrm{s}}}{\partial\Gamma_{\mathrm{s}}}\frac{\partial\Gamma_{\mathrm{s}}}{\partial T}\right)+\frac{1}{\rho_{\mathrm{s}}}\left(\frac{\partial m_{\mathrm{h}}}{\partial T}+\frac{\partial m_{\mathrm{s}}}{\partial T}\right)\right]\dot{T}$$

$$=\underbrace{(\alpha-n)\left(\frac{\mathrm{D}p_{\mathrm{s}}}{K_{\mathrm{s}}\mathrm{D}t}+\nabla\cdot\boldsymbol{v}\right)-(\alpha-n)\beta_{\mathrm{s}}\dot{T}}+\underbrace{\left[\frac{1-n}{\rho_{\mathrm{s}}}\left(\frac{\partial\rho_{\mathrm{s}}}{\partial\Gamma_{\mathrm{h}}}\frac{\partial\Gamma_{\mathrm{h}}}{\partial T}+\frac{\partial\rho_{\mathrm{s}}}{\partial\Gamma_{\mathrm{s}}}\frac{\partial\Gamma_{\mathrm{s}}}{\partial T}\right)+\frac{1}{\rho_{\mathrm{s}}}\left(\frac{\partial m_{\mathrm{h}}}{\partial T}+\frac{\partial m_{\mathrm{s}}}{\partial T}\right)\right]\dot{T}}$$

$$=\frac{\mathrm{D}n_1}{\mathrm{D}t}+\frac{\mathrm{D}n_2}{\mathrm{D}t}\tag{6.31}$$

从式（6.30）和式（6.31）可以很容易地理解 ρ_{s}、n 的变化率分别由两部分组成：①由 $\dot{p}_{\mathrm{s}}$、$\nabla\boldsymbol{v}$ 和 $\dot{T}$ 引起，分别定义为 $\frac{\mathrm{D}\rho_{\mathrm{s},1}}{\rho_{\mathrm{s},1}\mathrm{D}t}$ 和 $\frac{\mathrm{D}n_1}{\mathrm{D}t}$；②由脱水和脱盐引起，分别定义为 $\frac{\mathrm{D}\rho_{\mathrm{s},2}}{\rho_{\mathrm{s},2}\mathrm{D}t}$ 和 $\frac{\mathrm{D}n_2}{\mathrm{D}t}$。

下面分别针对这两部分进行固相质量密度和孔隙度公式的推导，最后将两部分得到的固相质量密度和孔隙度公式相加即可得高温下混凝土固相真实质量密度和孔隙度。

1. 孔隙度的推导

1）由 $\dot{p}_{\mathrm{s}}$、$\nabla\boldsymbol{v}$ 和 $\dot{T}$ 引起的孔隙度 n 变化

由式（6.31），可知

$$\frac{\mathrm{D}n_1}{\mathrm{D}t}=(\alpha-n)\left(\frac{\mathrm{D}p_{\mathrm{s}}}{K_{\mathrm{s}}\mathrm{D}t}+\nabla\cdot\boldsymbol{v}\right)-(\alpha-n)\beta_{\mathrm{s}}\dot{T}\tag{6.32}$$

改写式（6.32），可得

$$\frac{\mathrm{d}n_1}{\alpha-n}=\frac{\mathrm{d}p_{\mathrm{s}}}{K_{\mathrm{s}}}+\nabla\cdot\boldsymbol{v}\mathrm{d}t-\beta_{\mathrm{s}}\mathrm{d}T\tag{6.33}$$

对式（6.33）两边积分，且 $t_0\rightarrow t$（温度 $T_0\rightarrow T$），有

$$-\ln(\alpha-n_1)\Big|_{t_0}^{t}=\frac{1}{K_{\mathrm{s}}}\Delta p_{\mathrm{s}}+\Delta\varepsilon_{ii}-\beta_{\mathrm{s}}\Delta T\tag{6.34}$$

可得

$$n_1=\alpha-(\alpha-n_0)\exp\left[-\left(\frac{1}{K_{\mathrm{s}}}\Delta p_{\mathrm{s}}-\beta_{\mathrm{s}}\Delta T+\Delta\varepsilon_{ii}\right)\right]\tag{6.35}$$

由 $\dot{p}_{\mathrm{s}}$、$\nabla \boldsymbol{v}$ 和 $\dot{T}$ 引起的孔隙度 n 变化可以表示为

$$(\Delta n)_1 = n_1 - n_0 = \alpha - (\alpha - n_0)\exp\left[-\left(\frac{1}{K_{\mathrm{s}}}\Delta p_{\mathrm{s}} - \beta_{\mathrm{s}}\Delta T + \Delta\varepsilon_{ii}\right)\right] - n_0 \tag{6.36}$$

2）由脱水和脱盐引起的孔隙度 n 变化

根据式（6.23），可得

$$n_2 = n_0 + A_\varphi \Delta T \tag{6.37}$$

因此，由脱水和脱盐引起的孔隙度 n 变化可以表示成

$$(\Delta n)_2 = A_\varphi \Delta T \tag{6.38}$$

2. 固相质量密度的推导

1）由 $\dot{p}_{\mathrm{s}}$、$\nabla \boldsymbol{v}$ 和 $\dot{T}$ 引起的 ρ_{s} 变化

由式（6.30），可知

$$\begin{aligned}\frac{\mathrm{D}\rho_{\mathrm{s},1}}{\rho_{\mathrm{s},1}\mathrm{D}t} &= \frac{(\alpha - n)\dfrac{\mathrm{D}p_{\mathrm{s}}}{K_{\mathrm{s}}\mathrm{D}t} - (1-\alpha)\nabla\cdot\boldsymbol{v}}{1-n} - \frac{\alpha - n}{1-n}\beta_{\mathrm{s}}\dot{T} \\ &= \frac{\alpha - 1}{1-n}\left(\frac{\mathrm{D}p_{\mathrm{s}}}{K_{\mathrm{s}}\mathrm{D}t} + \nabla\cdot\boldsymbol{v}\right) + \frac{\mathrm{D}p_{\mathrm{s}}}{K_{\mathrm{s}}\mathrm{D}t} - \frac{\alpha - n}{1-n}\beta_{\mathrm{s}}\dot{T} \\ &= \frac{\alpha - 1}{1-n}\frac{\mathrm{D}n_1}{(\alpha - n)\mathrm{D}t} + \frac{\mathrm{D}p_{\mathrm{s}}}{K_{\mathrm{s}}\mathrm{D}t} - \frac{\alpha - n}{1-n}\beta_{\mathrm{s}}\dot{T}\end{aligned} \tag{6.39}$$

化简式（6.39），可得

$$\frac{\mathrm{d}\rho_{\mathrm{s},1}}{\rho_{\mathrm{s},1}} = \frac{1-\alpha}{1-n}\frac{-\mathrm{d}n_1}{(\alpha - n)} + \frac{\mathrm{d}p_{\mathrm{s}}}{K_{\mathrm{s}}} - \beta_{\mathrm{s}}\mathrm{d}T \tag{6.40}$$

对式（6.40）两边积分，且 $t_0 \to t$（温度 $T_0 \to T$），有

$$\ln\rho_{\mathrm{s},1}\Big|_{t_0}^{t} = (1-\alpha)\left[-\left(\frac{1}{1-\alpha}\ln\frac{1-n_1}{\alpha - n_1}\right)\right]_{t_0}^{t} + \frac{1}{K_{\mathrm{s}}}\Delta p_{\mathrm{s}} - \beta_{\mathrm{s}}\Delta T \tag{6.41}$$

可得

$$\rho_{\mathrm{s},1} = \rho_{\mathrm{s}0}\frac{1-n_0}{\alpha - n_0}\exp\left(\frac{1}{K_{\mathrm{s}}}\Delta p_{\mathrm{s}} - \beta_{\mathrm{s}}\Delta T\right)\frac{\alpha - n_1}{1-n_1} \tag{6.42}$$

将式（6.35）代入式（6.42），可得

$$\rho_{\mathrm{s},1} = \rho_{\mathrm{s}0}\frac{1-n_0}{\alpha - n_0}\exp\left(\frac{1}{K_{\mathrm{s}}}\Delta p_{\mathrm{s}} - \beta_{\mathrm{s}}\Delta T\right)\frac{(\alpha - n_0)\exp\left[-\left(\dfrac{1}{K_{\mathrm{s}}}\Delta p_{\mathrm{s}} - \beta_{\mathrm{s}}\Delta T + \Delta\varepsilon_{ii}\right)\right]}{(1-\alpha) + (\alpha - n_0)\exp\left[-\left(\dfrac{1}{K_{\mathrm{s}}}\Delta p_{\mathrm{s}} - \beta_{\mathrm{s}}\Delta T + \Delta\varepsilon_{ii}\right)\right]} \tag{6.43}$$

由 $\dot{p}_{\mathrm{s}}$、$\nabla \boldsymbol{v}$ 和 $\dot{T}$ 引起的 ρ_{s} 变化可以表示为

$$(\Delta\rho_s)_1 = \rho_{s,1} - \rho_{s0} = \rho_{s0}(1-n_0)\frac{\exp[-\Delta\varepsilon_{ii}]}{(1-\alpha)+(\alpha-n_0)\exp\left[-\left(\frac{1}{K_s}\Delta p_s - \beta_s\Delta T + \Delta\varepsilon_{ii}\right)\right]} - \rho_{s0} \tag{6.44}$$

2）由脱水和脱盐引起的 ρ_s 变化

由脱水和脱盐引起的孔隙度 n 的变化率为

$$\frac{\mathrm{D}n_2}{\mathrm{D}t} = \left[\frac{1-n}{\rho_s}\left(\frac{\partial\rho_s}{\partial\Gamma_h}\frac{\partial\Gamma_h}{\partial T} + \frac{\partial\rho_s}{\partial\Gamma_s}\frac{\partial\Gamma_s}{\partial T}\right) + \frac{1}{\rho_s}\left(\frac{\partial m_h}{\partial T} + \frac{\partial m_s}{\partial T}\right)\right]\dot{T} \tag{6.45}$$

即

$$\frac{\mathrm{d}n_2}{\mathrm{d}T} = \frac{1-n}{\rho_s}\left(\frac{\partial\rho_s}{\partial\Gamma_h}\frac{\partial\Gamma_h}{\partial T} + \frac{\partial\rho_s}{\partial\Gamma_s}\frac{\partial\Gamma_s}{\partial T}\right) + \frac{1}{\rho_s}\left(\frac{\partial m_h}{\partial T} + \frac{\partial m_s}{\partial T}\right) \tag{6.46}$$

由式（6.23）、式（6.24）和式（6.25），可得

$$\frac{\partial\rho_s}{\partial\Gamma_h}\frac{\partial\Gamma_h}{\partial T} + \frac{\partial\rho_s}{\partial\Gamma_s}\frac{\partial\Gamma_s}{\partial T} = \frac{H_hA_h + H_sA_s + A_\varphi\rho_s}{1-n} \tag{6.47}$$

将式（6.47）代入式（6.30）右边的第二项，可得

$$\begin{aligned}\frac{\mathrm{D}\rho_{s,2}}{\rho_{s,2}\mathrm{D}t} &= \frac{1}{\rho_s}\left[\frac{\partial\rho_s}{\partial\Gamma_h}\frac{\partial\Gamma_h}{\partial T} + \frac{\partial\rho_s}{\partial\Gamma_s}\frac{\partial\Gamma_s}{\partial T}\right]\dot{T} \\ &= \frac{1}{\rho_s}\frac{H_hA_h + H_sA_s + A_\varphi\rho_s}{1-n}\dot{T}\end{aligned} \tag{6.48}$$

为化简式（6.48），定义

$$\frac{\mathrm{d}\rho_s}{A_\varphi\rho_s + H_hA_h + H_sA_s} = \frac{\mathrm{d}T}{(1-n_0+A_\varphi T_0) - A_\varphi T} \tag{6.49}$$

对式（6.49）两边积分，且 $t_0 \to t$（温度 $T_0 \to T$），有

$$\int_{t_0}^{t}\frac{\mathrm{d}\rho_s}{A_\varphi\rho_s + H_hA_h + H_sA_s} = \int_{t_0}^{t}\frac{\mathrm{d}T}{(1-n_0+A_\varphi T_0) - A_\varphi T}$$

$$\frac{1}{A_\varphi}\ln\frac{A_\varphi\rho_{s,2} + H_hA_h + H_sA_s}{A_\varphi\rho_{s0} + H_hA_h + H_sA_s} = -\frac{1}{A_\varphi}\ln\frac{(1-n_0+A_\varphi T_0) - A_\varphi T}{1-n_0} \tag{6.50}$$

可得

$$\rho_{s,2} = \frac{1}{A_\varphi}\left[\frac{1-n_0}{1-n_0-A_\varphi\Delta T}(A_\varphi\rho_{s0} + H_hA_h + H_sA_s) - (H_hA_h + H_sA_s)\right] \tag{6.51}$$

由脱水和脱盐引起的 ρ_s 变化可以表示为

$$(\Delta\rho_s)_2 = \rho_{s,2} - \rho_{s0} = \frac{1}{A_\varphi}\left[\frac{1-n_0}{1-n_0-A_\varphi\Delta T}(A_\varphi\rho_{s0} + H_hA_h + H_sA_s) - (H_hA_h + H_sA_s)\right] - \rho_{s0} \tag{6.52}$$

3. 高温下混凝土固相真实质量密度和孔隙度

综上所述，可得到最终的混凝土骨架密度 ρ_s 的公式为

$$
\begin{aligned}
\rho_s &= \rho_{s0} + (\Delta\rho_s)_1 + (\Delta\rho_s)_2 \\
&= \rho_{s0}(1-n_0)\frac{\exp(-\Delta\varepsilon_{ii})}{1-\alpha+(\alpha-n_0)\exp[-(\Delta p_s/K_s-\beta_s\Delta T+\Delta\varepsilon_{ii})]} + \\
&\quad \frac{1}{A_\varphi}\left[\frac{1-n_0}{1-n_0-A_\varphi\Delta T}(H_h A_h + H_s A_s + A_\varphi\rho_{s0}) - (H_h A_h + H_s A_s)\right] - \rho_{s0}
\end{aligned} \tag{6.53}
$$

孔隙度 n 的公式为

$$
\begin{aligned}
n &= n_0 + (\Delta n)_1 + (\Delta n)_2 \\
&= \alpha - (\alpha - n_0)\exp[-(\Delta p_s/K_s - \beta_s\Delta T + \Delta\varepsilon_{ii})] + A_\varphi\Delta T
\end{aligned} \tag{6.54}
$$

6.2.8　高温混凝土的内部结构：绝对渗透系数

由于在高温条件下混凝土中会发生复杂的物理和化学过程，必然会导致混凝土内部结构的改变、微裂纹的发展和孔隙度的增加，从而也会引起混凝土渗透率的增加，虽然到目前为止仍缺少足够的试验研究来形成一个能够描述这种复杂现象的数学模型，但是依然能够通过有限的试验结果建立一些经验公式用于高温下混凝土耦合行为的数值分析。

Schneider 和 Herbst 研究了高温对四种不同类型混凝土的内部结构和渗透率的影响效果。根据他们的研究结果，在只考虑温度和压力影响因素的情况下，Gawin 等给出了经验公式近似地表示高温下绝对渗透系数的变化过程，即

$$
k = k(T, p_g) = k_0 \times 10^{A_T(T-T_0)}\left(\frac{p_g}{p_0}\right)^{A_p} \tag{6.55}
$$

式中：k_0 是参考温度 T_0 和压力 p_0 下的绝对渗透系数；A_T 和 A_p 是与混凝土类型有关的常数。

B-35 混凝土的绝对渗透率变化曲线如图 6.9 所示。

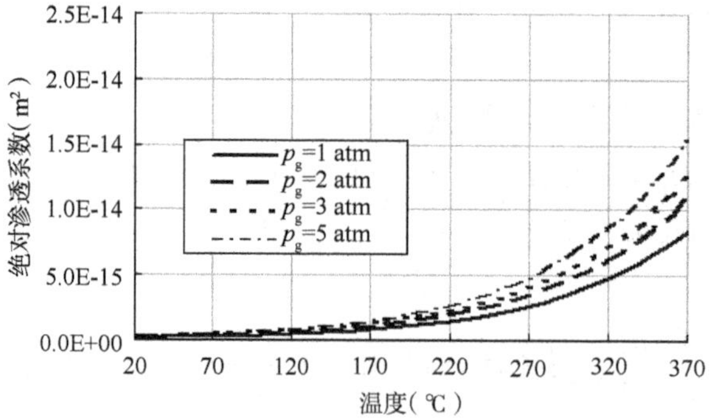

图 6.9　B-35 混凝土的绝对渗透系数在不同温度和压力下的近似公式曲线

Fig. 6.9　The absolute permeability coefficient of the B-35 concrete at different temperatures and pressure according to approximate formula

Bary 通过测量室温下由于力学材料损伤引起的混凝土渗透率的改变，给出了如下描述这一现象的公式：

$$
k = k_0 \times 10^{A_d d} \tag{6.56}
$$

式中：A_d 是与混凝土类型有关的材料常数。

综合考虑以上温度、压力和材料损伤影响因素，绝对渗透系数 k 可以使用联合式(6.55)和式(6.56)后的统一公式表示，即

$$k = k_0 \times 10^{A_T(T-T_0)} \left(\frac{p_g}{p_0} \right)^{A_p} \times 10^{A_d d} \tag{6.57}$$

6.2.9　高温混凝土的热性质：热传导系数与热容量

1. 热传导系数

非饱和混凝土的有效热传导系数 λ_{eff} 与温度和孔隙水饱和度的关系如下：

$$\lambda_{\text{eff}}(T, S_l) = \lambda_d(T) \left(1 + \frac{4n\rho_l S_l}{(1-n)\rho_s} \right) \tag{6.58}$$

式中：$\lambda_d(T)$ 为在干燥状态下的混凝土热传导系数，其表达式为

$$\lambda_d(T) = \lambda_{d0}\left(1 + A_\lambda (T - T_0)\right) \tag{6.59}$$

其中，参考温度 $T_0 = 298.15\ \text{K}$；$\lambda_{d0} = 1.67\ \text{W/(m·K)}$；$A_\lambda = -1.017 \times 10^{-3}\ \text{K}^{-1}$。

2. 热容量

非饱和混凝土的有效热容可由其各组成成分的热容表示为

$$(\rho C_p)_{\text{eff}} = \rho^s C_{ps} + \rho^l C_{pl} + \rho^a C_{pa} + \rho^v C_{pv} \tag{6.60}$$

式中：C_{ps}、C_{pl}、C_{pa} 和 C_{pv} 分别是固体骨架、液相、干空气和水蒸气的等压热容，这里忽略温度对它们的影响。

参考文献

[1] FURBISH D J. Fluid physics in geology[M]. Oxford: Oxford University Press, 1997.

[2] ASHRAE. ASHRAE handbook: fundamentals[M]. Atlanta, 1993.

[3] GREGG S J, SING K S W. Adsorption, surface area and porosity[M]. London: Academic Press, 1982.

[4] LEWIS R W, SCHREFLER B A. The finite element method in the static and dynamic deformation and consolidation of porous media[M]. Chichester: Wiley & Sons, 1998.

[5] GAWIN D, PESAVENTO F, SCHREFLER B A. Modelling of hygro-thermal behaviour and damage of concrete at temperature above the critical point of water[J]. International journal for numerical and analytical method in geomechanics, 2002, 26: 537-562.

[6] REID R C, PRAUNSNITZ J M, BRUCE E P. The properties of gases and liquids[M]. 4th ed. New York: McGraw-Hill, 1987.

[7] FORSYTH P A, SIMPSON R B. A two-phase, two-component model for natural convection in a porous medium[J]. International journal for numerical methods in fluids, 1991, 12: 655-682.

[8] INCROPERA F P, DE WITT D P. Fundamentals of heat and mass transfer[M]. 3rd ed. Hoboken: John Wiley & Sons, 1990.

[9] MASON E A, MONCHICK L. Survey of the equation of state and transport properties of moist gases[J]. Humidity moisture measurement control science, 1965, 3: 257-272.

[10] GAWIN D. A model of hygro-thermic behaviour of unsaturated concrete at high temperatures[C]. Proceeding of 2nd International Scientific Conference, Analytical Models and New Concepts in Mechanics of Concrete Structures, Lodz, Poland, 1996: 65-71.

[11] THOMAS H R, SANSOM M R. Fully coupled analysis of heat, moisture and air transfer in unsaturated soil[J]. Journal of engineering mechanics, 1995, 121(3): 392-405.

[12] BEAR J. Dynamics of fluids in porous media[M]. New York: Dover, 1988.

[13] NASRALLAH S B, PERRE P. Detailed study of a model of heat and mass transfer during convective drying of porous media[J]. International journal of heat & mass transfer, 1988, 31(5): 957-967.

[14] COUTURE F, JOMAA W, PUIGGALI J R. Relative permeability relations: a key factor for a drying model[J]. Transport in porous media, 1996, 23: 303-335.

[15] SCHEIDEGGER A E. The physics of flow through porous media[M]. 2nd ed. Toronto: University of Toronto Press, 1960.

[16] GAWIN D, MAJORANA C E, SCHREFLER B A. Numerical analysis of hygro-thermal behaviour and damage of concrete at high temperature[J]. Mechanics of cohesive-frictional materials, 1999, 4: 37-74.

[17] BOURGEOIS F, BURLION N, SHAO J F. Modelling of elastoplastic damage in concrete due to desiccation shrinkage[J]. International journal for numerical and analytical method in geomechanics, 2002, 26: 759-774.

[18] TAMON H, OKAZAKI M, TOEI R. Flow mechanism of adsorbate through porous media in presence of capillary condensation[J]. AIChE journal, 1981, 27(2): 271-277.

[19] PERRE P, DEGIOVANNI A. Simulation par volumes finis des transfers couples en milieux poreux anisotropes: sechage du bois a basse et a haute temperature[J]. International journal of heat & mass transfer, 1990, 33(11): 2463-2478.

[20] 武文华. 非饱和土中热-水力-力学-传质耦合过程模拟及土壤环境工程中的应用[D]. 大连,大连理工大学, 2002.

[21] DAIAN J F. Condensation and isothermal water transfer in cement mortar, Part I—pore size distribution, equilibrium, water condensation and imbibition[J]. Transport in porous media, 1988, 3: 563-589.

[22] ILIC M, TURNER I W. Convective drying of a consolidated slab of wet porous material[J]. International journal of heat mass transfer, 1989, 32(12): 957-967.

[23] SCHNEIDER U, HERBST H J. Permeabilitaet und porositaet von beton bei hohen temperaturen (in German)[J]. Deutscher ausschuss stahlbeton, 1989, 403: 23-52.

[24] HARMATHY T Z, ALLEN L W. Thermal properties of selected masonry unit concretes[J]. ACI journal, 1973, 70(2): 132-142.

[25] GAWIN D, PESAVENTO F, SCHREFLER B A. Modelling of hygro-thermal behaviour of

concrete at high temperature with thermo-chemical and mechanical material degradation[J]. Computer methods in applied mechanics & engineering, 2003, 192: 1731-1771.

[26] ULM F J, COUSSY O, BAZANT Z P. The "Chunnel" fire-I: Chemoplastic softening in rapidly heated concrete[J]. Journal of engineering mechanics, 1999, 125(3): 272-282.

[27] LI X K, ZIENKIEWICZ O C, XIE Y M. A numerical model for immiscible two-phase fluid flow in a porous medium and its time domain solution[J]. International journal for numerical methods in engineering, 1990, 30(6): 1195-1212.

[28] BAZANT Z P, THONGUTHAI W. Pore pressure and drying of concrete at high temperature[J]. Journal of engineering mechanics division ASCE, 1978, 104: 1059-1079.

[29] BAZANT Z P, THONGUTHAI W. Pore pressure in heated concrete walls: theoretical prediction[J]. Magazine of concrete research, 1979, 31(107): 67-76.

[30] BARY B. Etude du couplage hydraulique-mécanique dans le béton endomagé[D]. Laboratoire de Mecanique et Technologie, Universite' de Paris, Cachan, 1996.

[31] BAGGIO P, BONACINA C, STRADA M. Trasporto di calore e massa nel calcestruzzo cellulare(in Italian)[J]. La termotecnica, 1993, 45(12): 53-60.

第7章　高温下混凝土化学-热-湿-力（CTHM）耦合模型的有限元方法

本章介绍针对提出的高温下混凝土化学-热-湿-力（CTHM）耦合模型所进行的有限元离散及其数值求解过程。基于控制干空气质量守恒、孔隙水成分质量守恒、溶解在液相中的基质成分质量守恒、整个介质混合体的动量守恒和热焓（能量）守恒的耦合偏微分方程组，构造了一个用于数值模拟CTHM耦合行为的有限元求解过程的混合弱形式。利用标准Galerkin方法对其进行了有限元离散，并且针对其中具有非自伴随算子特性的双曲线控制方程的空间离散进行了特殊考虑。选取固体骨架位移、孔隙混合气体压力、毛细压力（吸力）、温度和基质溶解物的质量为基本未知变量，最终得到CTHM耦合模型的有限元矩阵形式。通过与已有的混凝土高温试验数据结果比较，验证了所发展的CTHM耦合模型和数值方法在重现火灾、热辐射等高温条件下的混凝土中化学-热-湿-力耦合行为的有效性，同时清楚地显示出相关物理量随时间变化的规律，特别是化学因素对混凝土损伤和弹塑性破坏的影响效果。

7.1　控制方程组的混合弱形式

对于带有边界条件式（5.49）至式（5.53）的控制方程式（5.11）、式（5.33）、式（5.36）、式（5.39）和式（5.42）的初值、边界值问题，采用有限单元法进行数值求解。

控制方程与自然和混合边界条件的混合弱形式可以写为

$$\boldsymbol{F}_{\mathrm{u}}=\boldsymbol{F}_{\mathrm{u}}^{\mathrm{i}}-\boldsymbol{f}_{\mathrm{u}}^{\mathrm{e}}=\int_{\Omega}\boldsymbol{W}_{\mathrm{u}}\cdot\boldsymbol{L}_1\mathrm{d}\Omega+\int_{\Gamma_1}\boldsymbol{W}_{\mathrm{u}}\cdot\boldsymbol{B}_1\mathrm{d}\Gamma_1=\boldsymbol{0} \tag{7.1}$$

$$\boldsymbol{F}_{\mathrm{g}}=\boldsymbol{F}_{\mathrm{g}}^{\mathrm{i}}-\boldsymbol{f}_{\mathrm{g}}^{\mathrm{e}}=\int_{\Omega}\boldsymbol{W}_{\mathrm{g}}L_2\mathrm{d}\Omega+\int_{\Gamma_2}\boldsymbol{W}_{\mathrm{g}}B_2\mathrm{d}\Gamma_2=\boldsymbol{0} \tag{7.2}$$

$$\boldsymbol{F}_{\mathrm{w}}=\boldsymbol{F}_{\mathrm{w}}^{\mathrm{i}}-\boldsymbol{f}_{\mathrm{w}}^{\mathrm{e}}=\int_{\Omega}\boldsymbol{W}_{\mathrm{w}}L_3\mathrm{d}\Omega+\int_{\Gamma_3}\boldsymbol{W}_{\mathrm{w}}B_3\mathrm{d}\Gamma_3=\boldsymbol{0} \tag{7.3}$$

$$\boldsymbol{F}_{\mathrm{T}}=\boldsymbol{F}_{\mathrm{T}}^{\mathrm{i}}-\boldsymbol{f}_{\mathrm{T}}^{\mathrm{e}}=\int_{\Omega}\boldsymbol{W}_{\mathrm{T}}L_4\mathrm{d}\Omega+\int_{\Gamma_4}\boldsymbol{W}_{\mathrm{T}}B_4\mathrm{d}\Gamma_4=\boldsymbol{0} \tag{7.4}$$

$$\boldsymbol{F}_{\mathrm{c}}=\boldsymbol{F}_{\mathrm{c}}^{\mathrm{i}}-\boldsymbol{f}_{\mathrm{c}}^{\mathrm{e}}=\int_{\Omega}\boldsymbol{W}_{\mathrm{c}}L_5\mathrm{d}\Omega+\int_{\Gamma_5}\boldsymbol{W}_{\mathrm{c}}B_5\mathrm{d}\Gamma_5=\boldsymbol{0} \tag{7.5}$$

式中：$\boldsymbol{F}_{\mathrm{u}}^{\mathrm{i}}$、$\boldsymbol{F}_{\mathrm{g}}^{\mathrm{i}}$、$\boldsymbol{F}_{\mathrm{w}}^{\mathrm{i}}$、$\boldsymbol{F}_{\mathrm{T}}^{\mathrm{i}}$和$\boldsymbol{F}_{\mathrm{c}}^{\mathrm{i}}$可以理解为与基本未知变量和内部状态变量有关的"内力向量"；而相对应的$\boldsymbol{f}_{\mathrm{u}}^{\mathrm{e}}$、$\boldsymbol{f}_{\mathrm{g}}^{\mathrm{e}}$、$\boldsymbol{f}_{\mathrm{w}}^{\mathrm{e}}$、$\boldsymbol{f}_{\mathrm{T}}^{\mathrm{e}}$和$\boldsymbol{f}_{\mathrm{c}}^{\mathrm{e}}$可以理解为"外力向量"，它们分别是由与相应的模型控制方程式（7.1）至式（7.5）所对应的指定初始条件和边界条件决定的；矢量$\boldsymbol{W}_{\mathrm{u}}$、$\boldsymbol{W}_{\mathrm{g}}$、$\boldsymbol{W}_{\mathrm{w}}$、$\boldsymbol{W}_{\mathrm{T}}$和$\boldsymbol{W}_{\mathrm{c}}$为权函数，它们的维数分别由基本未知变量$\boldsymbol{u}$、$p_{\mathrm{g}}$、$p_{\mathrm{c}}$、$T$和$c^{\mathrm{p}}$在有限元离散过程中的自由度数决定。

7.2 有限元离散

基本未知量 $\boldsymbol{u}$、p_g、p_c、T 和 c^p 在单元内任意点处的值以相应未知量的单元节点值的有限元插值近似表示为

$$\boldsymbol{u}=\boldsymbol{N}_u\bar{\boldsymbol{u}},p_g=\boldsymbol{N}_p\bar{\boldsymbol{p}}_g,p_c=\boldsymbol{N}_p\bar{\boldsymbol{p}}_c,T=\boldsymbol{N}_T\bar{\boldsymbol{T}},c^p=\boldsymbol{N}_c\bar{\boldsymbol{c}}^p \tag{7.6}$$

鉴于模型的控制方程式(5.11)、式(5.33)、式(5.36)和式(5.42)为自伴随方程,采用标准 Galerkin 方法是"最优的"近似,因而采用 $\boldsymbol{W}_u=\boldsymbol{N}_u$、$\boldsymbol{W}_g=\boldsymbol{N}_p$、$\boldsymbol{W}_w=\boldsymbol{N}_p$ 和 $\boldsymbol{W}_T=\boldsymbol{N}_T$ 离散这四个方程。考虑到模型的控制方程式(5.39)的对流-扩散的本质,对它采用 SUPG 方法实施空间离散化。权函数 $\boldsymbol{W}_c$ 构造为

$$\boldsymbol{W}_c=\boldsymbol{N}_c+\gamma\tilde{\boldsymbol{W}}_c \tag{7.7}$$

且 $\tilde{\boldsymbol{W}}_c$ 定义为

$$\gamma\tilde{\boldsymbol{W}}_c=\tau_c\boldsymbol{v}_{ls}\nabla\boldsymbol{N}_c \tag{7.8}$$

其中

$$\tau_c=\frac{\gamma h}{2|\boldsymbol{v}_{ls}|},\gamma=\gamma_{opt}=\coth P_e-\frac{1}{P_e},P_e=\frac{|\boldsymbol{v}_{ls}|h}{2D_h} \tag{7.9}$$

式中:P_e 是 Peclet 数;h 是典型单元尺寸。

利用格林公式,式(7.1)至式(7.5)中所示的有限元节点"内力向量"$\boldsymbol{F}_u^i$、$\boldsymbol{F}_g^i$、$\boldsymbol{F}_w^i$、$\boldsymbol{F}_T^i$、$\boldsymbol{F}_c^i$ 和"外力向量"$\boldsymbol{f}_u^e$、$\boldsymbol{f}_g^e$、$\boldsymbol{f}_w^e$、$\boldsymbol{f}_T^e$、$\boldsymbol{f}_c^e$ 可以表示为

$$\boldsymbol{F}_u^i=\int_\Omega\left\{\nabla\boldsymbol{N}_u\boldsymbol{\sigma}-\boldsymbol{N}_u\rho g\right\}d\Omega \tag{7.10}$$

$$\boldsymbol{F}_g^i=\int_\Omega\left\{\boldsymbol{N}_pR_g-\nabla\boldsymbol{N}_p\boldsymbol{V}_g\right\}d\Omega \tag{7.11}$$

$$\boldsymbol{F}_w^i=\int_\Omega\left\{\boldsymbol{N}_pR_w-\nabla\boldsymbol{N}_p\boldsymbol{V}_w\right\}d\Omega-\int_{\Gamma_c}\boldsymbol{N}_p\beta_c\rho_v d\Gamma_c \tag{7.12}$$

$$\boldsymbol{F}_T^i=\int_\Omega\left\{\boldsymbol{N}_TR_T-\nabla\boldsymbol{N}_T\boldsymbol{V}_T\right\}d\Omega+\int_{\Gamma_T}\boldsymbol{N}_T\left(\alpha_cT+e\sigma_0T^4\right)d\Gamma_T \tag{7.13}$$

$$\boldsymbol{F}_c^i=\int_\Omega\left\{\boldsymbol{W}_cR_c-\nabla\boldsymbol{W}_c\boldsymbol{V}_c\right\}d\Omega \tag{7.14}$$

$$\boldsymbol{f}_u^e=\int_{\Gamma_t}\boldsymbol{N}_u\bar{\boldsymbol{t}}d\Gamma_t \tag{7.15}$$

$$\boldsymbol{f}_g^e=-\int_{\Gamma_g}\boldsymbol{N}_pq_a d\Gamma_g \tag{7.16}$$

$$\boldsymbol{f}_w^e=\int_{\Gamma_c}\boldsymbol{N}_p\left(q_v+q_w\right)d\Gamma_c-\int_{\Gamma_c}\boldsymbol{N}_p\beta_c\rho_{v\infty}d\Gamma_c \tag{7.17}$$

$$\boldsymbol{f}_T^e=-\int_{\Gamma_T}\boldsymbol{N}_Tq_T d\Gamma_T+\int_{\Gamma_T}\boldsymbol{N}_T\left(\alpha_cT_\infty+e\sigma_0T_\infty^4\right)d\Gamma_T \tag{7.18}$$

$$\boldsymbol{f}_c^e=-\int_{\Gamma_p}\boldsymbol{W}_c q_p d\Gamma_p \tag{7.19}$$

其中定义

$$\boldsymbol{V}_g=\rho^a\boldsymbol{v}_{gs}+\rho^a\boldsymbol{v}_{ag} \tag{7.20}$$

$$\boldsymbol{V}_{\mathrm{w}} = \rho^{\mathrm{w}} \boldsymbol{v}_{\mathrm{ls}} + \rho^{\mathrm{v}} \boldsymbol{v}_{\mathrm{gs}} + \rho^{\mathrm{v}} \boldsymbol{v}_{\mathrm{vg}} \tag{7.21}$$

$$\boldsymbol{V}_{\mathrm{T}} = -\lambda_{\mathrm{eff}} \nabla T - \Delta h_{\mathrm{v}} \rho^{\mathrm{w}} \boldsymbol{v}_{\mathrm{ls}} \tag{7.22}$$

$$\boldsymbol{V}_{\mathrm{c}} = -\boldsymbol{D}_{\mathrm{h}} \nabla c^{\mathrm{p}} \tag{7.23}$$

考虑一个典型的时间增量步 $\Delta t = t_{n+1} - t_n$，各变量的时间变化率，如由符号 $(*)$ 表示的温度、压力的变化速率，可以离散成为 $(\dot{*}) = (*^{n+1} - *^{n}) / \Delta t$。式(7.10)至式(7.14)中所示孔隙气体、孔隙液体、热量和基质溶解物的质量变化率 R_{g}、R_{w}、R_{T} 和 R_{c} 可在欧拉框架下展开表示为

$$\begin{aligned}
R_{\mathrm{g}} &= \frac{\mathrm{D}\rho^{\mathrm{a}}}{\mathrm{D}t} + \rho^{\mathrm{a}} (\nabla \cdot \boldsymbol{v}) \\
&= n \frac{\partial S_{\mathrm{g}}}{\partial t} \rho_{\mathrm{a}} + \alpha S_{\mathrm{g}} \rho_{\mathrm{a}} (\nabla \cdot \boldsymbol{v}) + \rho_{\mathrm{a}} S_{\mathrm{g}} (\alpha - n) \left(\frac{\partial p_{\mathrm{s}}}{K_{\mathrm{s}} \partial t} - \beta_{\mathrm{s}} \dot{T} \right) + n S_{\mathrm{g}} \frac{\partial \rho_{\mathrm{a}}}{\partial t} + \\
&\quad \rho_{\mathrm{a}} S_{\mathrm{g}} \left(\frac{1-n}{\rho_{\mathrm{s}}} \left(\frac{\partial \rho_{\mathrm{s}}}{\partial \Gamma_{\mathrm{h}}} \frac{\mathrm{d}\Gamma_{\mathrm{h}}}{\mathrm{d}T} \dot{T} + \frac{\partial \rho_{\mathrm{s}}}{\partial \Gamma_{\mathrm{s}}} \frac{\mathrm{d}\Gamma_{\mathrm{s}}}{\mathrm{d}T} \dot{T} \right) \right) + \rho_{\mathrm{a}} S_{\mathrm{g}} \frac{1}{\rho_{\mathrm{s}}} (\dot{m}_{\mathrm{h}} + \dot{m}_{\mathrm{s}}) \\
&= \alpha S_{\mathrm{g}} \rho_{\mathrm{a}} (\nabla \cdot \boldsymbol{v}) + \left(n S_{\mathrm{g}} \frac{\partial \rho_{\mathrm{a}}}{\partial p_{\mathrm{g}}} + \frac{\rho_{\mathrm{a}} S_{\mathrm{g}} (\alpha - n)}{K_{\mathrm{s}}} \right) \frac{p_{\mathrm{g}}^{n+1} - p_{\mathrm{g}}^{n}}{\Delta t} + \\
&\quad \left(-n \rho_{\mathrm{a}} \frac{\partial S_{\mathrm{l}}}{\partial p_{\mathrm{c}}} + n S_{\mathrm{g}} \frac{\partial \rho_{\mathrm{a}}}{\partial p_{\mathrm{c}}} - \frac{\rho_{\mathrm{a}} S_{\mathrm{g}} (\alpha - n)}{K_{\mathrm{s}}} \left(p_{\mathrm{c}} \frac{\partial S_{\mathrm{l}}}{\partial p_{\mathrm{c}}} + S_{\mathrm{l}} \right) \right) \frac{p_{\mathrm{c}}^{n+1} - p_{\mathrm{c}}^{n}}{\Delta t} + \\
&\quad \left[n S_{\mathrm{g}} \frac{\partial \rho_{\mathrm{a}}}{\partial T} + \rho_{\mathrm{a}} S_{\mathrm{g}} \left(\frac{1-n}{\rho_{\mathrm{s}}} \left(\frac{\partial \rho_{\mathrm{s}}}{\partial \Gamma_{\mathrm{h}}} \frac{\mathrm{d}\Gamma_{\mathrm{h}}}{\mathrm{d}T} + \frac{\partial \rho_{\mathrm{s}}}{\partial \Gamma_{\mathrm{s}}} \frac{\mathrm{d}\Gamma_{\mathrm{s}}}{\mathrm{d}T} \right) \right) - \right. \\
&\quad \left. \rho_{\mathrm{a}} S_{\mathrm{g}} (\alpha - n) \beta_{\mathrm{s}} + \rho_{\mathrm{a}} S_{\mathrm{g}} \frac{1}{\rho_{\mathrm{s}}} \left(\frac{\partial m_{\mathrm{h}}}{\partial T} + \frac{\partial m_{\mathrm{s}}}{\partial T} \right) \right] \frac{T^{n+1} - T^{n}}{\Delta t}
\end{aligned} \tag{7.24}$$

$$\begin{aligned}
R_{\mathrm{w}} &= \frac{\mathrm{D}\rho^{\mathrm{w}}}{\mathrm{D}t} + \rho^{\mathrm{w}} (\nabla \cdot \boldsymbol{v}) - \dot{m}_{\mathrm{h}} + \frac{\mathrm{D}\rho^{\mathrm{v}}}{\mathrm{D}t} + \rho^{\mathrm{v}} (\nabla \cdot \boldsymbol{v}) \\
&= n \frac{\partial S_{\mathrm{l}}}{\partial t} (\rho_{\mathrm{w}} - \rho_{\mathrm{v}}) + n S_{\mathrm{g}} \frac{\partial \rho_{\mathrm{v}}}{\partial t} + n S_{\mathrm{l}} \frac{\partial \rho_{\mathrm{w}}}{\partial t} + \alpha (S_{\mathrm{g}} \rho_{\mathrm{v}} + S_{\mathrm{l}} \rho_{\mathrm{w}}) (\nabla \cdot \boldsymbol{v}) - \beta_{\mathrm{swg}} \dot{T} + \\
&\quad (S_{\mathrm{g}} \rho_{\mathrm{v}} + S_{\mathrm{l}} \rho_{\mathrm{w}}) \left(\frac{1-n}{\rho_{\mathrm{s}}} \left(\frac{\partial \rho_{\mathrm{s}}}{\partial \Gamma_{\mathrm{h}}} \frac{\mathrm{d}\Gamma_{\mathrm{h}}}{\mathrm{d}T} \dot{T} + \frac{\partial \rho_{\mathrm{s}}}{\partial \Gamma_{\mathrm{s}}} \frac{\mathrm{d}\Gamma_{\mathrm{s}}}{\mathrm{d}T} \dot{T} \right) \right) + \\
&\quad \left((S_{\mathrm{g}} \rho_{\mathrm{v}} + S_{\mathrm{l}} \rho_{\mathrm{w}}) \frac{1}{\rho_{\mathrm{s}}} - 1 \right) \dot{m}_{\mathrm{h}} + (S_{\mathrm{g}} \rho_{\mathrm{v}} + S_{\mathrm{l}} \rho_{\mathrm{w}}) \frac{\dot{m}_{\mathrm{s}}}{\rho_{\mathrm{s}}} + \frac{\beta_{\mathrm{swg}}}{\beta_{\mathrm{s}} K_{\mathrm{s}}} \dot{p}_{\mathrm{s}} \\
&= \alpha (S_{\mathrm{g}} \rho_{\mathrm{v}} + S_{\mathrm{l}} \rho_{\mathrm{w}}) (\nabla \cdot \boldsymbol{v}) + \frac{(\alpha - n)(S_{\mathrm{g}} \rho_{\mathrm{v}} + S_{\mathrm{l}} \rho_{\mathrm{w}})}{K_{\mathrm{s}}} \frac{p_{\mathrm{g}}^{n+1} - p_{\mathrm{g}}^{n}}{\Delta t} + \\
&\quad \left(n \frac{\partial S_{\mathrm{l}}}{\partial p_{\mathrm{c}}} (\rho_{\mathrm{w}} - \rho_{\mathrm{v}}) + n S_{\mathrm{g}} \frac{\partial \rho_{\mathrm{v}}}{\partial p_{\mathrm{c}}} - \frac{(\alpha - n)(S_{\mathrm{g}} \rho_{\mathrm{v}} + S_{\mathrm{l}} \rho_{\mathrm{w}})}{K_{\mathrm{s}}} \times \right. \\
&\quad \left. \left(\frac{\partial S_{\mathrm{l}}}{\partial p_{\mathrm{c}}} p_{\mathrm{c}} + S_{\mathrm{l}} \right) \right) \frac{p_{\mathrm{c}}^{n+1} - p_{\mathrm{c}}^{n}}{\Delta t} + \left[n S_{\mathrm{g}} \frac{\partial \rho_{\mathrm{v}}}{\partial T} + n S_{\mathrm{l}} \frac{\partial \rho_{\mathrm{w}}}{\partial T} - \beta_{\mathrm{swg}} + \right. \\
&\quad (S_{\mathrm{g}} \rho_{\mathrm{v}} + S_{\mathrm{l}} \rho_{\mathrm{w}}) \left(\frac{1-n}{\rho_{\mathrm{s}}} \left(\frac{\partial \rho_{\mathrm{s}}}{\partial \Gamma_{\mathrm{h}}} \frac{\mathrm{d}\Gamma_{\mathrm{h}}}{\mathrm{d}T} + \frac{\partial \rho_{\mathrm{s}}}{\partial \Gamma_{\mathrm{s}}} \frac{\mathrm{d}\Gamma_{\mathrm{s}}}{\mathrm{d}T} \right) \right) +
\end{aligned}$$

$$\left(\left(S_{\mathrm{g}}\rho_{\mathrm{v}}+S_{\mathrm{l}}\rho_{\mathrm{w}}\right)\frac{1}{\rho_{\mathrm{s}}}-1\right)\frac{\partial m_{\mathrm{h}}}{\partial T}+\left(S_{\mathrm{g}}\rho_{\mathrm{v}}+S_{\mathrm{l}}\rho_{\mathrm{w}}\right)\frac{1}{\rho_{\mathrm{s}}}\frac{\partial m_{\mathrm{s}}}{\partial T}\Bigg]\frac{T^{n+1}-T^{n}}{\Delta t} \tag{7.25}$$

$$\begin{aligned}
R_{\mathrm{T}}&=\left(\rho C_{\mathrm{p}}\right)_{\mathrm{eff}}\frac{\partial T}{\partial t}+\left[C_{\mathrm{pl}}\rho^{\mathrm{l}}\boldsymbol{v}_{\mathrm{ls}}+C_{\mathrm{pg}}\rho^{\mathrm{g}}\boldsymbol{v}_{\mathrm{gs}}\right]\cdot\nabla T+\\
&\quad\Delta h_{\mathrm{h}}\dot{m}_{\mathrm{h}}+\Delta h_{\mathrm{s}}\dot{m}_{\mathrm{s}}-\Delta h_{\mathrm{v}}\left[\frac{\mathrm{D}\rho^{\mathrm{w}}}{\mathrm{D}t}+\rho^{\mathrm{w}}(\nabla\cdot\boldsymbol{v})-\dot{m}_{\mathrm{h}}\right]\\
&=\left(\rho C_{\mathrm{p}}\right)_{\mathrm{eff}}\frac{\partial T}{\partial t}+\left(C_{\mathrm{pl}}\rho^{\mathrm{w}}\boldsymbol{v}_{\mathrm{ls}}+C_{\mathrm{pg}}\rho^{\mathrm{g}}\boldsymbol{v}_{\mathrm{gs}}\right)\cdot\nabla T-\\
&\quad\Delta h_{\mathrm{v}}\left(\rho_{\mathrm{w}}n\frac{\partial S_{\mathrm{l}}}{\partial t}+nS_{\mathrm{l}}\frac{\partial\rho_{\mathrm{w}}}{\partial t}+S_{\mathrm{l}}\rho_{\mathrm{w}}\frac{1-n}{\rho_{\mathrm{s}}}\left(\frac{\partial\rho_{\mathrm{s}}}{\partial\Gamma_{\mathrm{h}}}\frac{\mathrm{d}\Gamma_{\mathrm{h}}}{\mathrm{d}T}\dot{T}+\frac{\partial\rho_{\mathrm{s}}}{\partial\Gamma_{\mathrm{s}}}\frac{\mathrm{d}\Gamma_{\mathrm{s}}}{\mathrm{d}T}\dot{T}\right)+\right.\\
&\quad\left.\alpha S_{\mathrm{l}}\rho_{\mathrm{w}}(\nabla\cdot\boldsymbol{v})+S_{\mathrm{l}}\rho_{\mathrm{w}}(\alpha-n)\left(\frac{\dot{p}_{\mathrm{s}}}{K_{\mathrm{s}}}-\beta_{\mathrm{s}}\dot{T}\right)+n\nabla(S_{\mathrm{l}}\rho_{\mathrm{w}})\cdot\boldsymbol{v}\right)+\\
&\quad\left(\Delta h_{\mathrm{h}}+\Delta h_{\mathrm{v}}-\Delta h_{\mathrm{v}}\frac{S_{\mathrm{l}}\rho_{\mathrm{w}}}{\rho_{\mathrm{s}}}\right)\dot{m}_{\mathrm{h}}+\left(\Delta h_{\mathrm{s}}-\Delta h_{\mathrm{v}}\frac{S_{\mathrm{l}}\rho_{\mathrm{w}}}{\rho_{\mathrm{s}}}\right)\dot{m}_{\mathrm{s}}\\
&=-\Delta h_{\mathrm{v}}\alpha S_{\mathrm{l}}\rho_{\mathrm{w}}(\nabla\cdot\boldsymbol{v})-\Delta h_{\mathrm{v}}\frac{S_{\mathrm{l}}\rho_{\mathrm{w}}(\alpha-n)}{K_{\mathrm{s}}}\frac{p_{\mathrm{g}}^{n+1}-p_{\mathrm{g}}^{n}}{\Delta t}+\\
&\quad\left(-\Delta h_{\mathrm{v}}\rho_{\mathrm{w}}n\frac{\partial S_{\mathrm{l}}}{\partial p_{\mathrm{c}}}+\Delta h_{\mathrm{v}}\frac{S_{\mathrm{l}}\rho_{\mathrm{w}}(\alpha-n)}{K_{\mathrm{s}}}\left(\frac{\partial S_{\mathrm{l}}}{\partial p_{\mathrm{c}}}p_{\mathrm{c}}+S_{\mathrm{l}}\right)\right)\frac{p_{\mathrm{c}}^{n+1}-p_{\mathrm{c}}^{n}}{\Delta t}+\\
&\quad\left[-\Delta h_{\mathrm{v}}\left(nS_{\mathrm{l}}\frac{\partial\rho_{\mathrm{w}}}{\partial T}+S_{\mathrm{l}}\rho_{\mathrm{w}}\frac{1-n}{\rho_{\mathrm{s}}}\left(\frac{\partial\rho_{\mathrm{s}}}{\partial\Gamma_{\mathrm{h}}}\frac{\mathrm{d}\Gamma_{\mathrm{h}}}{\mathrm{d}T}+\frac{\partial\rho_{\mathrm{s}}}{\partial\Gamma_{\mathrm{s}}}\frac{\mathrm{d}\Gamma_{\mathrm{s}}}{\mathrm{d}T}\right)-S_{\mathrm{l}}\rho_{\mathrm{w}}(\alpha-n)\beta_{\mathrm{s}}\right)+\right.\\
&\quad\left(\rho C_{\mathrm{p}}\right)_{\mathrm{eff}}+\left(\Delta h_{\mathrm{h}}+\Delta h_{\mathrm{v}}-\Delta h_{\mathrm{v}}\frac{S_{\mathrm{l}}\rho_{\mathrm{w}}}{\rho_{\mathrm{s}}}\right)\frac{\partial m_{\mathrm{h}}}{\partial T}+\\
&\quad\left.\left(\Delta h_{\mathrm{s}}-\Delta h_{\mathrm{v}}\frac{S_{\mathrm{l}}\rho_{\mathrm{w}}}{\rho_{\mathrm{s}}}\right)\frac{\partial m_{\mathrm{s}}}{\partial T}\right]\frac{T^{n+1}-T^{n}}{\Delta t}+\left(C_{\mathrm{pl}}\rho^{\mathrm{w}}\boldsymbol{v}_{\mathrm{ls}}+C_{\mathrm{pg}}\rho^{\mathrm{g}}\boldsymbol{v}_{\mathrm{gs}}\right)\cdot\nabla T
\end{aligned} \tag{7.26}$$

$$\begin{aligned}
R_{\mathrm{c}}&=\frac{\mathrm{D}c^{\mathrm{p}}}{\mathrm{D}t}+c^{\mathrm{p}}(\nabla\cdot\boldsymbol{v})+\nabla\cdot(c^{\mathrm{p}}\boldsymbol{v}_{\mathrm{ls}})-\dot{m}_{\mathrm{s}}\\
&=\frac{\partial c^{\mathrm{p}}}{\partial t}+c^{\mathrm{p}}\nabla\cdot(\boldsymbol{v})+\boldsymbol{v}_{\mathrm{ls}}\cdot\nabla c^{\mathrm{p}}-\dot{m}_{\mathrm{s}}\\
&=\frac{c^{\mathrm{p}n+1}-c^{\mathrm{p}n}}{\Delta t}+c^{\mathrm{p}}\nabla\cdot(\boldsymbol{v})+\boldsymbol{v}_{\mathrm{ls}}\cdot\nabla c^{\mathrm{p}}-\frac{\partial m_{\mathrm{s}}}{\partial T}\frac{T^{n+1}-T^{n}}{\Delta t}
\end{aligned} \tag{7.27}$$

半离散有限元方程组式（7.1）至式（7.5）需要进一步实施时域离散。本章利用隐式 Newmark 时域离散算法对瞬态耦合问题实现时域中的增量数值求解过程。无条件稳定隐式方案允许利用较大时间步长，其时间步长的选择基于数值结果的精度考虑或更重要地基于为达到求解非线性 CTHM 耦合模型全局系统的质量、动量和能量守恒方程迭代过程的高收敛率。由于 CTHM 耦合过程的复杂性和发生在耦合过程不同阶段 CTHM 耦合行为的不同非线性程度，在本章描述的数值求解过程将采用根据所执行增量步收敛率而设计的自适应时域步长增量方案。

7.3 数值求解过程

对于一个典型的时间增量步 $\Delta t = t_{n+1} - t_n$，非线性方程组式(7.1)至式(7.5)能够通过 t_{n+1} 时刻的基本未知变量 $\boldsymbol{X}^{\mathrm{T}} = [\bar{\boldsymbol{u}}^{\mathrm{T}}, \bar{\boldsymbol{p}}_{\mathrm{g}}^{\mathrm{T}}, \bar{\boldsymbol{p}}_{\mathrm{c}}^{\mathrm{T}}, \bar{\boldsymbol{T}}^{\mathrm{T}}, \bar{\boldsymbol{c}}^{\mathrm{pT}}]$ 值使用 Newton-Raphson 过程迭代求解，即

$$\boldsymbol{F}^{k}(\boldsymbol{X}_{n+1}^{k}) = \boldsymbol{F}^{k-1}(\boldsymbol{X}_{n+1}^{k-1}) + \Delta\boldsymbol{F}^{k}(\boldsymbol{X}_{n+1}^{k-1}) = 0 \tag{7.28}$$

$$\Delta\boldsymbol{F}^{k}(\boldsymbol{X}_{n+1}^{k-1}) = \left.\frac{\partial \boldsymbol{F}^{k}}{\partial \boldsymbol{X}}\right|_{\boldsymbol{X}_{n+1}^{k-1}} \Delta\boldsymbol{X}_{n+1}^{k}, \boldsymbol{X}_{n+1}^{k} = \boldsymbol{X}_{n+1}^{k-1} + \Delta\boldsymbol{X}_{n+1}^{k} \tag{7.29}$$

式中：定义了全局离散控制方程的残数向量 $\boldsymbol{F} = [\boldsymbol{F}_{\mathrm{u}}^{\mathrm{T}}, \boldsymbol{F}_{\mathrm{g}}^{\mathrm{T}}, \boldsymbol{F}_{\mathrm{w}}^{\mathrm{T}}, \boldsymbol{F}_{\mathrm{T}}^{\mathrm{T}}, \boldsymbol{F}_{\mathrm{c}}^{\mathrm{T}}]^{\mathrm{T}}$；$k$ 表示迭代次数。

非线性方程组式(7.1)至式(7.5)在第 k 次迭代时的 Jacobian 矩阵可展开表示为

$$\left.\frac{\partial \boldsymbol{F}^{k}}{\partial \boldsymbol{X}}\right|_{\boldsymbol{X}_{n+1}^{k-1}} = \begin{bmatrix} \frac{\partial \boldsymbol{F}_{\mathrm{u}}}{\partial \bar{\boldsymbol{u}}} & \frac{\partial \boldsymbol{F}_{\mathrm{u}}}{\partial \bar{\boldsymbol{p}}_{\mathrm{g}}} & \frac{\partial \boldsymbol{F}_{\mathrm{u}}}{\partial \bar{\boldsymbol{p}}_{\mathrm{c}}} & \frac{\partial \boldsymbol{F}_{\mathrm{u}}}{\partial \bar{\boldsymbol{T}}} & \frac{\partial \boldsymbol{F}_{\mathrm{u}}}{\partial \bar{\boldsymbol{c}}^{\mathrm{p}}} \\ \frac{\partial \boldsymbol{F}_{\mathrm{g}}}{\partial \bar{\boldsymbol{u}}} & \frac{\partial \boldsymbol{F}_{\mathrm{g}}}{\partial \bar{\boldsymbol{p}}_{\mathrm{g}}} & \frac{\partial \boldsymbol{F}_{\mathrm{g}}}{\partial \bar{\boldsymbol{p}}_{\mathrm{c}}} & \frac{\partial \boldsymbol{F}_{\mathrm{g}}}{\partial \bar{\boldsymbol{T}}} & \boldsymbol{0} \\ \frac{\partial \boldsymbol{F}_{\mathrm{w}}}{\partial \bar{\boldsymbol{u}}} & \frac{\partial \boldsymbol{F}_{\mathrm{w}}}{\partial \bar{\boldsymbol{p}}_{\mathrm{g}}} & \frac{\partial \boldsymbol{F}_{\mathrm{w}}}{\partial \bar{\boldsymbol{p}}_{\mathrm{c}}} & \frac{\partial \boldsymbol{F}_{\mathrm{w}}}{\partial \bar{\boldsymbol{T}}} & \boldsymbol{0} \\ \frac{\partial \boldsymbol{F}_{\mathrm{T}}}{\partial \bar{\boldsymbol{u}}} & \frac{\partial \boldsymbol{F}_{\mathrm{T}}}{\partial \bar{\boldsymbol{p}}_{\mathrm{g}}} & \frac{\partial \boldsymbol{F}_{\mathrm{T}}}{\partial \bar{\boldsymbol{p}}_{\mathrm{c}}} & \frac{\partial \boldsymbol{F}_{\mathrm{T}}}{\partial \bar{\boldsymbol{T}}} & \boldsymbol{0} \\ \frac{\partial \boldsymbol{F}_{\mathrm{c}}}{\partial \bar{\boldsymbol{u}}} & \frac{\partial \boldsymbol{F}_{\mathrm{c}}}{\partial \bar{\boldsymbol{p}}_{\mathrm{g}}} & \frac{\partial \boldsymbol{F}_{\mathrm{c}}}{\partial \bar{\boldsymbol{p}}_{\mathrm{c}}} & \frac{\partial \boldsymbol{F}_{\mathrm{c}}}{\partial \bar{\boldsymbol{T}}} & \frac{\partial \boldsymbol{F}_{\mathrm{c}}}{\partial \bar{\boldsymbol{c}}^{\mathrm{p}}} \end{bmatrix}_{\boldsymbol{x}=\boldsymbol{x}_{n+1}^{k-1}} = \begin{bmatrix} \boldsymbol{K}_{\mathrm{uu}} & \boldsymbol{K}_{\mathrm{ug}} & \boldsymbol{K}_{\mathrm{uc}} & \boldsymbol{K}_{\mathrm{uT}} & \boldsymbol{K}_{\mathrm{up}} \\ \boldsymbol{K}_{\mathrm{gu}} & \boldsymbol{K}_{\mathrm{gg}} & \boldsymbol{K}_{\mathrm{gc}} & \boldsymbol{K}_{\mathrm{gT}} & \boldsymbol{0} \\ \boldsymbol{K}_{\mathrm{cu}} & \boldsymbol{K}_{\mathrm{cg}} & \boldsymbol{K}_{\mathrm{cc}} & \boldsymbol{K}_{\mathrm{cT}} & \boldsymbol{0} \\ \boldsymbol{K}_{\mathrm{Tu}} & \boldsymbol{K}_{\mathrm{Tg}} & \boldsymbol{K}_{\mathrm{Tc}} & \boldsymbol{K}_{\mathrm{TT}} & \boldsymbol{0} \\ \boldsymbol{K}_{\mathrm{pu}} & \boldsymbol{K}_{\mathrm{pg}} & \boldsymbol{K}_{\mathrm{pc}} & \boldsymbol{K}_{\mathrm{pT}} & \boldsymbol{K}_{\mathrm{pp}} \end{bmatrix}_{\boldsymbol{x}=\boldsymbol{x}_{n+1}^{k-1}} \tag{7.30}$$

式(7.30)中的子矩阵是增量形式的离散化非线性质量、能量和动量守恒方程的切线矩阵，可推导得到它们的具体表达式为

$$\boldsymbol{K}_{\mathrm{uu}} = \int_{\Omega} \left(\boldsymbol{B}^{\mathrm{T}} \boldsymbol{D}_{\mathrm{edpc}}^{\mathrm{m}} \boldsymbol{B}\right) \mathrm{d}\Omega \tag{7.31}$$

$$\boldsymbol{K}_{\mathrm{ug}} = -\int_{\Omega} \left(\boldsymbol{B}^{\mathrm{T}} \alpha \boldsymbol{m}^{\mathrm{T}} \boldsymbol{N}_{\mathrm{p}}\right) \mathrm{d}\Omega \tag{7.32}$$

$$\boldsymbol{K}_{\mathrm{uc}} = \int_{\Omega} \left(\boldsymbol{B}^{\mathrm{T}} \boldsymbol{D}_{\mathrm{edpc}}^{\mathrm{s}} \boldsymbol{N}_{\mathrm{p}}\right) \mathrm{d}\Omega \tag{7.33}$$

$$\boldsymbol{K}_{\mathrm{uT}} = \int_{\Omega} \left(\boldsymbol{B}^{\mathrm{T}} \boldsymbol{D}_{\mathrm{edpc}}^{\mathrm{T}} \boldsymbol{N}_{\mathrm{T}}\right) \mathrm{d}\Omega \tag{7.34}$$

$$\boldsymbol{K}_{\mathrm{up}} = \int_{\Omega} \left(\boldsymbol{B}^{\mathrm{T}} \boldsymbol{D}_{\mathrm{edpc}}^{\mathrm{c}} \boldsymbol{N}_{\mathrm{p}}\right) \mathrm{d}\Omega \tag{7.35}$$

$$\boldsymbol{K}_{\mathrm{gu}} = \int_{\Omega} \left(\boldsymbol{N}_{\mathrm{p}} C_{\mathrm{gu}} \boldsymbol{m}^{\mathrm{T}} \boldsymbol{B}\right) \mathrm{d}\Omega \tag{7.36}$$

$$\boldsymbol{K}_{\mathrm{gg}} = \int_{\Omega} \left(\boldsymbol{N}_{\mathrm{p}} C_{\mathrm{gg}} \boldsymbol{N}_{\mathrm{p}}^{\mathrm{T}} + \nabla \boldsymbol{N}_{\mathrm{p}} \boldsymbol{H}_{\mathrm{gg}} \nabla \boldsymbol{N}_{\mathrm{p}}^{\mathrm{T}} + \nabla \boldsymbol{N}_{\mathrm{p}} \boldsymbol{M}_{\mathrm{gg}} \boldsymbol{N}_{\mathrm{p}}^{\mathrm{T}}\right) \mathrm{d}\Omega \tag{7.37}$$

$$\boldsymbol{K}_{\mathrm{gc}} = \int_{\Omega} \left(\boldsymbol{N}_{\mathrm{p}} C_{\mathrm{gc}} \boldsymbol{N}_{\mathrm{p}}^{\mathrm{T}} + \nabla \boldsymbol{N}_{\mathrm{p}} \boldsymbol{H}_{\mathrm{gc}} \nabla \boldsymbol{N}_{\mathrm{p}}^{\mathrm{T}} + \nabla \boldsymbol{N}_{\mathrm{p}} \boldsymbol{M}_{\mathrm{gc}} \boldsymbol{N}_{\mathrm{p}}^{\mathrm{T}}\right) \mathrm{d}\Omega \tag{7.38}$$

$$\boldsymbol{K}_{\mathrm{gT}}=\int_{\Omega}\left(\boldsymbol{N}_{\mathrm{p}}C_{\mathrm{gt}}\boldsymbol{N}_{\mathrm{T}}^{\mathrm{T}}+\nabla\boldsymbol{N}_{\mathrm{p}}\boldsymbol{H}_{\mathrm{gt}}\nabla\boldsymbol{N}_{\mathrm{T}}^{\mathrm{T}}+\nabla\boldsymbol{N}_{\mathrm{p}}\boldsymbol{M}_{\mathrm{gt}}\boldsymbol{N}_{\mathrm{T}}^{\mathrm{T}}\right)\mathrm{d}\Omega \tag{7.39}$$

$$\boldsymbol{K}_{\mathrm{cu}}=\int_{\Omega}\left(\boldsymbol{N}_{\mathrm{p}}C_{\mathrm{cu}}\boldsymbol{m}^{\mathrm{T}}\boldsymbol{B}\right)\mathrm{d}\Omega \tag{7.40}$$

$$\boldsymbol{K}_{\mathrm{cg}}=\int_{\Omega}\left(\boldsymbol{N}_{\mathrm{p}}C_{\mathrm{cg}}\boldsymbol{N}_{\mathrm{p}}^{\mathrm{T}}+\nabla\boldsymbol{N}_{\mathrm{p}}\boldsymbol{H}_{\mathrm{cg}}\nabla\boldsymbol{N}_{\mathrm{p}}^{\mathrm{T}}+\nabla\boldsymbol{N}_{\mathrm{p}}\boldsymbol{M}_{\mathrm{cg}}\boldsymbol{N}_{\mathrm{p}}^{\mathrm{T}}\right)\mathrm{d}\Omega \tag{7.41}$$

$$\boldsymbol{K}_{\mathrm{cc}}=\int_{\Omega}\left(\boldsymbol{N}_{\mathrm{p}}C_{\mathrm{cc}}\boldsymbol{N}_{\mathrm{p}}^{\mathrm{T}}+\nabla\boldsymbol{N}_{\mathrm{p}}\boldsymbol{H}_{\mathrm{cc}}\nabla\boldsymbol{N}_{\mathrm{p}}^{\mathrm{T}}+\nabla\boldsymbol{N}_{\mathrm{p}}\boldsymbol{M}_{\mathrm{cc}}\boldsymbol{N}_{\mathrm{p}}^{\mathrm{T}}\right)\mathrm{d}\Omega+\int_{\Gamma_{\mathrm{c}}}\boldsymbol{N}_{\mathrm{p}}G_{\mathrm{cc}}\boldsymbol{N}_{\mathrm{p}}^{\mathrm{T}}\mathrm{d}\Gamma_{\mathrm{c}} \tag{7.42}$$

$$\boldsymbol{K}_{\mathrm{cT}}=\int_{\Omega}\left(\boldsymbol{N}_{\mathrm{p}}C_{\mathrm{ct}}\boldsymbol{N}_{\mathrm{T}}^{\mathrm{T}}+\nabla\boldsymbol{N}_{\mathrm{p}}\boldsymbol{H}_{\mathrm{ct}}\nabla\boldsymbol{N}_{\mathrm{T}}^{\mathrm{T}}+\nabla\boldsymbol{N}_{\mathrm{p}}\boldsymbol{M}_{\mathrm{ct}}\boldsymbol{N}_{\mathrm{T}}^{\mathrm{T}}\right)\mathrm{d}\Omega+\int_{\Gamma_{\mathrm{c}}}\boldsymbol{N}_{\mathrm{p}}G_{\mathrm{ct}}\boldsymbol{N}_{\mathrm{T}}^{\mathrm{T}}\mathrm{d}\Gamma_{\mathrm{c}} \tag{7.43}$$

$$\boldsymbol{K}_{\mathrm{Tu}}=\int_{\Omega}\left(\boldsymbol{N}_{\mathrm{T}}C_{\mathrm{tu}}\boldsymbol{m}^{\mathrm{T}}\boldsymbol{B}\right)\mathrm{d}\Omega \tag{7.44}$$

$$\boldsymbol{K}_{\mathrm{Tg}}=\int_{\Omega}\left(\boldsymbol{N}_{\mathrm{T}}C_{\mathrm{tg}}\boldsymbol{N}_{\mathrm{p}}^{\mathrm{T}}+\boldsymbol{N}_{\mathrm{T}}\boldsymbol{M}_{\mathrm{tg}}^{1}\nabla\boldsymbol{N}_{\mathrm{p}}^{\mathrm{T}}+\nabla\boldsymbol{N}_{\mathrm{T}}\boldsymbol{H}_{\mathrm{tg}}\nabla\boldsymbol{N}_{\mathrm{p}}^{\mathrm{T}}+\nabla\boldsymbol{N}_{\mathrm{T}}\boldsymbol{M}_{\mathrm{tg}}^{2}\boldsymbol{N}_{\mathrm{p}}^{\mathrm{T}}\right)\mathrm{d}\Omega \tag{7.45}$$

$$\boldsymbol{K}_{\mathrm{Tc}}=\int_{\Omega}\left(\boldsymbol{N}_{\mathrm{T}}C_{\mathrm{tc}}\boldsymbol{N}_{\mathrm{p}}^{\mathrm{T}}+\boldsymbol{N}_{\mathrm{T}}\boldsymbol{M}_{\mathrm{tc}}^{1}\nabla\boldsymbol{N}_{\mathrm{p}}^{\mathrm{T}}+\nabla\boldsymbol{N}_{\mathrm{T}}\boldsymbol{H}_{\mathrm{tc}}\nabla\boldsymbol{N}_{\mathrm{p}}^{\mathrm{T}}+\nabla\boldsymbol{N}_{\mathrm{T}}\boldsymbol{M}_{\mathrm{tc}}^{2}\boldsymbol{N}_{\mathrm{p}}^{\mathrm{T}}\right)\mathrm{d}\Omega \tag{7.46}$$

$$\boldsymbol{K}_{\mathrm{TT}}=\int_{\Omega}\left(\boldsymbol{N}_{\mathrm{T}}C_{\mathrm{tt}}\boldsymbol{N}_{\mathrm{T}}^{\mathrm{T}}+\boldsymbol{N}_{\mathrm{T}}\boldsymbol{M}_{\mathrm{tt}}^{1}\nabla\boldsymbol{N}_{\mathrm{T}}^{\mathrm{T}}+\nabla\boldsymbol{N}_{\mathrm{T}}\boldsymbol{H}_{\mathrm{tt}}\nabla\boldsymbol{N}_{\mathrm{T}}^{\mathrm{T}}+\nabla\boldsymbol{N}_{\mathrm{T}}\boldsymbol{M}_{\mathrm{tt}}^{2}\boldsymbol{N}_{\mathrm{T}}^{\mathrm{T}}\right)\mathrm{d}\Omega+\int_{\Gamma_{\mathrm{T}}}\boldsymbol{N}_{\mathrm{T}}G_{\mathrm{tt}}\boldsymbol{N}_{\mathrm{T}}^{\mathrm{T}}\mathrm{d}\Gamma_{\mathrm{T}} \tag{7.47}$$

$$\boldsymbol{K}_{\mathrm{pu}}=\int_{\Omega}\left(\boldsymbol{W}_{\mathrm{c}}C_{\mathrm{pu}}\boldsymbol{m}^{\mathrm{T}}\boldsymbol{B}\right)\mathrm{d}\Omega \tag{7.48}$$

$$\boldsymbol{K}_{\mathrm{pg}}=\int_{\Omega}\left(\boldsymbol{W}_{\mathrm{c}}C_{\mathrm{pg}}\boldsymbol{N}_{\mathrm{p}}^{\mathrm{T}}+\boldsymbol{W}_{\mathrm{c}}\boldsymbol{M}_{\mathrm{pg}}\nabla\boldsymbol{N}_{\mathrm{p}}^{\mathrm{T}}\right)\mathrm{d}\Omega \tag{7.49}$$

$$\boldsymbol{K}_{\mathrm{pc}}=\int_{\Omega}\left(\boldsymbol{W}_{\mathrm{c}}C_{\mathrm{pc}}\boldsymbol{N}_{\mathrm{p}}^{\mathrm{T}}+\boldsymbol{W}_{\mathrm{c}}\boldsymbol{M}_{\mathrm{pc}}\nabla\boldsymbol{N}_{\mathrm{p}}^{\mathrm{T}}\right)\mathrm{d}\Omega \tag{7.50}$$

$$\boldsymbol{K}_{\mathrm{pT}}=\int_{\Omega}\left(\boldsymbol{W}_{\mathrm{c}}C_{\mathrm{pt}}\boldsymbol{N}_{\mathrm{T}}^{\mathrm{T}}\right)\mathrm{d}\Omega \tag{7.51}$$

$$\boldsymbol{K}_{\mathrm{pp}}=\int_{\Omega}\left(\boldsymbol{W}_{\mathrm{c}}C_{\mathrm{pp}}\boldsymbol{N}_{\mathrm{c}}^{\mathrm{T}}+\boldsymbol{W}_{\mathrm{c}}\boldsymbol{M}_{\mathrm{pp}}\nabla\boldsymbol{N}_{\mathrm{c}}^{\mathrm{T}}+\nabla\boldsymbol{W}_{\mathrm{c}}\boldsymbol{H}_{\mathrm{pp}}\nabla\boldsymbol{N}_{\mathrm{c}}^{\mathrm{T}}\right)\mathrm{d}\Omega \tag{7.52}$$

式(7.31)至式(7.52)所示被积函数中的标量和矩阵的具体表达式如下：

$$C_{\mathrm{gu}}=\alpha\frac{(1-S_{\mathrm{l}})\rho_{\mathrm{a}}}{\Delta t} \tag{7.53}$$

$$\begin{aligned}C_{\mathrm{gg}}=&\alpha(1-S_{\mathrm{l}})\frac{\partial\rho_{\mathrm{a}}}{\partial p_{\mathrm{g}}}\dot{\varepsilon}_{\mathrm{v}}+\frac{\partial\rho_{\mathrm{a}}}{\partial p_{\mathrm{g}}}\frac{(1-S_{\mathrm{l}})(\alpha-n)}{K_{\mathrm{s}}}\frac{p_{\mathrm{g}}^{n+1}-p_{\mathrm{g}}^{n}}{\Delta t}-\\&\left(\frac{\partial\rho_{\mathrm{a}}}{\partial p_{\mathrm{g}}}\frac{(1-S_{\mathrm{l}})(\alpha-n)}{K_{\mathrm{s}}}\left(\frac{\partial S_{\mathrm{l}}}{\partial p_{\mathrm{c}}}p_{\mathrm{c}}+S_{\mathrm{l}}\right)+n\frac{\partial S_{\mathrm{l}}}{\partial p_{\mathrm{c}}}\frac{\partial\rho_{\mathrm{a}}}{\partial p_{\mathrm{g}}}\right)\frac{p_{\mathrm{c}}^{n+1}-p_{\mathrm{c}}^{n}}{\Delta t}+\\&\left[n(1-S_{\mathrm{l}})\frac{\partial^{2}\rho_{\mathrm{a}}}{\partial T\partial p_{\mathrm{g}}}+\frac{\partial\rho_{\mathrm{a}}}{\partial p_{\mathrm{g}}}(1-S_{\mathrm{l}})\left(\frac{(1-n)}{\rho_{\mathrm{s}}}\left(\frac{\partial\rho_{\mathrm{s}}}{\partial\Gamma_{\mathrm{h}}}\frac{\mathrm{d}\Gamma_{\mathrm{h}}}{\mathrm{d}T}+\frac{\partial\rho_{\mathrm{s}}}{\partial\Gamma_{\mathrm{s}}}\frac{\mathrm{d}\Gamma_{\mathrm{s}}}{\mathrm{d}T}\right)\right)+\right.\\&\left.\frac{\partial\rho_{\mathrm{a}}}{\partial p_{\mathrm{g}}}(1-S_{\mathrm{l}})\frac{1}{\rho_{\mathrm{s}}}\left(\frac{\partial m_{\mathrm{h}}}{\partial T}+\frac{\partial m_{\mathrm{s}}}{\partial T}\right)-\frac{\partial\rho_{\mathrm{a}}}{\partial p_{\mathrm{g}}}(1-S_{\mathrm{l}})(\alpha-n)\beta_{\mathrm{s}}\right]\frac{T^{n+1}-T^{n}}{\Delta t}+\\&\left(\frac{\rho_{\mathrm{a}}(1-S_{\mathrm{l}})(\alpha-n)}{K_{\mathrm{s}}}+n(1-S_{\mathrm{l}})\frac{\partial\rho_{\mathrm{a}}}{\partial p_{\mathrm{g}}}\right)\frac{1}{\Delta t}\end{aligned} \tag{7.54}$$

$$\boldsymbol{H}_{\mathrm{gg}}=\rho_{\mathrm{a}}\frac{\boldsymbol{k}_{\mathrm{a}}k_{\mathrm{rg}}}{\mu_{\mathrm{g}}}+\rho_{\mathrm{g}}\frac{M_{\mathrm{a}}M_{\mathrm{v}}}{M_{\mathrm{g}}^{2}}\boldsymbol{D}_{\mathrm{p}}\frac{p_{\mathrm{v}}}{p_{\mathrm{g}}^{2}} \tag{7.55}$$

$$\boldsymbol{M}_{\mathrm{gg}}=\left(\frac{\partial\rho_{\mathrm{a}}}{\partial p_{\mathrm{g}}}\frac{\boldsymbol{k}_{\mathrm{a}}k_{\mathrm{rg}}}{\mu_{\mathrm{g}}}+\rho_{\mathrm{a}}\frac{\partial\boldsymbol{k}_{\mathrm{a}}}{\partial p_{\mathrm{g}}}\frac{k_{\mathrm{rg}}}{\mu_{\mathrm{g}}}-\rho_{\mathrm{a}}\frac{\partial\mu_{\mathrm{g}}}{\partial p_{\mathrm{g}}}\frac{\boldsymbol{k}_{\mathrm{a}}k_{\mathrm{rg}}}{\mu_{\mathrm{g}}^{2}}\right)\nabla p_{\mathrm{g}}-$$
$$\frac{M_{\mathrm{a}}M_{\mathrm{v}}}{M_{\mathrm{g}}^{2}}\left(\frac{\partial\rho_{\mathrm{g}}}{\partial p_{\mathrm{g}}}\boldsymbol{D}_{\mathrm{p}}-\frac{2\rho_{\mathrm{g}}}{M_{\mathrm{g}}}\frac{\partial M_{\mathrm{g}}}{\partial p_{\mathrm{g}}}\boldsymbol{D}_{\mathrm{p}}+\rho_{\mathrm{g}}\frac{\partial\boldsymbol{D}_{\mathrm{p}}}{\partial p_{\mathrm{g}}}\right)\times$$
$$\left[\frac{1}{p_{\mathrm{g}}}\left(\frac{\partial p_{\mathrm{v}}}{\partial p_{\mathrm{c}}}\nabla p_{\mathrm{c}}+\frac{\partial p_{\mathrm{v}}}{\partial T}\nabla T\right)-\frac{p_{\mathrm{v}}}{p_{\mathrm{g}}^{2}}\nabla p_{\mathrm{g}}\right]-$$
$$\rho_{\mathrm{g}}\frac{M_{\mathrm{a}}M_{\mathrm{v}}}{M_{\mathrm{g}}^{2}}\boldsymbol{D}_{\mathrm{p}}\left[-\frac{1}{p_{\mathrm{g}}^{2}}\left(\frac{\partial p_{\mathrm{v}}}{\partial p_{\mathrm{c}}}\nabla p_{\mathrm{c}}+\frac{\partial p_{\mathrm{v}}}{\partial T}\nabla T\right)+2\frac{p_{\mathrm{v}}}{p_{\mathrm{g}}^{3}}\nabla p_{\mathrm{g}}\right] \tag{7.56}$$

$$C_{\mathrm{gc}}=\alpha\left[\frac{\partial\rho_{\mathrm{a}}}{\partial p_{\mathrm{c}}}(1-S_{\mathrm{l}})+\rho_{\mathrm{a}}\left(-\frac{\partial S_{\mathrm{l}}}{\partial p_{\mathrm{c}}}\right)\right]\dot{\varepsilon}_{\mathrm{v}}+$$
$$\left[-n\frac{\partial S_{\mathrm{l}}}{\partial p_{\mathrm{c}}}\frac{\partial\rho_{\mathrm{a}}}{\partial p_{\mathrm{g}}}+\left(\frac{\partial\rho_{\mathrm{a}}}{\partial p_{\mathrm{c}}}(1-S_{\mathrm{l}})-\frac{\partial S_{\mathrm{l}}}{\partial p_{\mathrm{c}}}\rho_{\mathrm{a}}\right)\frac{\alpha-n}{K_{\mathrm{s}}}\right]\frac{p_{\mathrm{g}}^{n+1}-p_{\mathrm{g}}^{n}}{\Delta t}+$$
$$\left[-n\rho_{\mathrm{a}}\frac{\partial^{2}S_{\mathrm{l}}}{\partial p_{\mathrm{c}}^{2}}-2n\frac{\partial S_{\mathrm{l}}}{\partial p_{\mathrm{c}}}\frac{\partial\rho_{\mathrm{a}}}{\partial p_{\mathrm{c}}}+n(1-S_{\mathrm{l}})\frac{\partial^{2}\rho_{\mathrm{a}}}{\partial p_{\mathrm{c}}^{2}}-\right.$$
$$\left(\frac{\partial\rho_{\mathrm{a}}}{\partial p_{\mathrm{c}}}(1-S_{\mathrm{l}})-\frac{\partial S_{\mathrm{l}}}{\partial p_{\mathrm{c}}}\rho_{\mathrm{a}}\right)\frac{\alpha-n}{K_{\mathrm{s}}}\left(\frac{\partial S_{\mathrm{l}}}{\partial p_{\mathrm{c}}}p_{\mathrm{c}}+S_{\mathrm{l}}\right)-$$
$$\left.\frac{\rho_{\mathrm{a}}(1-S_{\mathrm{l}})(\alpha-n)}{K_{\mathrm{s}}}\left(\frac{\partial^{2}S_{\mathrm{l}}}{\partial p_{\mathrm{c}}^{2}}p_{\mathrm{c}}+2\frac{\partial S_{\mathrm{l}}}{\partial p_{\mathrm{c}}}\right)\right]\frac{p_{\mathrm{c}}^{n+1}-p_{\mathrm{c}}^{n}}{\Delta t}+$$
$$\left[-n\frac{\partial S_{\mathrm{l}}}{\partial p_{\mathrm{c}}}\frac{\partial\rho_{\mathrm{a}}}{\partial T}+n(1-S_{\mathrm{l}})\frac{\partial^{2}\rho_{\mathrm{a}}}{\partial T\partial p_{\mathrm{c}}}+\right.$$
$$\left(\frac{1-n}{\rho_{\mathrm{s}}}\left(\frac{\partial\rho_{\mathrm{s}}}{\partial\Gamma_{\mathrm{h}}}\frac{\mathrm{d}\Gamma_{\mathrm{h}}}{\mathrm{d}T}+\frac{\partial\rho_{\mathrm{s}}}{\partial\Gamma_{\mathrm{s}}}\frac{\mathrm{d}\Gamma_{s}}{\mathrm{d}T}\right)+\frac{1}{\rho_{\mathrm{s}}}\left(\frac{\partial m_{\mathrm{h}}}{\partial T}+\frac{\partial m_{\mathrm{s}}}{\partial T}\right)-(\alpha-n)\beta_{\mathrm{s}}\right)\times$$
$$\left.\left(\frac{\partial\rho_{\mathrm{a}}}{\partial p_{\mathrm{c}}}(1-S_{\mathrm{l}})-\rho_{\mathrm{a}}\frac{\partial S_{\mathrm{l}}}{\partial p_{\mathrm{c}}}\right)\right]\frac{T^{n+1}-T^{n}}{\Delta t}-$$
$$\left(n\rho_{\mathrm{a}}\frac{\partial S_{\mathrm{l}}}{\partial p_{\mathrm{c}}}-n(1-S_{\mathrm{l}})\frac{\partial\rho_{\mathrm{a}}}{\partial p_{\mathrm{c}}}+\frac{\rho_{\mathrm{a}}(1-S_{\mathrm{l}})(\alpha-n)}{K_{\mathrm{s}}}\left(\frac{\partial S_{\mathrm{l}}}{\partial p_{\mathrm{c}}}p_{\mathrm{c}}+S_{\mathrm{l}}\right)\right)\frac{1}{\Delta t} \tag{7.57}$$

$$\boldsymbol{H}_{\mathrm{gc}}=-\rho_{\mathrm{g}}\frac{M_{\mathrm{a}}M_{\mathrm{v}}}{M_{\mathrm{g}}^{2}}\boldsymbol{D}_{\mathrm{p}}\frac{1}{p_{\mathrm{g}}}\frac{\partial p_{\mathrm{v}}}{\partial p_{\mathrm{c}}} \tag{7.58}$$

$$\boldsymbol{M}_{\mathrm{gc}}=\left(\frac{\partial\rho_{\mathrm{a}}}{\partial p_{\mathrm{c}}}\frac{\boldsymbol{k}_{\mathrm{a}}k_{\mathrm{rg}}}{\mu_{\mathrm{g}}}+\rho_{\mathrm{a}}\frac{\partial k_{\mathrm{rg}}}{\partial p_{\mathrm{c}}}\frac{\boldsymbol{k}_{\mathrm{a}}}{\mu_{\mathrm{g}}}-\rho_{\mathrm{a}}\frac{\partial\mu_{\mathrm{g}}}{\partial p_{\mathrm{c}}}\frac{\boldsymbol{k}_{\mathrm{a}}k_{\mathrm{rg}}}{\mu_{\mathrm{g}}^{2}}\right)\nabla p_{\mathrm{g}}-$$
$$\frac{M_{\mathrm{a}}M_{\mathrm{v}}}{M_{\mathrm{g}}^{2}}\left(\frac{\partial\rho_{\mathrm{g}}}{\partial p_{\mathrm{c}}}\boldsymbol{D}_{\mathrm{p}}-\frac{2\rho_{\mathrm{g}}}{M_{\mathrm{g}}}\frac{\partial M_{\mathrm{g}}}{\partial p_{\mathrm{c}}}\boldsymbol{D}_{\mathrm{p}}+\rho_{\mathrm{g}}\frac{\partial\boldsymbol{D}_{\mathrm{p}}}{\partial p_{\mathrm{c}}}\right)\times$$
$$\left[\frac{1}{p_{\mathrm{g}}}\left(\frac{\partial p_{\mathrm{v}}}{\partial p_{\mathrm{c}}}\nabla p_{\mathrm{c}}+\frac{\partial p_{\mathrm{v}}}{\partial T}\nabla T\right)-\frac{p_{\mathrm{v}}}{p_{\mathrm{g}}^{2}}\nabla p_{\mathrm{g}}\right]-$$

$$\rho_{\mathrm{g}} \frac{M_{\mathrm{a}} M_{\mathrm{v}}}{M_{\mathrm{g}}^{2}} \boldsymbol{D}_{\mathrm{p}}\left[\frac{1}{p_{\mathrm{g}}}\left(\frac{\partial^{2} p_{\mathrm{v}}}{\partial p_{\mathrm{c}}^{2}} \nabla p_{\mathrm{c}}+\frac{\partial^{2} p_{\mathrm{v}}}{\partial T \partial p_{\mathrm{c}}} \nabla T\right)-\frac{1}{p_{\mathrm{g}}^{2}} \frac{\partial p_{\mathrm{v}}}{\partial p_{\mathrm{c}}} \nabla p_{\mathrm{g}}\right] \tag{7.59}$$

$$\begin{aligned}
C_{\mathrm{gt}}= & \alpha(1-S_{\mathrm{l}}) \frac{\partial \rho_{\mathrm{a}}}{\partial T} \dot{\varepsilon}_{\mathrm{v}}+\left[\left(\frac{\partial n}{\partial T} \frac{\partial \rho_{\mathrm{a}}}{\partial p_{\mathrm{g}}}+n \frac{\partial^{2} \rho_{\mathrm{a}}}{\partial p_{\mathrm{g}} \partial T}\right)(1-S_{\mathrm{l}})+\right. \\
& \left.\left(\frac{\partial \rho_{\mathrm{a}}}{\partial T}(\alpha-n)-\frac{\partial n}{\partial T} \rho_{\mathrm{a}}\right) \frac{1-S_{\mathrm{l}}}{K_{\mathrm{s}}}\right] \frac{p_{\mathrm{g}}^{n+1}-p_{\mathrm{g}}^{n}}{\Delta t}+ \\
& \left[\left(-\frac{\partial n}{\partial T} \rho_{\mathrm{a}}-n \frac{\partial \rho_{\mathrm{a}}}{\partial T}\right) \frac{\partial S_{\mathrm{l}}}{\partial p_{\mathrm{c}}}+\left(\frac{\partial n}{\partial T} \frac{\partial \rho_{\mathrm{a}}}{\partial p_{\mathrm{c}}}+n \frac{\partial^{2} \rho_{\mathrm{a}}}{\partial p_{\mathrm{c}} \partial T}\right)(1-S_{\mathrm{l}})+\right. \\
& \left.\left(-\frac{\partial \rho_{\mathrm{a}}}{\partial T}(\alpha-n)+\frac{\partial n}{\partial T} \rho_{\mathrm{a}}\right) \frac{1-S_{\mathrm{l}}}{K_{\mathrm{s}}}\left(\frac{\partial S_{\mathrm{l}}}{\partial p_{\mathrm{c}}} p_{\mathrm{c}}+S_{\mathrm{l}}\right)\right] \frac{p_{\mathrm{c}}^{n+1}-p_{\mathrm{c}}^{n}}{\Delta t}+ \\
& \left\{\frac{\partial n}{\partial T}(1-S_{\mathrm{l}}) \frac{\partial \rho_{\mathrm{a}}}{\partial T}+n(1-S_{\mathrm{l}}) \frac{\partial^{2} \rho_{\mathrm{a}}}{\partial T^{2}}+\right. \\
& \frac{\partial \rho_{\mathrm{a}}}{\partial T}(1-S_{\mathrm{l}})\left(\frac{1-n}{\rho_{\mathrm{s}}}\left(\frac{\partial \rho_{\mathrm{s}}}{\partial \Gamma_{\mathrm{h}}} \frac{\mathrm{d} \Gamma_{\mathrm{h}}}{\mathrm{d} T}+\frac{\partial \rho_{\mathrm{s}}}{\partial \Gamma_{\mathrm{s}}} \frac{\mathrm{d} \Gamma_{\mathrm{s}}}{\mathrm{d} T}\right)\right)+ \\
& \rho_{\mathrm{a}}(1-S_{\mathrm{l}})\left[\left(-\frac{1}{\rho_{\mathrm{s}}} \frac{\partial n}{\partial T}-\frac{1-n}{\rho_{\mathrm{s}}^{2}} \frac{\partial \rho_{\mathrm{s}}}{\partial T}\right)\left(\frac{\partial \rho_{\mathrm{s}}}{\partial \Gamma_{\mathrm{h}}} \frac{\mathrm{d} \Gamma_{\mathrm{h}}}{\mathrm{d} T}+\frac{\partial \rho_{\mathrm{s}}}{\partial \Gamma_{\mathrm{s}}} \frac{\mathrm{d} \Gamma_{\mathrm{s}}}{\mathrm{d} T}\right)+\right. \\
& \left.\frac{1-n}{\rho_{\mathrm{s}}}\left(\partial\left(\frac{\partial \rho_{\mathrm{s}}}{\partial \Gamma_{\mathrm{h}}} \frac{\mathrm{d} \Gamma_{\mathrm{h}}}{\mathrm{d} T}\right) \Big/ \partial T+\partial\left(\frac{\partial \rho_{\mathrm{s}}}{\partial \Gamma_{\mathrm{s}}} \frac{\mathrm{d} \Gamma_{\mathrm{s}}}{\mathrm{d} T}\right) \Big/ \partial T\right)\right]+ \\
& \left(\frac{\partial \rho_{\mathrm{a}}}{\partial T}(1-S_{\mathrm{l}}) \frac{1}{\rho_{\mathrm{s}}}-\rho_{\mathrm{a}}(1-S_{\mathrm{l}}) \frac{1}{\rho_{\mathrm{s}}^{2}} \frac{\partial \rho_{\mathrm{s}}}{\partial T}\right)\left(\frac{\partial m_{\mathrm{h}}}{\partial T}+\frac{\partial m_{\mathrm{s}}}{\partial T}\right)- \\
& \left.\left(\frac{\partial \rho_{\mathrm{a}}}{\partial T}(\alpha-n)-\rho_{\mathrm{a}} \frac{\partial n}{\partial T}\right)(1-S_{\mathrm{l}}) \beta_{\mathrm{s}}\right\} \frac{T^{n+1}-T^{n}}{\Delta t}+ \\
& \left[n(1-S_{\mathrm{l}}) \frac{\partial \rho_{\mathrm{a}}}{\partial T}-\rho_{\mathrm{a}}(\alpha-n)(1-S_{\mathrm{l}}) \beta_{\mathrm{s}}+\frac{\rho_{\mathrm{a}}(1-S_{\mathrm{l}})}{\rho_{\mathrm{s}}}\left(\frac{\partial m_{\mathrm{h}}}{\partial T}+\frac{\partial m_{\mathrm{s}}}{\partial T}\right)+\right. \\
& \left.\rho_{\mathrm{a}}(1-S_{\mathrm{l}})\left(\frac{1-n}{\rho_{\mathrm{s}}}\left(\frac{\partial \rho_{\mathrm{s}}}{\partial \Gamma_{\mathrm{h}}} \frac{\mathrm{d} \Gamma_{\mathrm{h}}}{\mathrm{d} T}+\frac{\partial \rho_{\mathrm{s}}}{\partial \Gamma_{\mathrm{s}}} \frac{\mathrm{d} \Gamma_{\mathrm{s}}}{\mathrm{d} T}\right)\right)\right] \frac{1}{\Delta t}
\end{aligned} \tag{7.60}$$

$$\boldsymbol{H}_{\mathrm{gt}}=-\rho_{\mathrm{g}} \frac{M_{\mathrm{a}} M_{\mathrm{v}}}{M_{\mathrm{g}}^{2}} \boldsymbol{D}_{\mathrm{p}} \frac{1}{p_{\mathrm{g}}} \frac{\partial p_{\mathrm{v}}}{\partial T} \tag{7.61}$$

$$\begin{aligned}
\boldsymbol{M}_{\mathrm{gt}}= & \left(\frac{\partial \rho_{\mathrm{a}}}{\partial T} \frac{\boldsymbol{k}_{\mathrm{a}} k_{\mathrm{rg}}}{\mu_{\mathrm{g}}}+\rho_{\mathrm{a}} \frac{\partial \boldsymbol{k}_{\mathrm{a}}}{\partial T} \frac{k_{\mathrm{rg}}}{\mu_{\mathrm{g}}}-\rho_{\mathrm{a}} \frac{\partial \mu_{\mathrm{g}}}{\partial T} \frac{\boldsymbol{k}_{\mathrm{a}} k_{\mathrm{rg}}}{\mu_{\mathrm{g}}^{2}}\right) \nabla p_{\mathrm{g}}- \\
& \frac{M_{\mathrm{a}} M_{\mathrm{v}}}{M_{\mathrm{g}}^{2}}\left(\frac{\partial \rho_{\mathrm{g}}}{\partial T} \boldsymbol{D}_{\mathrm{p}}-\frac{2 \rho_{\mathrm{g}}}{M_{\mathrm{g}}} \frac{\partial M_{\mathrm{g}}}{\partial T} \boldsymbol{D}_{\mathrm{p}}+\rho_{\mathrm{g}} \frac{\partial \boldsymbol{D}_{\mathrm{p}}}{\partial T}\right) \times \\
& \left[\frac{1}{p_{\mathrm{g}}}\left(\frac{\partial p_{\mathrm{v}}}{\partial p_{\mathrm{c}}} \nabla p_{\mathrm{c}}+\frac{\partial p_{\mathrm{v}}}{\partial T} \nabla T\right)-\frac{p_{\mathrm{v}}}{p_{\mathrm{g}}^{2}} \nabla p_{\mathrm{g}}\right]-
\end{aligned}$$

$$\rho_{\mathrm{g}}\frac{M_{\mathrm{a}}M_{\mathrm{v}}}{M_{\mathrm{g}}^{2}}\boldsymbol{D}_{\mathrm{p}}\left[\frac{1}{p_{\mathrm{g}}}\left(\frac{\partial^{2}p_{\mathrm{v}}}{\partial p_{\mathrm{c}}\partial T}\nabla p_{\mathrm{c}}+\frac{\partial^{2}p_{\mathrm{v}}}{\partial T^{2}}\nabla T\right)-\frac{1}{p_{\mathrm{g}}^{2}}\frac{\partial p_{\mathrm{v}}}{\partial T}\nabla p_{\mathrm{g}}\right] \tag{7.62}$$

$$C_{\mathrm{cu}}=\alpha\frac{(1-S_{\mathrm{l}})\rho_{\mathrm{v}}+S_{\mathrm{l}}\rho_{\mathrm{w}}}{\Delta t} \tag{7.63}$$

$$C_{\mathrm{cg}}=\frac{(\alpha-n)\left(S_{\mathrm{g}}\rho_{\mathrm{v}}+S_{\mathrm{l}}\rho_{\mathrm{w}}\right)}{K_{\mathrm{s}}\Delta t} \tag{7.64}$$

$$\boldsymbol{H}_{\mathrm{cg}}=\rho_{\mathrm{w}}\frac{\boldsymbol{k}_{\mathrm{a}}k_{\mathrm{rw}}}{\mu_{\mathrm{w}}}+\rho_{\mathrm{v}}\frac{\boldsymbol{k}_{\mathrm{a}}k_{\mathrm{rg}}}{\mu_{\mathrm{g}}}-\rho_{\mathrm{g}}\frac{M_{\mathrm{a}}M_{\mathrm{v}}}{M_{\mathrm{g}}^{2}}\boldsymbol{D}_{\mathrm{p}}\frac{p_{\mathrm{v}}}{p_{\mathrm{g}}^{2}} \tag{7.65}$$

$$\begin{aligned}\boldsymbol{M}_{\mathrm{cg}}=&\rho_{\mathrm{w}}\frac{k_{\mathrm{rw}}}{\mu_{\mathrm{w}}}\frac{\partial\boldsymbol{k}_{\mathrm{a}}}{\partial p_{\mathrm{g}}}\left(\nabla p_{\mathrm{g}}-\nabla p_{\mathrm{c}}\right)+\\&\left(\rho_{\mathrm{v}}\frac{\partial\boldsymbol{k}_{\mathrm{a}}}{\partial p_{\mathrm{g}}}\frac{k_{\mathrm{rg}}}{\mu_{\mathrm{g}}}-\rho_{\mathrm{v}}\frac{\partial\mu_{\mathrm{g}}}{\partial p_{\mathrm{g}}}\frac{\boldsymbol{k}_{\mathrm{a}}k_{\mathrm{rg}}}{\mu_{\mathrm{g}}^{2}}\right)\nabla p_{\mathrm{g}}+\\&\frac{M_{\mathrm{a}}M_{\mathrm{v}}}{M_{\mathrm{g}}^{2}}\left(\frac{\partial\rho_{\mathrm{g}}}{\partial p_{\mathrm{g}}}\boldsymbol{D}_{\mathrm{p}}-\frac{2\rho_{\mathrm{g}}}{M_{\mathrm{g}}}\frac{\partial M_{\mathrm{g}}}{\partial p_{\mathrm{g}}}\boldsymbol{D}_{\mathrm{p}}+\rho_{\mathrm{g}}\frac{\partial\boldsymbol{D}_{\mathrm{p}}}{\partial p_{\mathrm{g}}}\right)\times\\&\left[\frac{1}{p_{\mathrm{g}}}\left(\frac{\partial p_{\mathrm{v}}}{\partial p_{\mathrm{c}}}\nabla p_{\mathrm{c}}+\frac{\partial p_{\mathrm{v}}}{\partial T}\nabla T\right)-\frac{p_{\mathrm{v}}}{p_{\mathrm{g}}^{2}}\nabla p_{\mathrm{g}}\right]+\\&\rho_{\mathrm{g}}\frac{M_{\mathrm{a}}M_{\mathrm{v}}}{M_{\mathrm{g}}^{2}}\boldsymbol{D}_{\mathrm{p}}\left[-\frac{1}{p_{\mathrm{g}}^{2}}\left(\frac{\partial p_{\mathrm{v}}}{\partial p_{\mathrm{c}}}\nabla p_{\mathrm{c}}+\frac{\partial p_{\mathrm{v}}}{\partial T}\nabla T\right)+2\frac{p_{\mathrm{v}}}{p_{\mathrm{g}}^{3}}\nabla p_{\mathrm{g}}\right]\end{aligned} \tag{7.66}$$

$$\begin{aligned}C_{\mathrm{cc}}=&\alpha\left(-\frac{\partial S_{\mathrm{l}}}{\partial p_{\mathrm{c}}}\rho_{\mathrm{v}}+(1-S_{\mathrm{l}})\frac{\partial\rho_{\mathrm{v}}}{\partial p_{\mathrm{c}}}+\frac{\partial S_{\mathrm{l}}}{\partial p_{\mathrm{c}}}\rho_{\mathrm{w}}\right)\dot{\varepsilon}_{\mathrm{v}}+\\&\frac{\alpha-n}{K_{\mathrm{s}}}\left(-\frac{\partial S_{\mathrm{l}}}{\partial p_{\mathrm{c}}}\rho_{\mathrm{v}}+(1-S_{\mathrm{l}})\frac{\partial\rho_{\mathrm{v}}}{\partial p_{\mathrm{c}}}+\frac{\partial S_{\mathrm{l}}}{\partial p_{\mathrm{c}}}\rho_{\mathrm{w}}\right)\frac{p_{\mathrm{g}}^{n+1}-p_{\mathrm{g}}^{n}}{\Delta t}+\\&\left[n\frac{\partial^{2}S_{\mathrm{l}}}{\partial p_{\mathrm{c}}^{2}}(\rho_{\mathrm{w}}-\rho_{\mathrm{v}})-2n\frac{\partial S_{\mathrm{l}}}{\partial p_{\mathrm{c}}}\frac{\partial\rho_{\mathrm{v}}}{\partial p_{\mathrm{c}}}+n(1-S_{\mathrm{l}})\frac{\partial^{2}\rho_{\mathrm{v}}}{\partial p_{\mathrm{c}}^{2}}-\right.\\&\frac{\alpha-n}{K_{\mathrm{s}}}\left(-\frac{\partial S_{\mathrm{l}}}{\partial p_{\mathrm{c}}}\rho_{\mathrm{v}}+(1-S_{\mathrm{l}})\frac{\partial\rho_{\mathrm{v}}}{\partial p_{\mathrm{c}}}+\frac{\partial S_{\mathrm{l}}}{\partial p_{\mathrm{c}}}\rho_{\mathrm{w}}\right)\left(\frac{\partial S_{\mathrm{l}}}{\partial p_{\mathrm{c}}}p_{\mathrm{c}}+S_{\mathrm{l}}\right)-\\&\left.\frac{(\alpha-n)\left(S_{\mathrm{g}}\rho_{\mathrm{v}}+S_{\mathrm{l}}\rho_{\mathrm{w}}\right)}{K_{\mathrm{s}}}\left(\frac{\partial^{2}S_{\mathrm{l}}}{\partial p_{\mathrm{c}}^{2}}p_{\mathrm{c}}+2\frac{\partial S_{\mathrm{l}}}{\partial p_{\mathrm{c}}}\right)\right]\frac{p_{\mathrm{c}}^{n+1}-p_{\mathrm{c}}^{n}}{\Delta t}+\\&\left\{-n\frac{\partial S_{\mathrm{l}}}{\partial p_{\mathrm{c}}}\frac{\partial\rho_{\mathrm{v}}}{\partial T}+n(1-S_{\mathrm{l}})\frac{\partial^{2}\rho_{\mathrm{v}}}{\partial T\partial p_{\mathrm{c}}}+n\frac{\partial S_{\mathrm{l}}}{\partial p_{\mathrm{c}}}\frac{\partial\rho_{\mathrm{w}}}{\partial T}+\right.\\&\left(-\frac{\partial S_{\mathrm{l}}}{\partial p_{\mathrm{c}}}\rho_{\mathrm{v}}+(1-S_{\mathrm{l}})\frac{\partial\rho_{\mathrm{v}}}{\partial p_{\mathrm{c}}}+\frac{\partial S_{\mathrm{l}}}{\partial p_{\mathrm{c}}}\rho_{\mathrm{w}}\right)\times\\&\left[\left(\frac{1-n}{\rho_{\mathrm{s}}}\left(\frac{\partial\rho_{\mathrm{s}}}{\partial\Gamma_{\mathrm{h}}}\frac{\mathrm{d}\Gamma_{\mathrm{h}}}{\mathrm{d}T}+\frac{\partial\rho_{\mathrm{s}}}{\partial\Gamma_{\mathrm{s}}}\frac{\mathrm{d}\Gamma_{\mathrm{s}}}{\mathrm{d}T}\right)\right)+\frac{1}{\rho_{\mathrm{s}}}\frac{\partial m_{\mathrm{h}}}{\partial T}+\frac{1}{\rho_{\mathrm{s}}}\frac{\partial m_{\mathrm{s}}}{\partial T}\right]-\end{aligned}$$

$$
\beta_{\mathrm{s}}(\alpha-n)\left(-\frac{\partial S_{\mathrm{l}}}{\partial p_{\mathrm{c}}}\rho_{\mathrm{v}}+(1-S_{\mathrm{l}})\frac{\partial \rho_{\mathrm{v}}}{\partial p_{\mathrm{c}}}+\frac{\partial S_{\mathrm{l}}}{\partial p_{\mathrm{c}}}\rho_{\mathrm{w}}\right)\Bigg\}\frac{T^{n+1}-T^{n}}{\Delta t}+
$$

$$
\left[n\frac{\partial S_{\mathrm{l}}}{\partial p_{\mathrm{c}}}(\rho_{\mathrm{w}}-\rho_{\mathrm{v}})+n(1-S_{\mathrm{l}})\frac{\partial \rho_{\mathrm{v}}}{\partial p_{\mathrm{c}}}-\frac{(\alpha-n)(S_{\mathrm{g}}\rho_{\mathrm{v}}+S_{\mathrm{l}}\rho_{\mathrm{w}})}{K_{\mathrm{s}}}\left(\frac{\partial S_{\mathrm{l}}}{\partial p_{\mathrm{c}}}p_{\mathrm{c}}+S_{\mathrm{l}}\right)\right]\frac{1}{\Delta t} \tag{7.67}
$$

$$
\boldsymbol{H}_{\mathrm{cc}}=-\rho_{\mathrm{w}}\frac{\boldsymbol{k}_{\mathrm{a}}k_{\mathrm{rw}}}{\mu_{\mathrm{w}}}+\rho_{\mathrm{g}}\frac{M_{\mathrm{a}}M_{\mathrm{v}}}{M_{\mathrm{g}}^{2}}\boldsymbol{D}_{\mathrm{p}}\frac{1}{p_{\mathrm{g}}}\frac{\partial p_{\mathrm{v}}}{\partial p_{\mathrm{c}}} \tag{7.68}
$$

$$
\begin{aligned}
\boldsymbol{M}_{\mathrm{cc}}=&\rho_{\mathrm{w}}\frac{\boldsymbol{k}_{\mathrm{a}}}{\mu_{\mathrm{w}}}\frac{\partial k_{\mathrm{rw}}}{\partial p_{\mathrm{c}}}(\nabla p_{\mathrm{g}}-\nabla p_{\mathrm{c}})+\\
&\left(\frac{\partial \rho_{\mathrm{v}}}{\partial p_{\mathrm{c}}}\frac{\boldsymbol{k}_{\mathrm{a}}k_{\mathrm{rg}}}{\mu_{\mathrm{g}}}+\rho_{\mathrm{v}}\frac{\partial k_{\mathrm{rg}}}{\partial p_{\mathrm{c}}}\frac{\boldsymbol{k}_{\mathrm{a}}}{\mu_{\mathrm{g}}}-\rho_{\mathrm{v}}\frac{\partial \mu_{\mathrm{g}}}{\partial p_{\mathrm{c}}}\frac{\boldsymbol{k}_{\mathrm{a}}k_{\mathrm{rg}}}{\mu_{\mathrm{g}}^{2}}\right)\nabla p_{\mathrm{g}}+\\
&\frac{M_{\mathrm{a}}M_{\mathrm{v}}}{M_{\mathrm{g}}^{2}}\left(\frac{\partial \rho_{\mathrm{g}}}{\partial p_{\mathrm{c}}}\boldsymbol{D}_{\mathrm{p}}-\frac{2\rho_{\mathrm{g}}}{M_{\mathrm{g}}}\frac{\partial M_{\mathrm{g}}}{\partial p_{\mathrm{c}}}\boldsymbol{D}_{\mathrm{p}}+\rho_{\mathrm{g}}\frac{\partial \boldsymbol{D}_{\mathrm{p}}}{\partial p_{\mathrm{c}}}\right)\times\\
&\left[\frac{1}{p_{\mathrm{g}}}\left(\frac{\partial p_{\mathrm{v}}}{\partial p_{\mathrm{c}}}\nabla p_{\mathrm{c}}+\frac{\partial p_{\mathrm{v}}}{\partial T}\nabla T\right)-\frac{p_{\mathrm{v}}}{p_{\mathrm{g}}^{2}}\nabla p_{\mathrm{g}}\right]+\\
&\rho_{\mathrm{g}}\frac{M_{\mathrm{a}}M_{\mathrm{v}}}{M_{\mathrm{g}}^{2}}\boldsymbol{D}_{\mathrm{p}}\left[\frac{1}{p_{\mathrm{g}}}\left(\frac{\partial^{2}p_{\mathrm{v}}}{\partial p_{\mathrm{c}}^{2}}\nabla p_{\mathrm{c}}+\frac{\partial^{2}p_{\mathrm{v}}}{\partial T\partial p_{\mathrm{c}}}\nabla T\right)-\frac{1}{p_{\mathrm{g}}^{2}}\frac{\partial p_{\mathrm{v}}}{\partial p_{\mathrm{c}}}\nabla p_{\mathrm{g}}\right]
\end{aligned} \tag{7.69}
$$

$$
G_{\mathrm{cc}}=\beta_{\mathrm{c}}\frac{\partial \rho_{\mathrm{v}}}{\partial p_{\mathrm{c}}} \tag{7.70}
$$

$$
\begin{aligned}
C_{\mathrm{ct}}=&\alpha\left((1-S_{\mathrm{l}})\frac{\partial \rho_{\mathrm{v}}}{\partial T}+S_{\mathrm{l}}\frac{\partial \rho_{\mathrm{w}}}{\partial T}\right)\dot{\varepsilon}_{\mathrm{v}}+\\
&\frac{\alpha-n}{K_{\mathrm{s}}}\left[(1-S_{\mathrm{l}})\frac{\partial \rho_{\mathrm{v}}}{\partial T}+S_{\mathrm{l}}\frac{\partial \rho_{\mathrm{w}}}{\partial T}\right]\frac{p_{\mathrm{g}}^{n+1}-p_{\mathrm{g}}^{n}}{\Delta t}+\\
&\left[\frac{\partial n}{\partial T}\frac{\partial S_{\mathrm{l}}}{\partial p_{\mathrm{c}}}(\rho_{\mathrm{w}}-\rho_{\mathrm{v}})+n\frac{\partial S_{\mathrm{l}}}{\partial p_{\mathrm{c}}}\left(\frac{\partial \rho_{\mathrm{w}}}{\partial T}-\frac{\partial \rho_{\mathrm{v}}}{\partial T}\right)+\right.\\
&\frac{\partial n}{\partial T}(1-S_{\mathrm{l}})\frac{\partial \rho_{\mathrm{v}}}{\partial p_{\mathrm{c}}}+n(1-S_{\mathrm{l}})\frac{\partial^{2}\rho_{\mathrm{v}}}{\partial p_{\mathrm{c}}\partial T}-\\
&\left.\frac{\alpha-n}{K_{\mathrm{s}}}\left((1-S_{\mathrm{l}})\frac{\partial \rho_{\mathrm{v}}}{\partial T}+S_{\mathrm{l}}\frac{\partial \rho_{\mathrm{w}}}{\partial T}\right)\left(\frac{\partial S_{\mathrm{l}}}{\partial p_{\mathrm{c}}}p_{\mathrm{c}}+S_{\mathrm{l}}\right)\right]\frac{p_{\mathrm{c}}^{n+1}-p_{\mathrm{c}}^{n}}{\Delta t}+\\
&\left\{\frac{\partial n}{\partial T}(1-S_{\mathrm{l}})\frac{\partial \rho_{\mathrm{v}}}{\partial T}+n(1-S_{\mathrm{l}})\frac{\partial^{2}\rho_{\mathrm{v}}}{\partial T^{2}}+\frac{\partial n}{\partial T}S_{\mathrm{l}}\frac{\partial \rho_{\mathrm{w}}}{\partial T}+nS_{\mathrm{l}}\frac{\partial^{2}\rho_{\mathrm{w}}}{\partial T^{2}}+\right.\\
&\left((1-S_{\mathrm{l}})\frac{\partial \rho_{\mathrm{v}}}{\partial T}+S_{\mathrm{l}}\frac{\partial \rho_{\mathrm{w}}}{\partial T}\right)\left(\frac{1-n}{\rho_{\mathrm{s}}}\left(\frac{\partial \rho_{\mathrm{s}}}{\partial \varGamma_{\mathrm{h}}}\frac{\mathrm{d}\varGamma_{\mathrm{h}}}{\mathrm{d}T}+\frac{\partial \rho_{\mathrm{s}}}{\partial \varGamma_{\mathrm{s}}}\frac{\mathrm{d}\varGamma_{\mathrm{s}}}{\mathrm{d}T}\right)\right)+\\
&[(1-S_{\mathrm{l}})\rho_{\mathrm{v}}+S_{\mathrm{l}}\rho_{\mathrm{w}}]\left[\left(-\frac{1}{\rho_{\mathrm{s}}}\frac{\partial n}{\partial T}-\frac{1-n}{\rho_{\mathrm{s}}^{2}}\frac{\partial \rho_{\mathrm{s}}}{\partial T}\right)\left(\frac{\partial \rho_{\mathrm{s}}}{\partial \varGamma_{\mathrm{h}}}\frac{\mathrm{d}\varGamma_{\mathrm{h}}}{\mathrm{d}T}+\frac{\partial \rho_{\mathrm{s}}}{\partial \varGamma_{\mathrm{s}}}\frac{\mathrm{d}\varGamma_{\mathrm{s}}}{\mathrm{d}T}\right)+\right.
\end{aligned}
$$

$$\frac{1-n}{\rho_s}\left(\partial\left(\frac{\partial\rho_s}{\partial\Gamma_h}\frac{d\Gamma_h}{dT}\right)\Big/\partial T+\partial\left(\frac{\partial\rho_s}{\partial\Gamma_s}\frac{d\Gamma_s}{dT}\right)\Big/\partial T\right)\Bigg]+$$

$$\left[\left((1-S_l)\frac{\partial\rho_v}{\partial T}+S_l\frac{\partial\rho_w}{\partial T}\right)\frac{1}{\rho_s}-\left((1-S_l)\rho_v+S_l\rho_w\right)\frac{1}{\rho_s^2}\frac{\partial\rho_s}{\partial T}\right]\times$$

$$\left(\frac{\partial m_h}{\partial T}+\frac{\partial m_s}{\partial T}\right)+\left[(1-S_l)\rho_v+S_l\rho_w\right]\frac{\partial n}{\partial T}\beta_s-$$

$$\left[(1-S_l)\frac{\partial\rho_v}{\partial T}+S_l\frac{\partial\rho_w}{\partial T}\right](\alpha-n)\beta_s\Bigg\}\frac{T^{n+1}-T^n}{\Delta t}+$$

$$\Bigg\{\left((1-S_l)\frac{\partial\rho_v}{\partial T}+S_l\frac{\partial\rho_w}{\partial T}\right)\frac{1}{\rho_s}\left(\frac{\partial m_s}{\partial T}+\frac{\partial m_h}{\partial T}\right)-$$

$$\frac{\partial m_h}{\partial T}+n(1-S_l)\frac{\partial\rho_v}{\partial T}+nS_l\frac{\partial\rho_w}{\partial T}-\beta_{swg}+$$

$$\left[(1-S_l)\rho_v+S_l\rho_w\right]\left[\frac{1-n}{\rho_s}\left(\frac{\partial\rho_s}{\partial\Gamma_h}\frac{d\Gamma_h}{dT}+\frac{\partial\rho_s}{\partial\Gamma_s}\frac{d\Gamma_s}{dT}\right)\right]\Bigg\}\frac{1}{\Delta t} \tag{7.71}$$

$$\boldsymbol{H}_{ct}=\rho_g\frac{M_aM_v}{M_g^2}\boldsymbol{D}_p\frac{1}{p_g}\frac{\partial p_v}{\partial T} \tag{7.72}$$

$$\boldsymbol{M}_{ct}=\left(\frac{\partial\rho_w}{\partial T}\frac{\boldsymbol{k}_a k_{rw}}{\mu_w}+\rho_w\frac{k_{rw}}{\mu_w}\frac{\partial\boldsymbol{k}_a}{\partial T}-\rho_w\frac{\boldsymbol{k}_a k_{rw}}{\mu_w^2}\frac{\partial\mu_w}{\partial T}\right)\left(\nabla p_g-\nabla p_c\right)+$$

$$\left(\frac{\partial\rho_v}{\partial T}\frac{\boldsymbol{k}_a k_{rg}}{\mu_g}+\rho_v\frac{k_{rg}}{\mu_g}\frac{\partial\boldsymbol{k}_a}{\partial T}-\rho_v\frac{\boldsymbol{k}_a k_{rg}}{\mu_g^2}\frac{\partial\mu_g}{\partial T}\right)\nabla p_g+$$

$$\frac{M_aM_v}{M_g^2}\left(\frac{\partial\rho_g}{\partial T}\boldsymbol{D}_p-\frac{2\rho_g}{M_g}\frac{\partial M_g}{\partial T}\boldsymbol{D}_p+\rho_g\frac{\partial\boldsymbol{D}_p}{\partial T}\right)\times$$

$$\left[\frac{1}{p_g}\left(\frac{\partial p_v}{\partial p_c}\nabla p_c+\frac{\partial p_v}{\partial T}\nabla T\right)-\frac{p_v}{p_g^2}\nabla p_g\right]+$$

$$\rho_g\frac{M_aM_v}{M_g^2}\boldsymbol{D}_p\left[\frac{1}{p_g}\left(\frac{\partial^2 p_v}{\partial p_c\partial T}\nabla p_c+\frac{\partial^2 p_v}{\partial T^2}\nabla T\right)-\frac{1}{p_g^2}\frac{\partial p_v}{\partial T}\nabla p_g\right] \tag{7.73}$$

$$G_{ct}=\beta_c\frac{\partial\rho_v}{\partial T} \tag{7.74}$$

$$C_{tu}=-\alpha\frac{\Delta h_v S_l\rho_w}{\Delta t} \tag{7.75}$$

$$C_{tg}=\frac{\partial\left(\left(\rho C_p\right)_{eff}\right)}{\partial p_g}\frac{T^{n+1}-T^n}{\Delta t}+\left[\left(-C_{pw}\rho_w\frac{k_{rw}}{\mu_w}\frac{\partial\boldsymbol{k}_a}{\partial p_g}\right)\left(\nabla p_g-\nabla p_c\right)-\right.$$

$$\left.\left(\frac{\partial C_{pg}}{\partial p_g}\rho_g+C_{pg}\frac{\partial\rho_g}{\partial p_g}\right)\frac{\boldsymbol{k}_a k_{rg}}{\mu_g}\nabla p_g+C_{pg}\rho_g\left(-\frac{\partial\boldsymbol{k}_a}{\partial p_g}\frac{k_{rg}}{\mu_g}+\frac{\partial\mu_g}{\partial p_g}\frac{\boldsymbol{k}_a k_{rg}}{\mu_g^2}\right)\nabla p_g\right]\cdot\nabla T-$$

$$\Delta h_v\frac{S_l\rho_w(\alpha-n)}{K_s\Delta t} \tag{7.76}$$

$$\boldsymbol{M}_{\mathrm{tg}}^{1}=\left(-C_{\mathrm{pw}}\rho_{\mathrm{w}}\frac{\boldsymbol{k}_{\mathrm{a}}k_{\mathrm{rw}}}{\mu_{\mathrm{w}}}-C_{\mathrm{pg}}\rho_{\mathrm{g}}\frac{\boldsymbol{k}_{\mathrm{a}}k_{\mathrm{rg}}}{\mu_{\mathrm{g}}}\right)\cdot\nabla T \tag{7.77}$$

$$\boldsymbol{H}_{\mathrm{tg}}=-\Delta h_{\mathrm{v}}\rho_{\mathrm{w}}\frac{\boldsymbol{k}_{\mathrm{a}}k_{\mathrm{rw}}}{\mu_{\mathrm{w}}} \tag{7.78}$$

$$\boldsymbol{M}_{\mathrm{tg}}^{2}=-\Delta h_{\mathrm{v}}\rho_{\mathrm{w}}\frac{k_{\mathrm{rw}}}{\mu_{\mathrm{w}}}\frac{\partial\boldsymbol{k}_{\mathrm{a}}}{\partial p_{\mathrm{g}}}\left(\nabla p_{\mathrm{g}}-\nabla p_{\mathrm{c}}\right) \tag{7.79}$$

$$\begin{aligned}C_{\mathrm{tc}}=&-\Delta h_{\mathrm{v}}\alpha\frac{\partial S_{\mathrm{l}}}{\partial p_{\mathrm{c}}}\rho_{\mathrm{w}}\dot{\varepsilon}_{\mathrm{v}}+\left[\left(-C_{\mathrm{pw}}\rho_{\mathrm{w}}\frac{\boldsymbol{k}_{\mathrm{a}}}{\mu_{\mathrm{w}}}\frac{\partial k_{\mathrm{rw}}}{\partial p_{\mathrm{c}}}\right)\left(\nabla p_{\mathrm{g}}-\nabla p_{\mathrm{c}}\right)+\right.\\&\left.\left(-C_{\mathrm{pg}}\frac{\partial\rho_{\mathrm{g}}}{\partial p_{\mathrm{c}}}\frac{\boldsymbol{k}_{\mathrm{a}}k_{\mathrm{rg}}}{\mu_{\mathrm{g}}}+C_{\mathrm{pg}}\rho_{\mathrm{g}}\left(-\frac{\partial k_{\mathrm{rg}}}{\partial p_{\mathrm{c}}}\frac{\boldsymbol{k}_{\mathrm{a}}}{\mu_{\mathrm{g}}}+\frac{\partial\mu_{\mathrm{g}}}{\partial p_{\mathrm{c}}}\frac{\boldsymbol{k}_{\mathrm{a}}k_{\mathrm{rg}}}{\mu_{\mathrm{g}}^{2}}\right)\right)\nabla p_{\mathrm{g}}\right]\cdot\nabla T-\\&\Delta h_{\mathrm{v}}\frac{\partial S_{\mathrm{l}}}{\partial p_{\mathrm{c}}}\frac{\rho_{\mathrm{w}}(\alpha-n)}{K_{\mathrm{s}}}\frac{p_{\mathrm{g}}^{n+1}-p_{\mathrm{g}}^{n}}{\Delta t}-\\&\Delta h_{\mathrm{v}}\left[\rho_{\mathrm{w}}n\frac{\partial^{2}S_{\mathrm{l}}}{\partial p_{\mathrm{c}}^{2}}-\frac{\partial S_{\mathrm{l}}}{\partial p_{\mathrm{c}}}\frac{\rho_{\mathrm{w}}(\alpha-n)}{K_{\mathrm{s}}}\left(\frac{\partial S_{\mathrm{l}}}{\partial p_{\mathrm{c}}}p_{\mathrm{c}}+S_{\mathrm{l}}\right)-\right.\\&\left.\frac{S_{\mathrm{l}}\rho_{\mathrm{w}}(\alpha-n)}{K_{\mathrm{s}}}\left(\frac{\partial^{2}S_{\mathrm{l}}}{\partial p_{\mathrm{c}}^{2}}p_{\mathrm{c}}+2\frac{\partial S_{\mathrm{l}}}{\partial p_{\mathrm{c}}}\right)\right]\frac{p_{\mathrm{c}}^{n+1}-p_{\mathrm{c}}^{n}}{\Delta t}+\\&\left\{-\Delta h_{\mathrm{v}}\left[n\frac{\partial S_{\mathrm{l}}}{\partial p_{\mathrm{c}}}\frac{\partial\rho_{\mathrm{w}}}{\partial T}+\frac{\partial S_{\mathrm{l}}}{\partial p_{\mathrm{c}}}\rho_{\mathrm{w}}\frac{1-n}{\rho_{\mathrm{s}}}\left(\frac{\partial\rho_{\mathrm{s}}}{\partial\Gamma_{\mathrm{h}}}\frac{\mathrm{d}\Gamma_{\mathrm{h}}}{\mathrm{d}T}+\frac{\partial\rho_{\mathrm{s}}}{\partial\Gamma_{\mathrm{s}}}\frac{\mathrm{d}\Gamma_{\mathrm{s}}}{\mathrm{d}T}\right)-\right.\right.\\&\left.\left.\frac{\partial S_{\mathrm{l}}}{\partial p_{\mathrm{c}}}\rho_{\mathrm{w}}(\alpha-n)\beta_{\mathrm{s}}+\frac{\partial S_{\mathrm{l}}}{\partial p_{\mathrm{c}}}\frac{\rho_{\mathrm{w}}}{\rho_{\mathrm{s}}}\left(\frac{\partial m_{\mathrm{h}}}{\partial T}+\frac{\partial m_{\mathrm{s}}}{\partial T}\right)\right]+\frac{\partial\left(\left(\rho C_{\mathrm{p}}\right)_{\mathrm{eff}}\right)}{\partial p_{\mathrm{c}}}\right\}\frac{T^{n+1}-T^{n}}{\Delta t}-\\&\Delta h_{\mathrm{v}}\left(\rho_{\mathrm{w}}n\frac{\partial S_{\mathrm{l}}}{\partial p_{\mathrm{c}}}-\frac{S_{\mathrm{l}}\rho_{\mathrm{w}}(\alpha-n)}{K_{\mathrm{s}}}\left(\frac{\partial S_{\mathrm{l}}}{\partial p_{\mathrm{c}}}p_{\mathrm{c}}+S_{\mathrm{l}}\right)\right)\frac{1}{\Delta t}\end{aligned} \tag{7.80}$$

$$\boldsymbol{M}_{\mathrm{tc}}^{1}=\left(C_{\mathrm{pw}}\rho_{\mathrm{w}}\frac{\boldsymbol{k}_{\mathrm{a}}k_{\mathrm{rw}}}{\mu_{\mathrm{w}}}\right)\cdot\nabla T \tag{7.81}$$

$$\boldsymbol{H}_{\mathrm{tc}}=\Delta h_{\mathrm{vap}}\rho_{\mathrm{w}}\frac{\boldsymbol{k}_{\mathrm{a}}k_{\mathrm{rw}}}{\mu_{\mathrm{w}}} \tag{7.82}$$

$$\boldsymbol{M}_{\mathrm{tc}}^{2}=\frac{\partial\left(\boldsymbol{\lambda}_{\mathrm{eff}}\right)}{\partial p_{\mathrm{c}}}\nabla T+\Delta h_{\mathrm{v}}\rho_{\mathrm{w}}\frac{\boldsymbol{k}_{\mathrm{a}}}{\mu_{\mathrm{w}}}\frac{\partial k_{\mathrm{rw}}}{\partial p_{\mathrm{c}}}\left(\nabla p_{\mathrm{g}}-\nabla p_{\mathrm{c}}\right) \tag{7.83}$$

$$\begin{aligned}C_{\mathrm{tt}}=&-\left(\Delta h_{\mathrm{v}}\frac{\partial\rho_{\mathrm{w}}}{\partial T}+\frac{\partial\left(\Delta h_{\mathrm{v}}\right)}{\partial T}\rho_{\mathrm{w}}\right)\alpha S_{\mathrm{l}}\dot{\varepsilon}_{\mathrm{v}}+\\&\left[-\left(\frac{\partial C_{\mathrm{pw}}}{\partial T}\rho_{\mathrm{w}}+C_{\mathrm{pw}}\frac{\partial\rho_{\mathrm{w}}}{\partial T}\right)\frac{\boldsymbol{k}_{\mathrm{a}}k_{\mathrm{rw}}}{\mu_{\mathrm{w}}}\left(\nabla p_{\mathrm{g}}-\nabla p_{\mathrm{c}}\right)+\right.\\&C_{\mathrm{pw}}\rho_{\mathrm{w}}\left(-\frac{k_{\mathrm{rw}}}{\mu_{\mathrm{w}}}\frac{\partial\boldsymbol{k}_{\mathrm{a}}}{\partial T}+\frac{\boldsymbol{k}_{\mathrm{a}}k_{\mathrm{rw}}}{\mu_{\mathrm{w}}^{2}}\frac{\partial\mu_{\mathrm{w}}}{\partial T}\right)\left(\nabla p_{\mathrm{g}}-\nabla p_{\mathrm{c}}\right)-\end{aligned}$$

$$
\begin{aligned}
&\left(\frac{\partial C_{\mathrm{pg}}}{\partial T}\rho_{\mathrm{g}}+C_{\mathrm{pg}}\frac{\partial \rho_{\mathrm{g}}}{\partial T}\right)\frac{\boldsymbol{k}_{\mathrm{a}}k_{\mathrm{rg}}}{\mu_{\mathrm{g}}}\nabla p_{\mathrm{g}}+\\
&C_{\mathrm{pg}}\rho_{\mathrm{g}}\left(-\frac{k_{\mathrm{rg}}}{\mu_{\mathrm{g}}}\frac{\partial \boldsymbol{k}_{\mathrm{a}}}{\partial T}+\frac{\boldsymbol{k}_{\mathrm{a}}k_{\mathrm{rg}}}{\mu_{\mathrm{g}}^{2}}\frac{\partial \mu_{\mathrm{g}}}{\partial T}\right)\nabla p_{\mathrm{g}}\Bigg]\cdot\nabla T-\\
&\left[\frac{\partial(\Delta h_{\mathrm{v}})}{\partial T}\frac{S_{\mathrm{l}}\rho_{\mathrm{w}}(\alpha-n)}{K_{\mathrm{s}}}+\Delta h_{\mathrm{v}}\left(\frac{\partial \rho_{\mathrm{w}}}{\partial T}(\alpha-n)-\frac{\partial n}{\partial T}\rho_{\mathrm{w}}\right)\frac{S_{\mathrm{l}}}{K_{\mathrm{s}}}\right]\frac{p_{\mathrm{g}}^{n+1}-p_{\mathrm{g}}^{n}}{\Delta t}+\\
&\left[\frac{\partial(\Delta h_{\mathrm{v}})}{\partial T}\left(-\rho_{\mathrm{w}}n\frac{\partial S_{\mathrm{l}}}{\partial p_{\mathrm{c}}}+\frac{S_{\mathrm{l}}\rho_{\mathrm{w}}(\alpha-n)}{K_{\mathrm{s}}}\left(\frac{\partial S_{\mathrm{l}}}{\partial p_{\mathrm{c}}}p_{\mathrm{c}}+S_{\mathrm{l}}\right)\right)+\right.\\
&\Delta h_{\mathrm{v}}\left(\frac{\partial \rho_{\mathrm{w}}}{\partial T}(\alpha-n)-\frac{\partial n}{\partial T}\rho_{\mathrm{w}}\right)\frac{S_{\mathrm{l}}}{K_{\mathrm{s}}}\left(\frac{\partial S_{\mathrm{l}}}{\partial p_{\mathrm{c}}}p_{\mathrm{c}}+S_{\mathrm{l}}\right)-\\
&\left.\Delta h_{\mathrm{v}}\left(\frac{\partial \rho_{\mathrm{w}}}{\partial T}n+\rho_{\mathrm{w}}\frac{\partial n}{\partial T}\right)\frac{\partial S_{\mathrm{l}}}{\partial p_{\mathrm{c}}}\right]\frac{p_{\mathrm{c}}^{n+1}-p_{\mathrm{c}}^{n}}{\Delta t}+\\
&\left\{\frac{\partial\left(\left(\rho C_{\mathrm{p}}\right)_{\mathrm{eff}}\right)}{\partial T}-\Delta h_{\mathrm{v}}\left[\left(\frac{\partial^{2}\rho_{\mathrm{w}}}{\partial T^{2}}n+\frac{\partial \rho_{\mathrm{w}}}{\partial T}\frac{\partial n}{\partial T}\right)S_{\mathrm{l}}+\right.\right.\\
&\left(\frac{\partial \rho_{\mathrm{w}}}{\partial T}\frac{1-n}{\rho_{\mathrm{s}}}+\rho_{\mathrm{w}}\left(-\frac{\partial n}{\partial T}\right)\frac{1}{\rho_{\mathrm{s}}}+\rho_{\mathrm{w}}\left(-\frac{1-n}{\rho_{\mathrm{s}}^{2}}\right)\frac{\partial \rho_{\mathrm{s}}}{\partial T}\right)\times\\
&S_{\mathrm{l}}\left(\frac{\partial \rho_{\mathrm{s}}}{\partial \Gamma_{\mathrm{h}}}\frac{\mathrm{d}\Gamma_{\mathrm{h}}}{\mathrm{d}T}+\frac{\partial \rho_{\mathrm{s}}}{\partial \Gamma_{\mathrm{s}}}\frac{\mathrm{d}\Gamma_{\mathrm{s}}}{\mathrm{d}T}\right)+\left(-\frac{\partial \rho_{\mathrm{w}}}{\partial T}(\alpha-n)+\rho_{\mathrm{w}}\frac{\partial n}{\partial T}\right)S_{\mathrm{l}}\beta_{\mathrm{s}}+\\
&\left.S_{\mathrm{l}}\rho_{\mathrm{w}}\frac{1-n}{\rho_{\mathrm{s}}}\left(\partial\left(\frac{\partial \rho_{\mathrm{s}}}{\partial \Gamma_{\mathrm{h}}}\frac{\mathrm{d}\Gamma_{\mathrm{h}}}{\mathrm{d}T}\right)\Big/\partial T+\partial\left(\frac{\partial \rho_{\mathrm{s}}}{\partial \Gamma_{\mathrm{s}}}\frac{\mathrm{d}\Gamma_{\mathrm{s}}}{\mathrm{d}T}\right)\Big/\partial T\right)\right]+\\
&\left(-\frac{\partial(\Delta h_{\mathrm{v}})}{\partial T}\frac{S_{\mathrm{l}}\rho_{\mathrm{w}}}{\rho_{\mathrm{s}}}-\Delta h_{\mathrm{v}}\frac{S_{\mathrm{l}}}{\rho_{\mathrm{s}}}\frac{\partial \rho_{\mathrm{w}}}{\partial T}+\Delta h_{\mathrm{v}}\frac{S_{\mathrm{l}}\rho_{\mathrm{w}}}{\rho_{\mathrm{s}}^{2}}\frac{\partial \rho_{\mathrm{s}}}{\partial T}\right)\left(\frac{\partial m_{\mathrm{h}}}{\partial T}+\frac{\partial m_{\mathrm{s}}}{\partial T}\right)+\\
&\frac{\partial(\Delta h_{\mathrm{v}})}{\partial T}\frac{\partial m_{\mathrm{h}}}{\partial T}-\frac{\partial(\Delta h_{\mathrm{v}})}{\partial T}\left[nS_{\mathrm{l}}\frac{\partial \rho_{\mathrm{w}}}{\partial T}-S_{\mathrm{l}}\rho_{\mathrm{w}}(\alpha-n)\beta_{\mathrm{s}}+\right.\\
&\left.\left.S_{\mathrm{l}}\rho_{\mathrm{w}}\frac{1-n}{\rho_{\mathrm{s}}}\left(\frac{\partial \rho_{\mathrm{s}}}{\partial \Gamma_{\mathrm{h}}}\frac{\mathrm{d}\Gamma_{\mathrm{h}}}{\mathrm{d}T}+\frac{\partial \rho_{\mathrm{s}}}{\partial \Gamma_{\mathrm{s}}}\frac{\mathrm{d}\Gamma_{\mathrm{s}}}{\mathrm{d}T}\right)\right]\right\}\frac{T^{n+1}-T^{n}}{\Delta t}+\\
&\left[\left(\rho C_{\mathrm{p}}\right)_{\mathrm{eff}}-\Delta h_{\mathrm{v}}nS_{\mathrm{l}}\frac{\partial \rho_{\mathrm{w}}}{\partial T}+\Delta h_{\mathrm{v}}S_{\mathrm{l}}\rho_{\mathrm{w}}(\alpha-n)\beta_{\mathrm{s}}-\right.\\
&\Delta h_{\mathrm{v}}S_{\mathrm{l}}\rho_{\mathrm{w}}\frac{1-n}{\rho_{\mathrm{s}}}\left(\frac{\partial \rho_{\mathrm{s}}}{\partial \Gamma_{\mathrm{h}}}\frac{\mathrm{d}\Gamma_{\mathrm{h}}}{\mathrm{d}T}+\frac{\partial \rho_{\mathrm{s}}}{\partial \Gamma_{\mathrm{s}}}\frac{\mathrm{d}\Gamma_{\mathrm{s}}}{\mathrm{d}T}\right)+\\
&\left.\left(\Delta h_{\mathrm{h}}+\Delta h_{\mathrm{v}}-\Delta h_{\mathrm{v}}\frac{S_{\mathrm{l}}\rho_{\mathrm{w}}}{\rho_{\mathrm{s}}}\right)\frac{\partial m_{\mathrm{h}}}{\partial T}+\left(\Delta h_{\mathrm{s}}-\Delta h_{\mathrm{v}}\frac{S_{\mathrm{l}}\rho_{\mathrm{w}}}{\rho_{\mathrm{s}}}\right)\frac{\partial m_{\mathrm{s}}}{\partial T}\right]\frac{1}{\Delta t}
\end{aligned}
\tag{7.84}
$$

$$
\boldsymbol{M}_{\mathrm{tt}}^{1}=-C_{\mathrm{pw}}\rho_{\mathrm{w}}\frac{\boldsymbol{k}_{\mathrm{a}}k_{\mathrm{rw}}}{\mu_{\mathrm{w}}}\left(\nabla p_{\mathrm{g}}-\nabla p_{\mathrm{c}}\right)-C_{\mathrm{pg}}\rho_{\mathrm{g}}\frac{\boldsymbol{k}_{\mathrm{a}}k_{\mathrm{rg}}}{\mu_{\mathrm{g}}}\nabla p_{\mathrm{g}}
\tag{7.85}
$$

$$\boldsymbol{H}_{\mathrm{tt}} = \boldsymbol{\lambda}_{\mathrm{eff}} \tag{7.86}$$

$$\begin{aligned}\boldsymbol{M}_{\mathrm{tt}}^{2} = {} & \frac{\partial\left(\boldsymbol{\lambda}_{\mathrm{eff}}\right)}{\partial T}\nabla T - \frac{\partial\left(\Delta h_{\mathrm{v}}\right)}{\partial T}\rho_{\mathrm{w}}\frac{\boldsymbol{k}_{\mathrm{a}}k_{\mathrm{rw}}}{\mu_{\mathrm{w}}}\left(\nabla p_{\mathrm{g}} - \nabla p_{\mathrm{c}}\right) - \\ & \Delta h_{\mathrm{v}}\left(\frac{\partial\rho_{\mathrm{w}}}{\partial T}\frac{\boldsymbol{k}_{\mathrm{a}}k_{\mathrm{rw}}}{\mu_{\mathrm{w}}} + \rho_{\mathrm{w}}\frac{k_{\mathrm{rw}}}{\mu_{\mathrm{w}}}\frac{\partial\boldsymbol{k}_{\mathrm{a}}}{\partial T} - \rho_{\mathrm{w}}\frac{\boldsymbol{k}_{\mathrm{a}}k_{\mathrm{rw}}}{\mu_{\mathrm{w}}^{2}}\frac{\partial\mu_{\mathrm{w}}}{\partial T}\right)\left(\nabla p_{\mathrm{g}} - \nabla p_{\mathrm{c}}\right)\end{aligned} \tag{7.87}$$

$$G_{\mathrm{tt}} = \alpha_{\mathrm{c}} + 4e\sigma_{0}T^{3} \tag{7.88}$$

$$C_{\mathrm{pu}} = \frac{c^{\mathrm{p}}}{\Delta t} \tag{7.89}$$

$$C_{\mathrm{pg}} = -\frac{k_{\mathrm{rw}}}{nS_{\mathrm{l}}\mu_{\mathrm{w}}}\frac{\partial\boldsymbol{k}_{\mathrm{a}}}{\partial p_{\mathrm{g}}}\left(\nabla p_{\mathrm{g}} - \nabla p_{\mathrm{c}}\right)\cdot\nabla c^{\mathrm{p}} \tag{7.90}$$

$$\boldsymbol{M}_{\mathrm{pg}} = -\frac{\boldsymbol{k}_{\mathrm{a}}k_{\mathrm{rw}}}{nS_{\mathrm{l}}\mu_{\mathrm{w}}}\nabla c^{\mathrm{p}} \tag{7.91}$$

$$C_{\mathrm{pc}} = -\left(\frac{\boldsymbol{k}_{\mathrm{a}}}{nS_{\mathrm{l}}\mu_{\mathrm{w}}}\frac{\partial k_{\mathrm{rw}}}{\partial p_{\mathrm{c}}} - \frac{\boldsymbol{k}_{\mathrm{a}}k_{\mathrm{rw}}}{nS_{\mathrm{l}}^{2}\mu_{\mathrm{w}}}\frac{\partial S_{\mathrm{l}}}{\partial p_{\mathrm{c}}}\right)\left(\nabla p_{\mathrm{g}} - \nabla p_{\mathrm{c}}\right)\cdot\nabla c^{\mathrm{p}} \tag{7.92}$$

$$\boldsymbol{M}_{\mathrm{pc}} = \frac{\boldsymbol{k}_{\mathrm{a}}k_{\mathrm{rw}}}{nS_{\mathrm{l}}\mu_{\mathrm{w}}}\nabla c^{\mathrm{p}} \tag{7.93}$$

$$\begin{aligned}C_{\mathrm{pt}} = {} & -\frac{\partial m_{\mathrm{s}}}{\partial T}\frac{1}{\Delta t} + \\ & \left(-\frac{\boldsymbol{k}_{\mathrm{a}}k_{\mathrm{rw}}}{n^{2}S_{\mathrm{l}}\mu_{\mathrm{w}}}\frac{\partial n}{\partial T} + \frac{k_{\mathrm{rw}}}{nS_{\mathrm{l}}\mu_{\mathrm{w}}}\frac{\partial\boldsymbol{k}_{\mathrm{a}}}{\partial T} - \frac{\boldsymbol{k}_{\mathrm{a}}k_{\mathrm{rw}}}{nS_{\mathrm{l}}\mu_{\mathrm{w}}^{2}}\frac{\partial\mu_{\mathrm{w}}}{\partial T}\right)\left(\nabla p_{\mathrm{g}} - \nabla p_{\mathrm{c}}\right)\cdot\nabla c^{\mathrm{p}}\end{aligned} \tag{7.94}$$

$$C_{\mathrm{pp}} = \frac{1}{\Delta t} + \dot{\varepsilon}_{\mathrm{v}} \tag{7.95}$$

$$\boldsymbol{M}_{\mathrm{pp}} = -\frac{\boldsymbol{k}_{\mathrm{a}}k_{\mathrm{rw}}}{nS_{\mathrm{l}}\mu_{\mathrm{w}}}\left(\nabla p_{\mathrm{g}} - \nabla p_{\mathrm{c}}\right) \tag{7.96}$$

$$\boldsymbol{H}_{\mathrm{pp}} = \boldsymbol{D}_{\mathrm{h}} \tag{7.97}$$

7.4　数值算例

7.4.1　热辐射下的混凝土试件

此例题关注曾在试验研究中被取为试验样本的承受热载荷的混凝土试件，考核所提出的 CTHM 耦合模型和所发展的相应非线性有限元过程在重现火灾、热辐射等高温条件下的混凝土中化学-热-湿-力耦合行为的有效性，同时显示相关物理量随时间变化的规律，特别是热-化学因素对混凝土损伤和弹塑性破坏的影响效果。

试验中混凝土棱柱试件尺寸为 30 cm × 30 cm × 12 cm，可以看作受到热荷载作用的混凝土墙体的一部分，并将其放置到天平上。尺寸为 30 cm × 30 cm 的两个表面之一通过距其 3 cm 处放置的 5 kW、600 ℃辐射加热器均匀加热，而另一个表面与空气接触；尺寸为 30 cm × 12 cm 的 4 个侧面使用多孔陶瓷块进行绝热处理。为了及时测量压力和温度，在混凝土试件浇筑过程中预先放置了 6 个测量计，其中 5 个依次放置于距加热面 10、20、30、40

和 50 mm 处的试件中心位置。实验装置如图 7.1 所示。

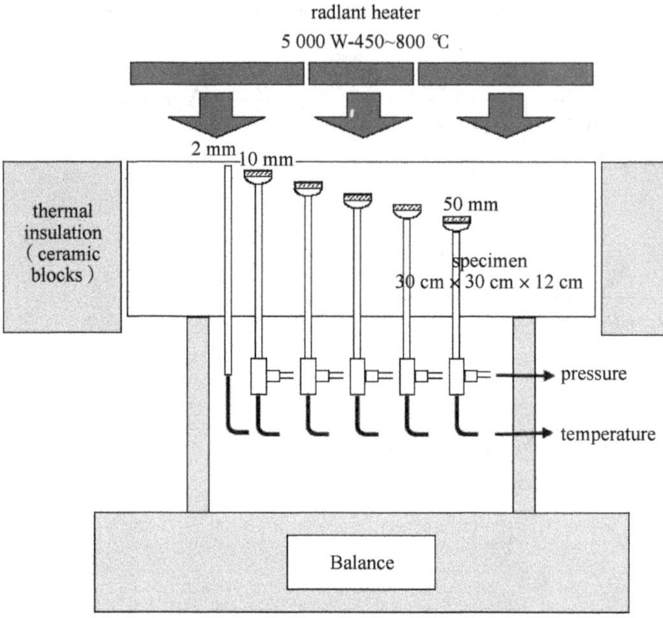

图 7.1 试验装置(Kalifa 等，2000)

Fig. 7.1 The experimental equipments(Kalifa et al.，2000)

自加热面取出试件 12 cm × 0.4 cm 的柱形区域建立数值模型，模型化为一维瞬时单轴应变问题，然后沿边界离散成 36 × 1 个 8 节点等参单元网格用于有限元数值求解计算，如图 7.2 所示。其中，加热面 A 的加热速率根据图 7.3，从而使加热速率与试验测得的距加热面 2 mm 处的温度历史正好相吻合。

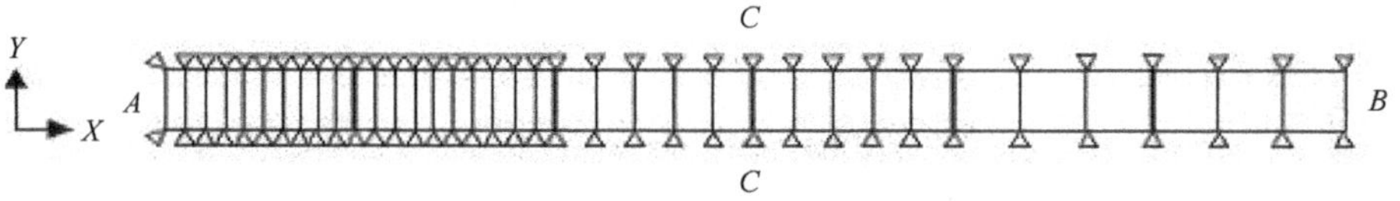

图 7.2 一维问题的有限元模型示意图

Fig. 7.2 Diagram of the FEM for the one-dimensional problem

初始条件如下：初始温度 $T^0 = 298$ K；初始饱和度 $S_1^0 = 0.38$；初始混合气体压力 $p_g^0 = 1$ atm；初始化学束缚水质量 $m_0 = 80$ kg/m^3。边界条件见表 7.1。

表 7.1　受热混凝土试件的边界条件

Table 7.1　Boundary conditions for the heated concrete specimen

边界	变量	数值
A	u_x	$u_x=0$
	u_y	$u_y=0$
	p_g	$p_g=101\,325$ Pa
	p_c	$p_v=1\,000$ Pa, $\beta_c=0.005$ m/s
	T	$T=$图7.3中的曲线, $\alpha_c=10$ W/(m$^2\cdot$K), $e\sigma_0=5.1\times10^{-8}$ W/(m$^2\cdot$K^4)
	c^p	$q_p=0$
B	u_y	$u_y=0$
	p_g	$p_g=101\,325$ Pa
	p_c	$p_v=1\,000$ Pa, $\beta_c=1\times10^{-4}$ m/s
	T	$T=298$ K, $\alpha_c=1$ W/(m$^2\cdot$K)
	c^p	$q_p=0$
C	u_y	$u_y=0$
	p_g	$q_g=0$
	p_c	$q_v=q_w=0$
	T	$q_T=0$
	c^p	$q_p=0$

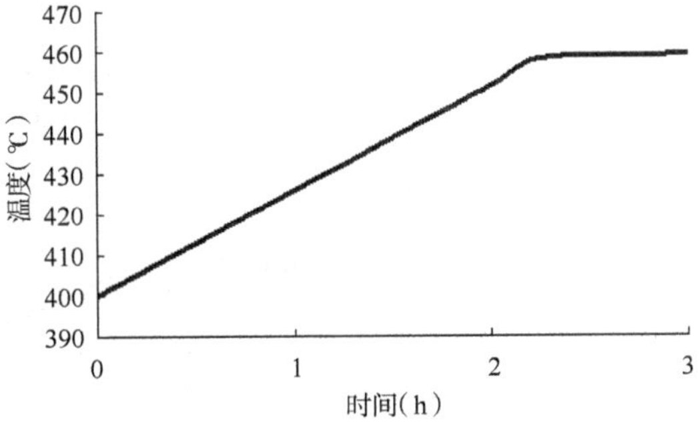

图 7.3　一维问题的热荷载加载历史

Fig. 7.3　Thermal loading history applied for 1D example problem

此算例中采用的主要材料参数如下：杨氏弹性模量 $E_0=44$ GPa，泊松比 $\nu=0.18$；单轴拉伸强度 $f_t=8$ MPa、单轴压缩强度 $f_c=100$ MPa 和双轴压缩强度 $f_{bc}=110$ MPa，本构模型采用 William-Warnke 塑性屈服准则；材料硬化/软化常数 $h_p=-1\times10^7$，$h_s=1\times10^{-3}$，$h_\xi=-2.76\times10^6$，$h_c=-5\times10^7$；初始混凝土骨架密度为 $\rho_{s0}=2\,800$ kg/m^3，初始孔隙度 $n_0=0.1$，且 $A_\varphi=0.195\times10^{-3}$ K^{-1}；绝对渗透系数 $k=3.0\times10^{-21}$ m^2；混凝土颗粒材料的体积模量

$K_s = 114.6$ GPa; Biot 常数 $\alpha = 0.8$; 热容系数 $C_{ps} = 948$ J/(kg·K), $C_{pl} = 4\ 181$ J/(kg·K), $C_{pa} = 1\ 005.7$ J/(kg·K), $C_{pv} = 1\ 805$ J/(kg·K); 初始热传导系数 $\lambda_{d0} = 1.67$ W/(m·K); 热膨胀系数 $\beta_s = 3.0 \times 10^{-5}$ K^{-1}。

图 7.4 和图 7.5 分别给出了受热混凝土试件中不同位置处的数值预测温度和混合气体压力值，以及试验测量的温度和孔隙压力值。通过比较图中的结果，可以清楚地看出利用本书提出的 CTHM 耦合模型所预测的数值结果与实际试验记录的结果相当吻合。从而说明了本书所发展的 CTHM 耦合模型和数值方法重现火灾、热辐射等高温条件下的混凝土中多场耦合行为的有效性。

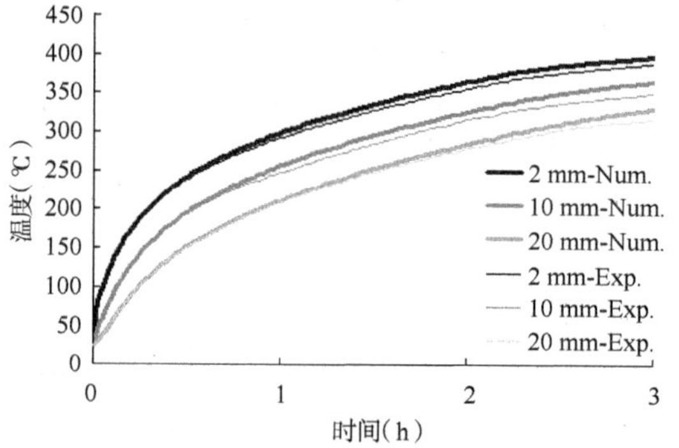

图 7.4 不同位置处的试验测量温度与数值预测温度的比较

Fig. 7.4 Comparisons between temperatures measured experimentally and predicted numerically at different locations from the heated surface

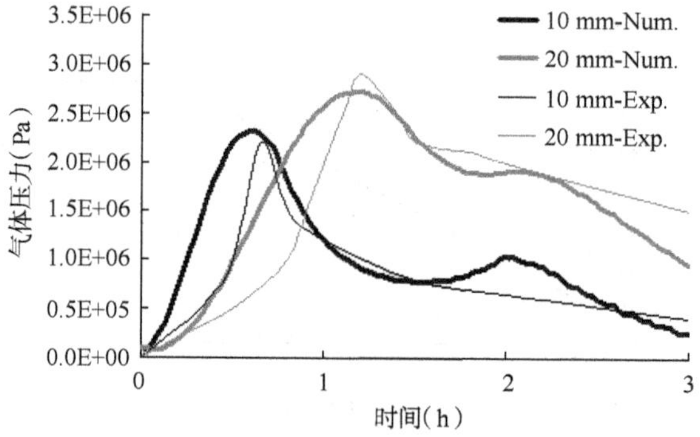

图 7.5 不同位置处的试验测量压力与数值预测压力的比较

Fig. 7.5 Comparisons between gas pressures measured experimentally and predicted numerically at different locations from the heated surface

图 7.6 至图 7.13 分别给出了在 t =1、2 和 3 h 时刻，自加热面沿混凝土试件厚度方向由于脱水和脱盐共同影响下的温度、饱和度、相对湿度、水蒸气压力、水合度、盐分浓度、化学损伤系数和等效塑性应变的分布情况。从图 7.6 中可以看出，混凝土试件的温度分布由外到内逐渐降低，并且越靠近加热面，温度梯度值越高。

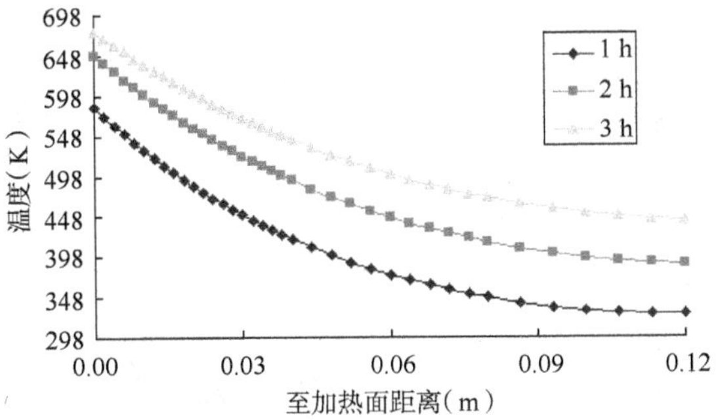

图 7.6　不同时刻下的混凝土试件中的温度分布

Fig. 7.6　Temperature distributions in concrete specimen at various time levels

值得注意的是，如图 7.7 所示，在靠近混凝土试件加热面附近的地方出现了饱和度明显降低的现象。由于混凝土密实的内结构，当孔隙水的蒸发率超过了水蒸气的迁移速率时，混凝土中就会形成一个高蒸汽压力峰值区域，而且这一区域不仅向混凝土墙内不断移动，还随着时间的推移不断增大，在 t =3 h 时达到 1.3 MPa，如图 7.9 所示。图 7.9 中所示水蒸气压力梯度导致水蒸气流向两个相反的方向，即向加热面方向和向混凝土内部方向流动。而向混凝土内部方向的水蒸气流动的趋势将导致相对湿度的上升，并超过了混凝土试件中的初始相对湿度（图 7.8），伴随而来的是由于水蒸气会在混凝土试件中相对低温的层面上凝结，从而使饱和度升高，再现了所谓的“湿阻现象”的发生过程。

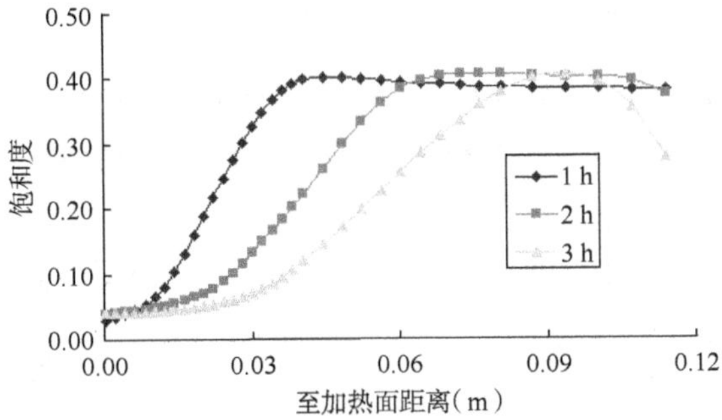

图 7.7　不同时刻下的混凝土试件中的饱和度分布

Fig. 7.7　Saturation distributions in concrete specimen at various time levels

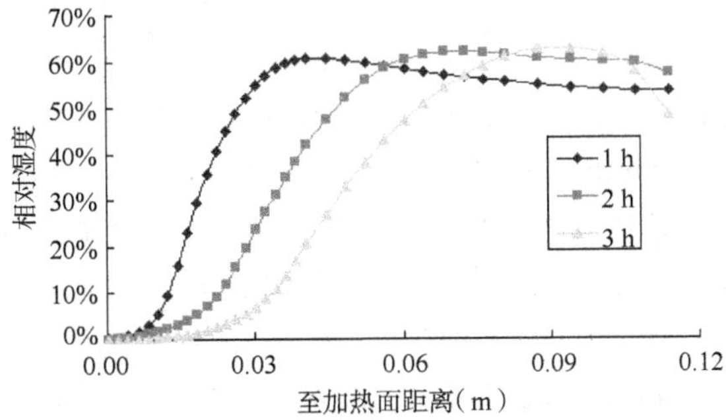

图 7.8　不同时刻下的混凝土试件中的相对湿度分布

Fig. 7.8　Relative humidity distributions in concrete specimen at various time levels

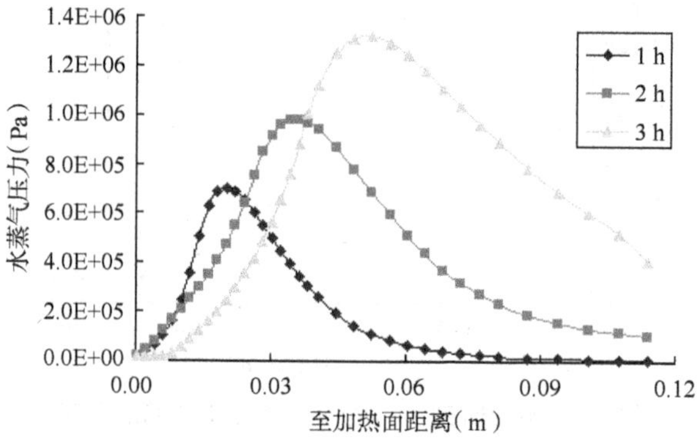

图 7.9 不同时刻下的混凝土试件中的水蒸气压力分布

Fig. 7.9 Vapor pressure distributions in concrete specimen at various time levels

从图 7.10 和图 7.11 中则可以看出，脱水度和盐分浓度随温度升高的持续单调增加。

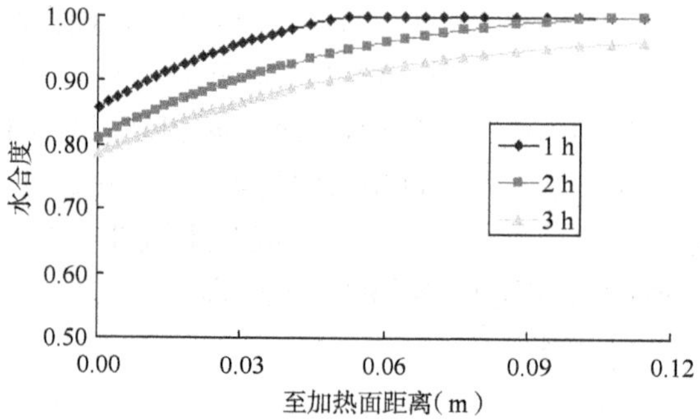

图 7.10 不同时刻下的混凝土试件中的水合度分布

Fig. 7.10 Hydration degree distributions in concrete specimen at various time levels

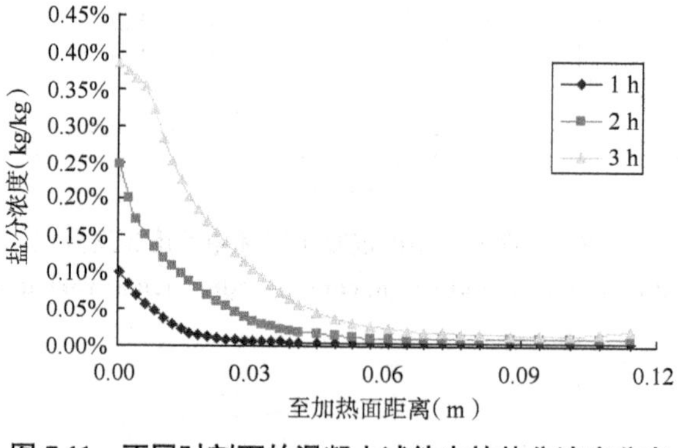

图 7.11 不同时刻下的混凝土试件中的盐分浓度分布

Fig. 7.11 Salt concentration distributions in concrete specimen at various time levels

由于脱水和脱盐共同导致的化学损伤，造成了在加热面附近的混凝土强度下降。在加热面上由于化学因素的影响，混凝土材料的损伤程度在 $t=3$ h 时甚至达到了 30%，如图 7.12 所示。图 7.13 显示了等效塑性应变分布的发展过程，体现了高温下混凝土的塑性失效。同时，可以明显地看出不断向混凝土墙内移动的高水蒸气压力区域对于混凝土塑性的影响，从而可以解释高水蒸气压力是导致混凝土爆裂破坏现象发生的主要因素之一。

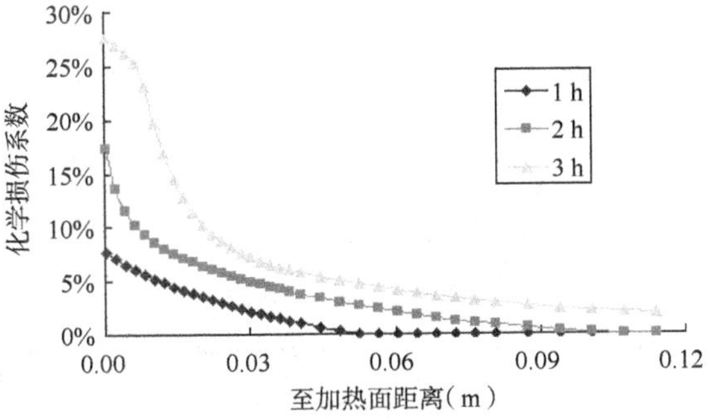

图 7.12　不同时刻下的混凝土试件中的化学损伤系数分布

Fig. 7.12　Chemical damage coefficient distributions in concrete specimen at various time levels

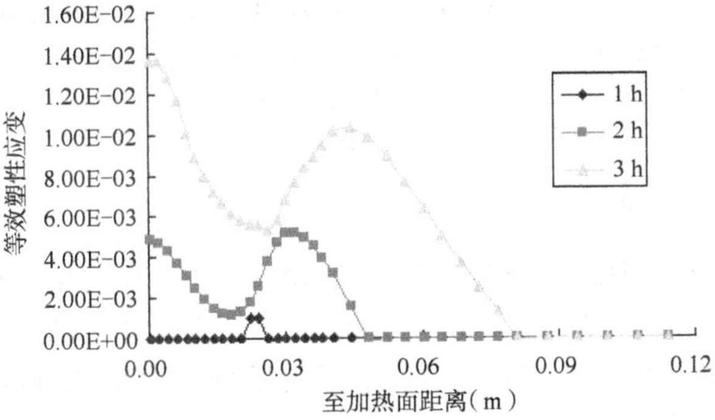

图 7.13　不同时刻下的混凝土试件中的等效塑性应变分布

Fig. 7.13　Equivalent plastic strain distributions in concrete specimen at various time levels

考虑不同化学因素作用对混凝土材料塑性破坏行为的影响效果，可以通过加热 3 h 后四种不同情况（即无脱水和脱盐影响、仅有脱盐影响、仅有脱水影响、脱水和脱盐共同影响）下的等效塑性应变和塑性体积应变的分布清楚地显示出来，如图 7.14 和图 7.15 所示。

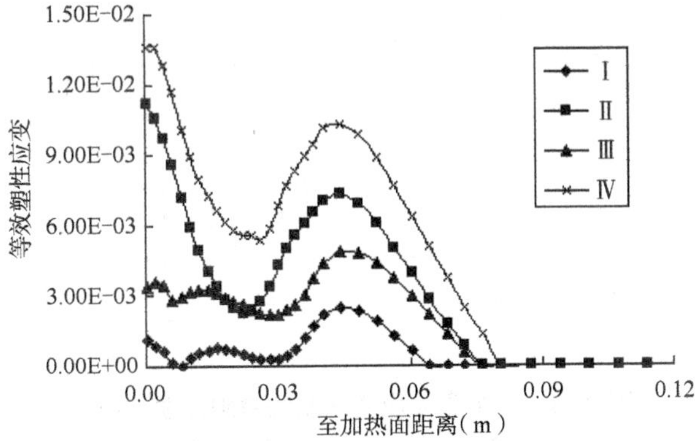

图 7.14　加热 3 h 后的等效塑性应变分布的比较（Ⅰ-无脱水和脱盐影响，Ⅱ-仅有脱盐影响，Ⅲ-仅有脱水影响，Ⅳ-脱水和脱盐共同影响）

Fig. 7.14　Comparison of the equivalent plastic strain distributions in concrete specimen at 3 hours(line Ⅰ - neither dehydration nor desalinization effect, line Ⅱ - with desalinization effect, line Ⅲ - with dehydration effect, line Ⅳ - with dehydration and desalinization effects)

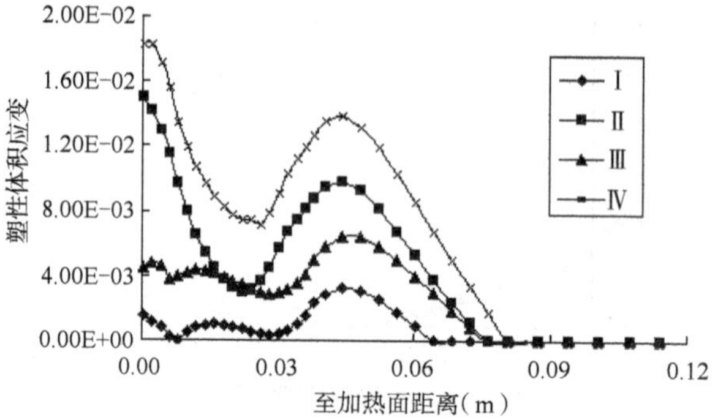

图 7.15　加热 3 h 后的塑性体积应变分布的比较(Ⅰ-无脱水和脱盐影响，Ⅱ-仅有脱盐影响，Ⅲ-仅有脱水影响，Ⅳ-脱水和脱盐共同影响)

Fig. 7.15　Comparison of the plastic volumetric strain distributions in concrete specimen at 3 hours (line Ⅰ - neither dehydration nor desalinization effect, line Ⅱ - with desalinization effect, line Ⅲ - with dehydration effect, line Ⅳ - with dehydration and desalinization effects)

7.4.2　受热混凝土柱问题

此例题考虑处于火场中的一横截面尺寸为 40 cm×40 cm 的正方形混凝土柱的瞬态平面应变问题。按照升温曲线 $T=T^0+0.5t(\mathrm{K})$ 对混凝土柱面 A 不断升温。由于所分析问题的对称性,只取 1/4 混凝土柱体 20 cm×20 cm 区域进行数值模拟,将该区域离散成 15×15 个 8 节点等参单元,如图 7.16 所示。

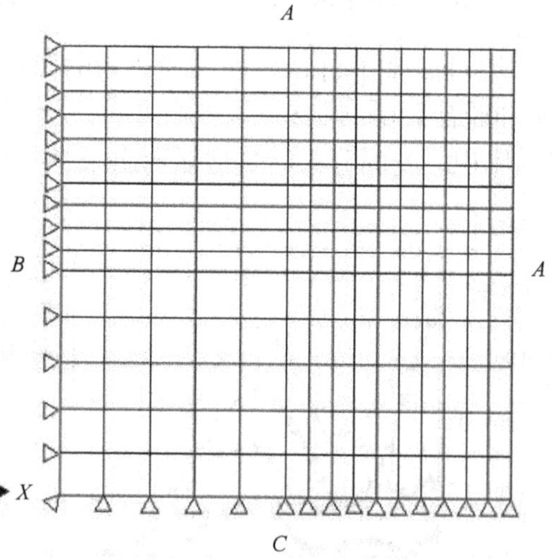

图 7.16　二维平面应变问题的有限元模型简图

Fig. 7.16　Diagram of the FEM for the two-dimensional plane strain problem

本算例整个分析域的初始条件如下:初始温度 $T^0=298$ K,液相的初始饱和度 $S_1^0=0.44$,初始混合气体压力 $p_g^0=101.325$ kPa(即等于一个标准大气压力),初始化学束缚水质量 $m_0=80\ \mathrm{kg/m^3}$。边界条件见表 7.2。

本算例中采用的主要材料参数如下:杨氏弹性模量 $E_0 = 42$ GPa,泊松比 $\nu = 0.2$;单轴拉伸强度 $f_t = 6.4$ MPa、单轴压缩强度 $f_c = 80$ MPa 和双轴压缩强度 $f_{bc} = 88$ MPa;初始混凝土骨架密度 $\rho_{s0} = 2\ 750\ \mathrm{kg/m^3}$,热膨胀系数 $\beta_s = 3.0\times10^{-5}\ \mathrm{K^{-1}}$;初始孔隙度 $n_0 = 0.1$;混凝土颗粒材料的体积模量 $K_s = 58.3$ GPa; Biot 常数 $\alpha = 0.6$;绝对渗透系数 $k = 4\times10^{-21}\ \mathrm{m^2}$;初始热传导系数 $\lambda_{d0} = 1.67\ \mathrm{W/(m\cdot K)}$;热容系数 $C_{ps} = 940\ \mathrm{J/(kg\cdot K)}$,$C_{pl} = 4\ 181\ \mathrm{J/(kg\cdot K)}$,$C_{pa} = 1\ 005.7\ \mathrm{J/(kg\cdot K)}$,$C_{pv} = 1\ 805\ \mathrm{J/(kg\cdot K)}$。

表 7.2　受热混凝土柱的边界条件

Table 7.2　Boundary conditions for the heated concrete column

边界	变量	数值
A	p_g	$p_g = 101\ 325$ Pa
	p_c	$p_v = 1\ 000$ Pa, $\beta_c = 0.08$ m/s
	T	$T = 298 + 0.5t$(K)
	c^p	$q_p = 0$
B	u_x	$u_x = 0$
	p_g	$q_g = 0$
	p_c	$q_v = q_w = 0$
	T	$q_T = 0$
	c^p	$q_p = 0$
C	u_y	$u_y = 0$
	p_g	$q_g = 0$
	p_c	$q_v = q_w = 0$
	T	$q_T = 0$
	c^p	$q_p = 0$

图 7.17 至图 7.22 分别给出了在 t =10、20、30 min 时刻混凝土柱中的温度、饱和度、相对湿度、水蒸气压力、水合度和盐分浓度的分布情况。

利用本书提出的数学模型得到的数值结果可以非常直观地显示出工程建筑中典型的结构组成单元——柱体在高温情况下的各种物理和化学量的变化过程。其中,某些物理现象与上个例题非常相似,特别是温度、饱和度的减小、脱水度和盐分浓度的分布规律,都是靠近加热面处这些量的数值较高,然后向混凝土柱内逐渐减小。这些物理化学现象在混凝土柱角区域的变化最为剧烈,在此区域内相应物理量值都处于整个分析区域的最大值。而相对湿度和水蒸气压力的分布规律则再一次展示了"湿阻现象"的发生过程。需要说明的是,上述这些物理化学现象的特点都与实际试验中所观察到的混凝土柱的高温行为相一致,如温度的分布规律、水分丧失的过程、高孔隙气压力峰值的发展历程等。

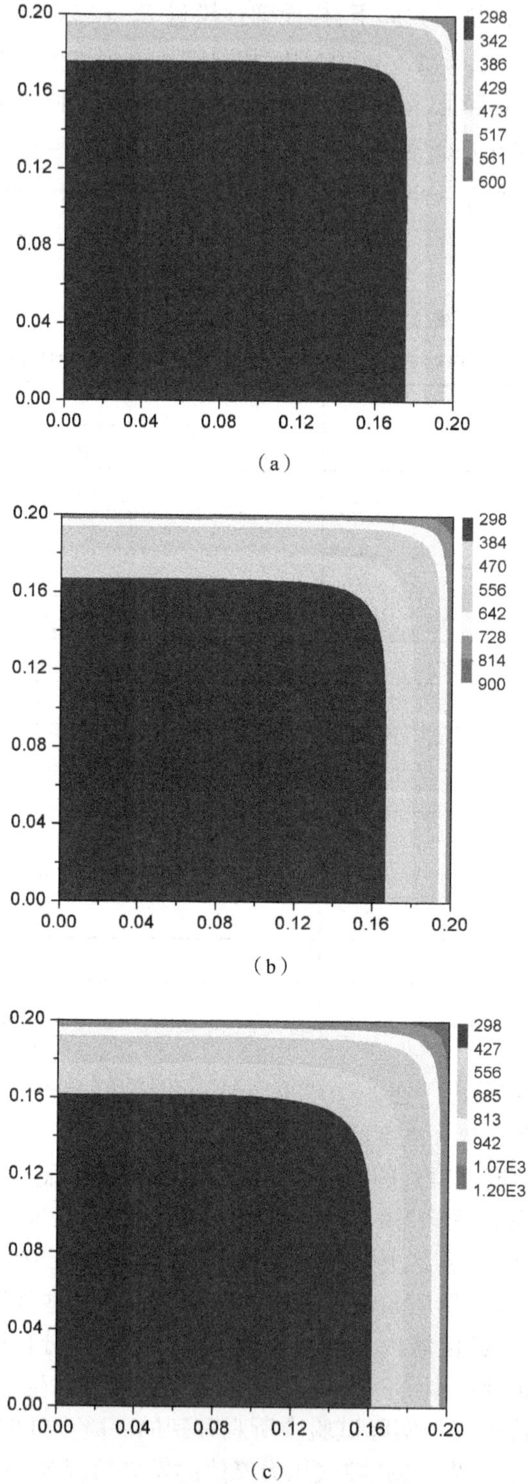

图 7.17 不同时刻的混凝土柱的温度分布:(a)10 min;(b)20 min;(c)30 min

Fig. 7.17 Temperature distributions in concrete column at various time levels:(a)10 min;(b)20 min;(c)30 min

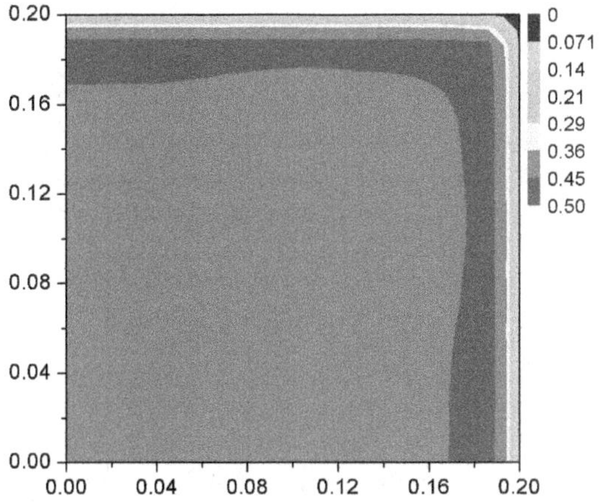

（a）

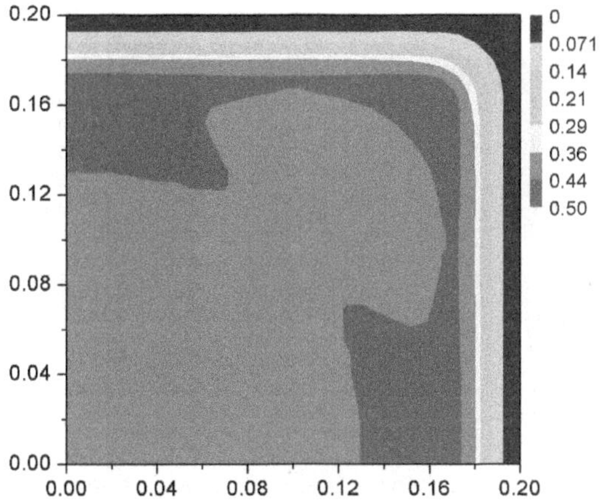

（b）

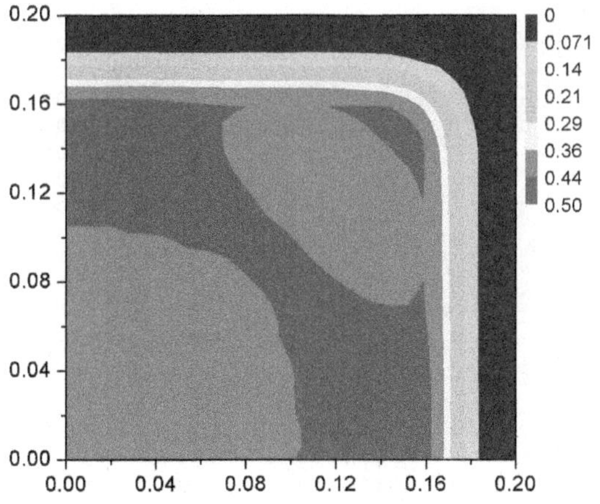

（c）

图 7.18　不同时刻的混凝土柱的饱和度分布：（a）10 min；（b）20 min；（c）30 min

Fig. 7.18　Saturation distributions in concrete column at various time levels：（a）10 min；（b）20 min；（c）30 min

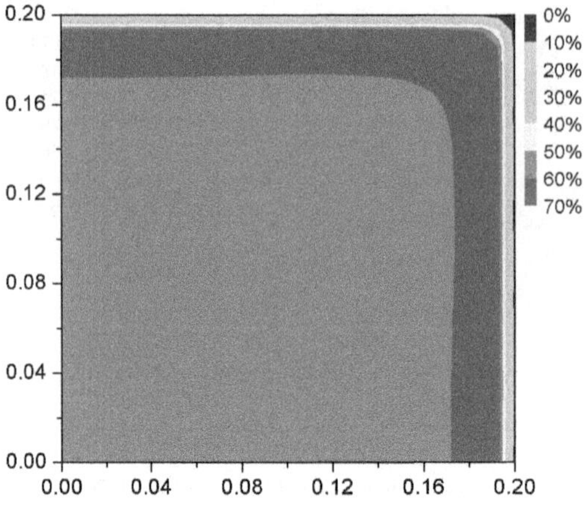

(a)

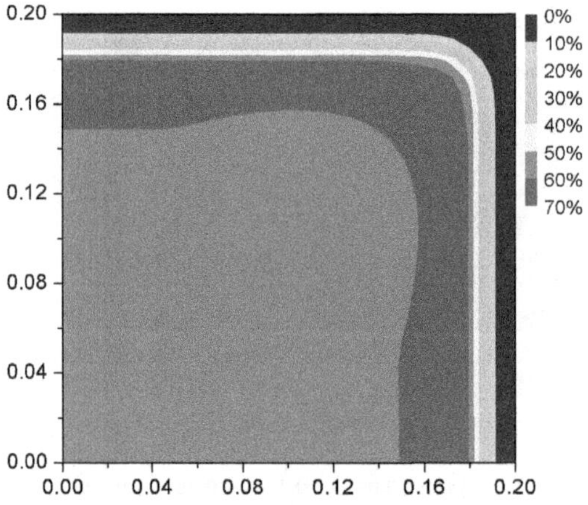

(b)

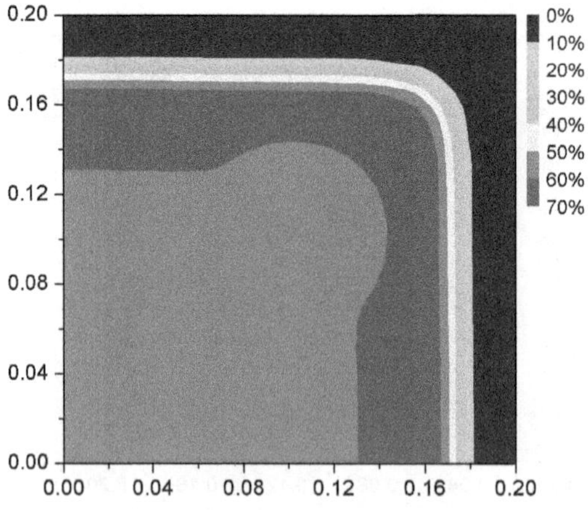

(c)

图 7.19 不同时刻的混凝土柱的相对湿度分布:(a)10 min;(b)20 min;(c)30 min

Fig. 7.19 Relative humidity distributions in concrete column at various time levels:(a)10 min;(b)20 min;(c)30 min

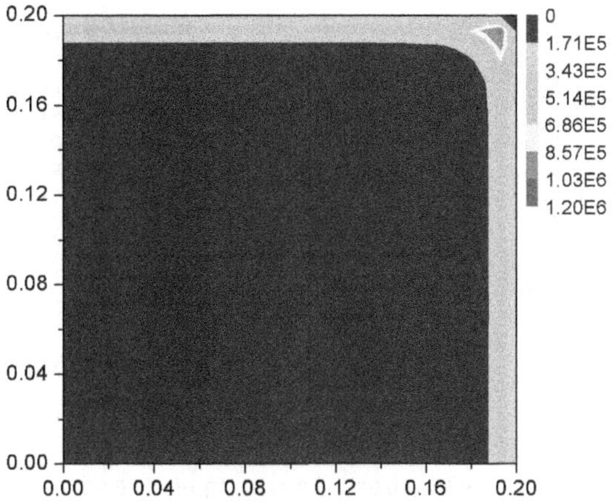

(a)

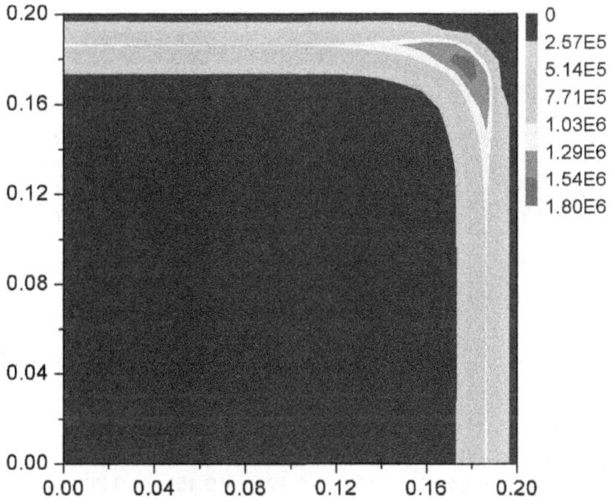

(b)

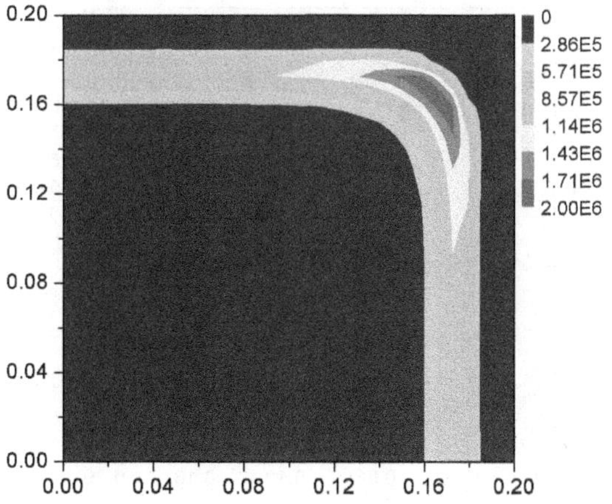

(c)

图 7.20　不同时刻的混凝土柱的水蒸气压力分布：(a)10 min；(b)20 min；(c)30 min

Fig. 7.20　Vapor pressure distributions in concrete column at various time levels：(a)10 min；(b)20 min；(c)30 min

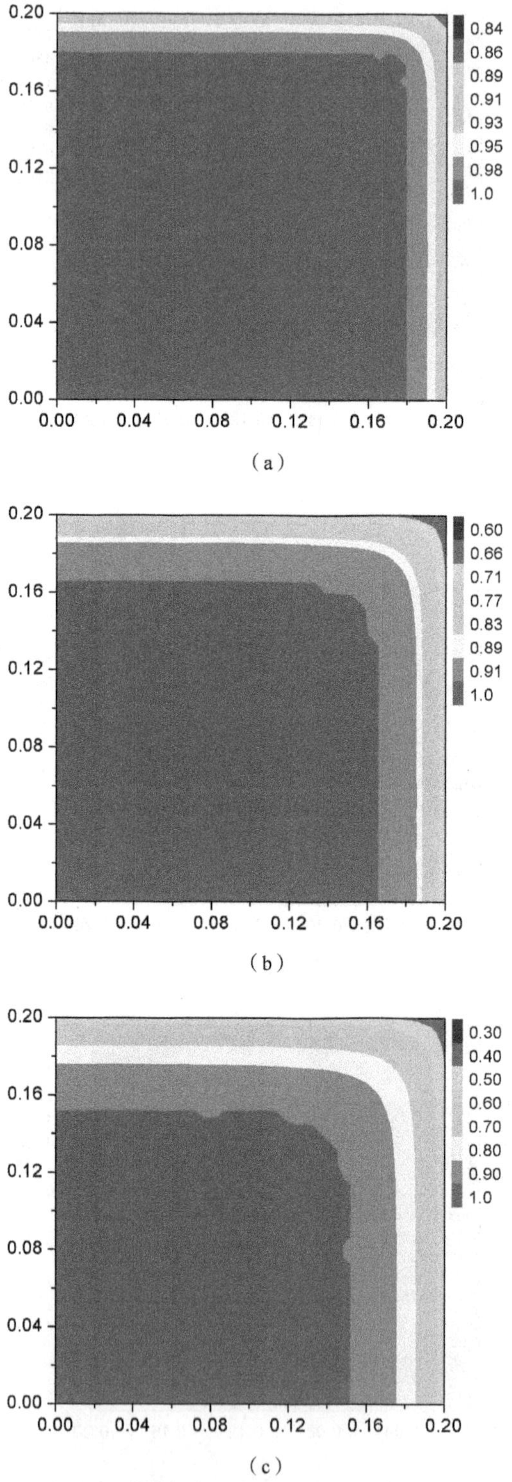

图 7.21　不同时刻的混凝土柱的水合度分布：(a) 10 min；(b) 20 min；(c) 30 min

Fig. 7.21　Hydration degree distributions in concrete column at various time levels: (a) 10 min; (b) 20 min; (c) 30 min

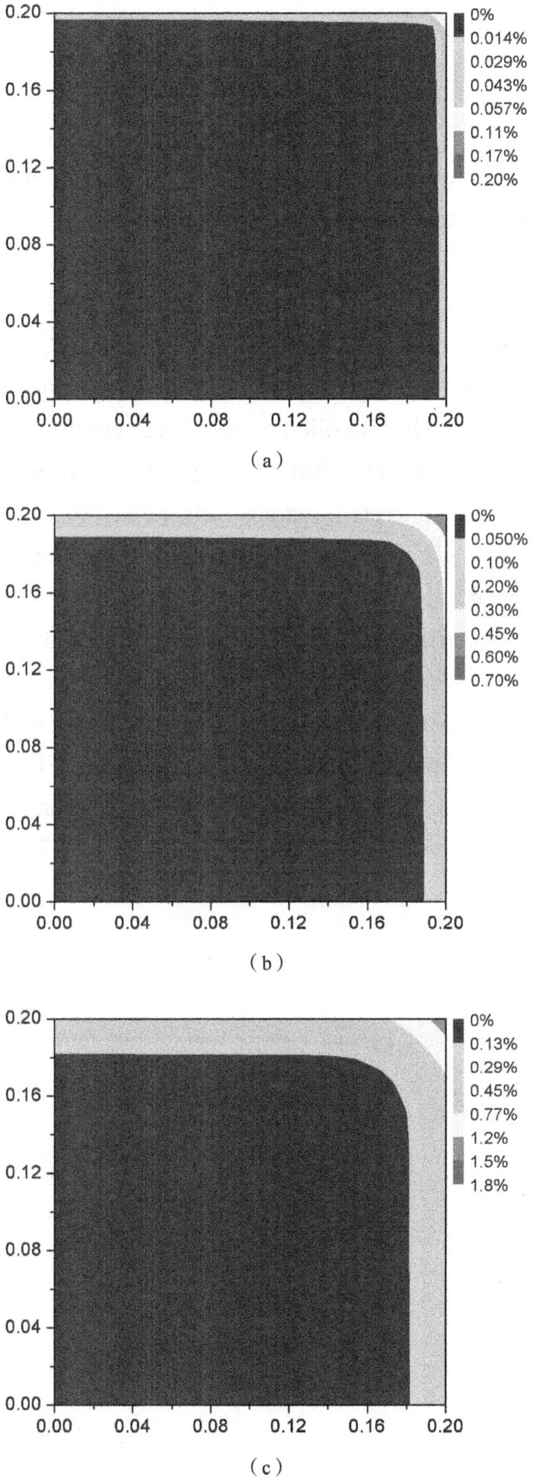

图 7.22　不同时刻的混凝土柱的盐分浓度分布:(a)10 min;(b)20 min;(c)30 min

Fig. 7.22　Salt concentration distributions in concrete column at various time levels:(a)10 min;(b)20 min;(c)30 min

参考文献

[1] LI X K, LI R T, SCHREFLER B A. A coupled chemo-thermo-hygro-mechanical model of concrete at high temperature and failure analysis[J]. International journal for numerical & analytical methods in geomechanics, 2006, 30(7): 635-681.

[2] 李荣涛，李锡夔. 混凝土中化学-热-湿-力耦合过程的数值方法[J]. 力学学报，2006, 38(4): 471-479.

[3] BROOKS A N, HUGHES T J R. Streamline upwind/Petrov-Galerkin formulation for convection dominated flows with particular emphasis on the incompressible Navier Stokes equation[J]. Computer methods in applied mechanics & engineering, 1982, 32: 199-259.

[4] KALIFA P, MENNETEAU F, QUENARD D. Spalling and pore pressure in HPC at high temperatures[J]. Cement & concrete research, 2000, 30: 1915-1927.

[5] WILLIAM K J, WARNKE E P. Constitutive model for the triaxial behaviour of concrete[C]. IABSE Proceeding 19, Seminar on Concrete Structure Subjected to Triaxial Stresses, Paper Ⅲ-1, International Association for Bridge and Structural Engineering, Zurich, 1975.

[6] Brite Euram Ⅲ BRPR-CT95-0065 HITECO, Understanding and industrial application of high performance concrete in high temperature environment, Final Report, 1999.

[7] PHAN L T, CARINO N J, DUTHINH D, et al. International workshop on fire performance of high-strength concrete[C]. NIST, Gaithersburg, 1997.

第 8 章　化学-弹塑性-损伤耦合模型的本构模拟和算法

考虑到高温下混凝土材料中同时存在塑性破坏过程和以微裂纹/微孔洞的发生发展为特征的损伤过程，本章介绍一个考虑化学因素引起的弹塑性-损伤效应，即以热爆裂性剥离为破坏特征的混凝土强度和刚度丧失的弹塑性-损伤耦合本构模型。模型基于室温下混凝土的 Mazars 损伤模型和 William-Warnke 弹塑性屈服准则。该模型考虑了随升温发展的脱水和脱盐导致的混凝土骨架黏结力和弹性模量的降低，能够模拟和再现由于混凝土中化学蜕变导致的不断增长的热脱黏和热损伤（热软化）；不仅考虑了高温下脱水和脱盐过程引起的化学软化和化学损伤，并且考虑了塑性应变硬化/软化、吸力硬化及力学损伤等因素。针对所提出的化学-弹塑性-损伤耦合模型，介绍一个三步算子分离算法，并导出考虑全部耦合效应的一致性切线模量张量，以保证全局 Newton-Raphson 迭代过程的二阶收敛率。

8.1　化学-弹塑性-损伤耦合模型

8.1.1　力学与化学耦合损伤模型

8.1.1.1　Mazars 力学损伤模型

连续损伤力学理论框架中的应变类损伤准则可以表示为

$$f^{\mathrm{d}}({}^t\tilde{\varepsilon}, {}^t r) = {}^t\tilde{\varepsilon} - {}^t r \leqslant 0 \tag{8.1}$$

式中：${}^t\tilde{\varepsilon}$ 是 t 时刻的等效应变；${}^t r$ 为 t 时刻材料的损伤阈值。

Mazars 定义的 ${}^t\tilde{\varepsilon}$ 表达式为

$${}^t\tilde{\varepsilon} = \sqrt{\sum_{i=1}^{3}\left(\left\langle {}^t\varepsilon_i^{\mathrm{m,e}} \right\rangle\right)^2} \tag{8.2}$$

式中：${}^t\varepsilon_i^{\mathrm{m,e}}$ 表示 t 时刻力学引起的第 i 个弹性主应变，同时定义

$$\left\langle {}^t\varepsilon_i^{\mathrm{m,e}} \right\rangle = \begin{cases} {}^t\varepsilon_i^{\mathrm{m,e}} & {}^t\varepsilon_i^{\mathrm{m,e}} > 0 \\ 0 & \text{其他} \end{cases} \tag{8.3}$$

令 ${}^0 r$ 表示混凝土的初始损伤阈值，而 ${}^{\max}\tilde{\varepsilon}$ 表示迄今为止 $\tilde{\varepsilon}$ 的最大值，对于任何当前时刻 t，将有

$${}^t r = \max({}^0 r, {}^{\max}\tilde{\varepsilon}) \tag{8.4}$$

鉴于混凝土材料在单轴拉伸和单轴压缩时损伤萌生与发展的细观机理不同，任何时刻 t 的力学损伤变量 d_{m} 采用单轴拉伸损伤变量 $d_{\mathrm{m,t}}$ 和单轴压缩损伤变量 $d_{\mathrm{m,c}}$ 的加权平均形式，即

$$d_{\mathrm{m}} = \alpha_{\mathrm{t}} d_{\mathrm{m,t}} + \alpha_{\mathrm{c}} d_{\mathrm{m,c}} \tag{8.5}$$

式中

$$d_{\mathrm{m,t}} = 1 - \frac{{}^{0}r(1-A_{\mathrm{t}})}{{}^{t}r} - A_{\mathrm{t}} \exp\left(B_{\mathrm{t}}\left({}^{0}r - {}^{t}r\right)\right) \tag{8.6}$$

$$d_{\mathrm{m,c}} = 1 - \frac{{}^{0}r(1-A_{\mathrm{c}})}{{}^{t}r} - A_{\mathrm{c}} \exp\left(B_{\mathrm{c}}\left({}^{0}r - {}^{t}r\right)\right) \tag{8.7}$$

$$\alpha_{\mathrm{t}} = \sum_{i=1}^{3} \frac{\varepsilon_{i,\mathrm{t}}^{\mathrm{m,e}} \left\langle \varepsilon_{i}^{\mathrm{m,e}} \right\rangle}{{}^{t}\tilde{\varepsilon}^{2}} \quad ({}^{t}\tilde{\varepsilon} > 0) \tag{8.8}$$

$$\alpha_{\mathrm{c}} = \sum_{i=1}^{3} \frac{\varepsilon_{i,\mathrm{c}}^{\mathrm{m,e}} \left\langle \varepsilon_{i}^{\mathrm{m,e}} \right\rangle}{{}^{t}\tilde{\varepsilon}^{2}} \quad ({}^{t}\tilde{\varepsilon} > 0) \tag{8.9}$$

式中：A_{t}、B_{t}、A_{c} 和 B_{c} 是材料的力学损伤参数；$\varepsilon_{i,\mathrm{t}}^{\mathrm{m,e}}$ 和 $\varepsilon_{i,\mathrm{c}}^{\mathrm{m,e}}$ 分别为由正值和负值有效主应力引起的第 i 个弹性应变（固体骨架弹性应变）的主值，且有 $\varepsilon_{i}^{\mathrm{m,e}} = \varepsilon_{i,\mathrm{t}}^{\mathrm{m,e}} + \varepsilon_{i,\mathrm{c}}^{\mathrm{m,e}}$；单轴拉伸时，$\alpha_{\mathrm{t}} = 1$ 而 $\alpha_{\mathrm{c}} = 0$；单轴压缩时，$\alpha_{\mathrm{t}} = 0$ 而 $\alpha_{\mathrm{c}} = 1$。

以单轴拉伸为例，图 8.1 至图 8.3 给出了不同材料参数 A_{t}、B_{t} 和 ${}^{0}r$ 情况下的轴向拉伸损伤变量 $d_{\mathrm{m,t}}$ 随轴向应变 ε 变化的规律。

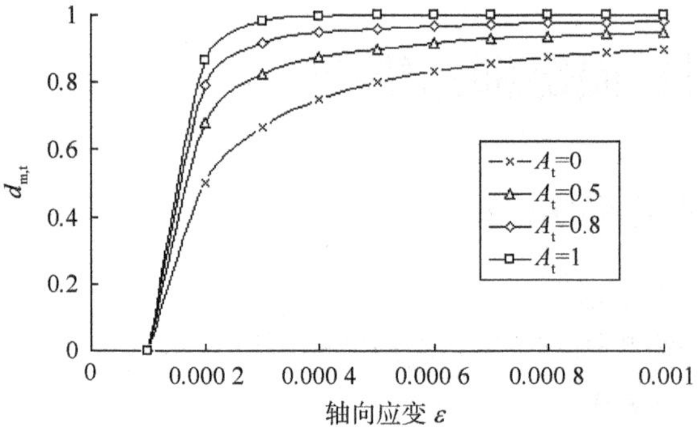

图 8.1 当 $B_{\mathrm{t}} = 2\times10^{4}$ 和 ${}^{0}r = 1\times10^{-4}$ 时不同 A_{t} 值下的 $d_{\mathrm{m,t}}$ 演化过程

Fig. 8.1 The evolution of $d_{\mathrm{m,t}}$ at different A_{t} with $B_{\mathrm{t}} = 2\times10^{4}$ and ${}^{0}r = 1\times10^{-4}$

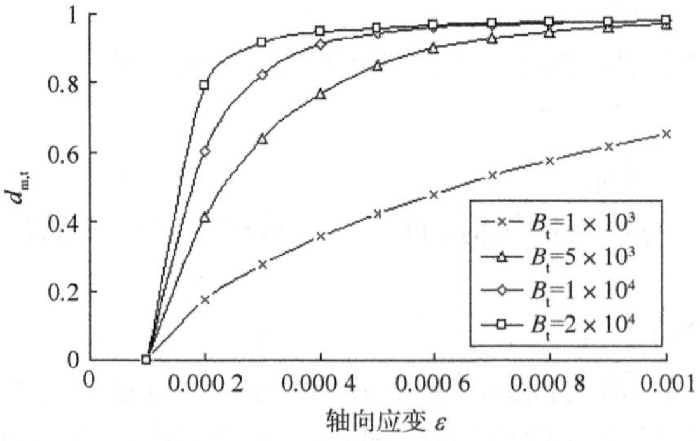

图 8.2 当 $A_{\mathrm{t}} = 0.8$ 和 ${}^{0}r = 1\times10^{-4}$ 时不同 B_{t} 值下的 $d_{\mathrm{m,t}}$ 演化过程

Fig. 8.2 The evolution of $d_{\mathrm{m,t}}$ at different B_{t} with $A_{\mathrm{t}} = 0.8$ and ${}^{0}r = 1\times10^{-4}$

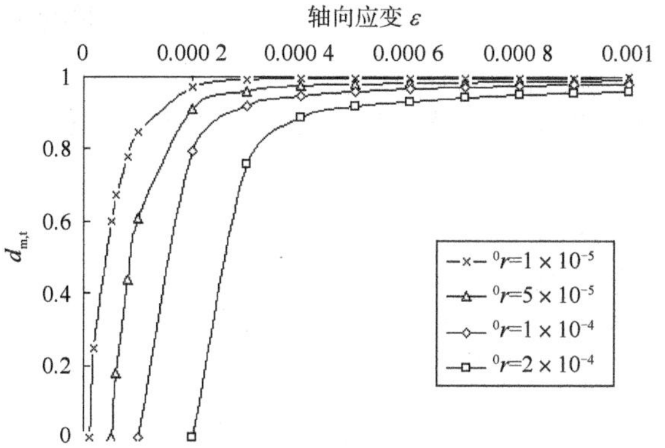

图 8.3　当 $A_t=0.8$ 和 $B_t=2\times10^4$ 时不同 ${}^0r$ 值下的 $d_{m,t}$ 演化过程

Fig. 8.3　The evolution of $d_{m,t}$ at different ${}^0r$ with $A_t=0.8$ and $B_t=2\times10^4$

损伤演进可以由损伤流动速率方程表示，即

$$\dot{d}_m=\dot{\mu}H(\tilde{\varepsilon},d_m)=\dot{\mu}\frac{\partial d_m}{\partial\tilde{\varepsilon}} \tag{8.10}$$

式中：损伤一致性参数 $\dot{\mu}\geqslant 0$。

根据式（8.1）、式（8.2）和式（8.5），有

$$\dot{\mu}=\frac{1}{\tilde{\varepsilon}}\left(\boldsymbol{\varepsilon}_+^{m,e}\right)^T\dot{\boldsymbol{\varepsilon}}^{m,e} \tag{8.11}$$

式中：$\boldsymbol{\varepsilon}_+^{m,e}$ 表示力学效应引起的正值弹性应变向量。

根据谱分解原理确定的特征对可以表示为

$$\boldsymbol{\varepsilon}_+^{m,e}=\sum_{i=1}^{3}\left\langle\varepsilon_i^{m,e}\right\rangle\boldsymbol{L}_i' \tag{8.12}$$

其中

$$\boldsymbol{L}_i'=\begin{bmatrix}n_{i,1}^2 & n_{i,2}^2 & n_{i,3}^2 & n_{i,1}n_{i,2} & n_{i,2}n_{i,3} & n_{i,3}n_{i,1}\end{bmatrix}^T\quad(i=1,2,3) \tag{8.13}$$

式中：$\begin{bmatrix}n_{i,1} & n_{i,2} & n_{i,3}\end{bmatrix}^T$ 表示与第 i 个主弹性应变 $\varepsilon_i^{m,e}$ 相对应的第 i 个主方向。

假定进行径向荷载，即 $d\alpha_t=d\alpha_c=0$。由式（8.5）至式（8.9）定义的损伤变量 d_m，可得

$$\begin{aligned}H(\tilde{\varepsilon},d_m)&=\frac{\partial d_m}{\partial\tilde{\varepsilon}}\\&=\alpha_t\left[\frac{{}^0r(1-A_t)}{\tilde{\varepsilon}^2}+A_tB_t\exp\left(B_t\left({}^0r-\tilde{\varepsilon}\right)\right)\right]+\alpha_c\left[\frac{{}^0r(1-A_c)}{\tilde{\varepsilon}^2}+A_cB_c\exp\left(B_c\left({}^0r-\tilde{\varepsilon}\right)\right)\right]\end{aligned} \tag{8.14}$$

8.1.1.2　化学损伤变量

混凝土中的高温脱盐过程会引起材料刚度的丧失，破坏过程主要是由化学基质溶解物浓度 c_p 和混凝土完全侵蚀后的残余强度 $f_{ck,damaged}$（由于化学侵蚀但还没有完全消失的那部分强度）来控制。基于化学基质溶解物浓度 c_p 和相对（归一化）残余混凝土强度 ϕ，Saetta 等定义的脱盐损伤变量 d_s 为

$$d_s=(1-\phi)\left(1-\frac{1}{1+(2R_c)^4}\right) \tag{8.15}$$

式中：相对浓度 $R_c=c_p/c_{ref}$ 为化学反应（脱盐）的程度，等于真实基质溶解物的浓度 c_p 与参

考浓度 c_{ref} 的比值；ϕ 为当脱盐过程完全结束（也就是 $c_p = c_{ref}$）时的由于脱盐引起的相对（归一化）残余混凝土强度。

图 8.4 给出了对于不同的 ϕ 值的化学损伤变量 d_s 的演化过程。

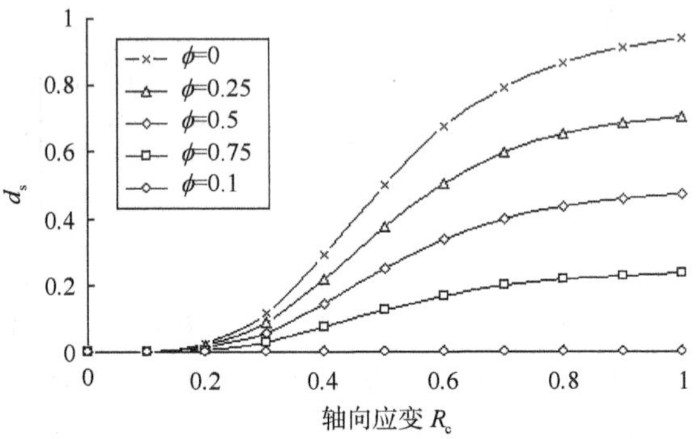

图 8.4 不同 ϕ 值下的化学损伤变量 d_s 的演化过程

Fig. 8.4 The evolution of d_s at different ϕ

为了定量描述高温脱水作用对混凝土材料的损伤影响，Lackner 提出的脱水损伤变量 d_h 为

$$d_h = 1 - \sqrt{\xi} \tag{8.16}$$

式中：ξ 为水合度（脱水度 Γ_h，即 $\xi = 1 - \Gamma_h$）。

由式（8.15）和式（8.16），可以定义由于脱水和脱盐共同影响下的总的化学损伤变量为

$$d_c = 1 - (1 - d_s)(1 - d_h) \tag{8.17}$$

基于连续损伤力学概念，同时考虑脱水和脱盐对混凝土材料的损伤效应的弹性模量公式可以表示为

$$E = E_0(1 - d_c) = E_0(1 - d_s)(1 - d_h) \tag{8.18}$$

式中：E_0 为在没有脱水和脱盐情况下的混凝土材料弹性模量。

需要指出的是，当引入由升温引起的脱盐和脱水对混凝土骨架弹性模量的化学损伤影响后，模型中也就随之考虑了由于化学损伤而带来的不断增长的热损伤过程。

8.1.1.3 化学-力学耦合损伤模型

根据以上对混凝土的力学和化学损伤的定义，最终给出力学-化学耦合损伤的总损伤系数 d 的定义为

$$d = 1 - (1 - d_m)(1 - d_c) = 1 - (1 - d_m)(1 - d_s)(1 - d_h) \tag{8.19}$$

式中：$d \in [0,1]$，且 $\dot{d} \geqslant 0$。

8.1.2 广义 William-Warnke 屈服准则

在经典的三参数 William-Warnke 弹塑性本构模型的基础上，本章模型利用广义 William-Warnke 屈服准则来描述混凝土中出现的化学塑性耦合行为，其中包括力学引起的应变软化/硬化、由于脱水和脱盐引起的化学软化和吸力硬化。广义 William-Warnke 屈服准则的破坏曲面如图 8.5 所示，表达式为

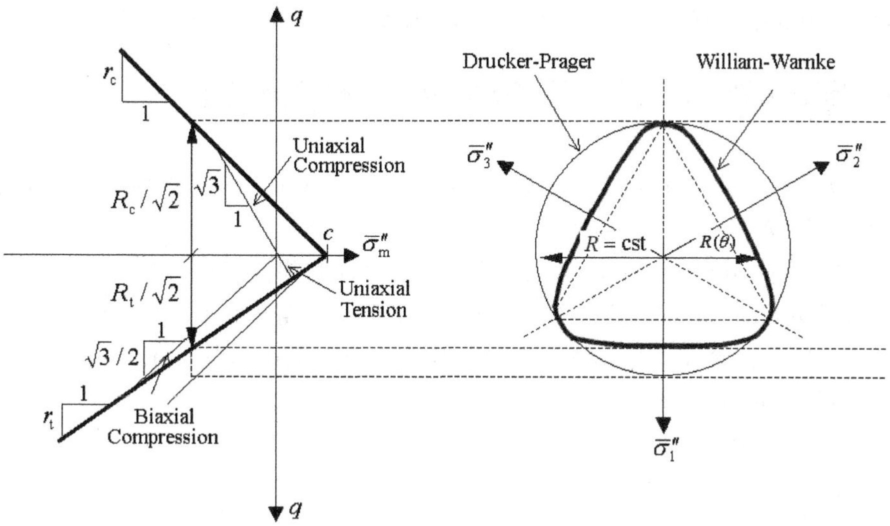

图 8.5　广义 William-Warnke 屈服准则：(a)在($q,\bar{\sigma}''_m$)平面的轨迹；(b)在偏量平面的轨迹

Fig. 8.5　Generalized William-Warnke yield criterion: (a) Track in ($q,\bar{\sigma}''_m$) plane; (b) Track in deviatoric stress plane

$$f = q + r(\theta)(\bar{\sigma}''_m - c(\bar{\varepsilon}_p, p_c, \xi, c_p)) \tag{8.20}$$

式中：$\bar{\sigma}''_m$ 和 q 是 Bishop 有效应力张量 $\bar{\sigma}''_{ij} = \bar{s}''_{ij} + \bar{\sigma}''_m\delta_{ij}$ 的应力不变量，$\bar{s}''_{ij}$ 为应力张量 $\bar{\sigma}''_{ij}$ 的偏应力部分；摩擦角 $r(\theta)$ 是 Lode 角 θ 的函数；三个主应力为 $\bar{\sigma}''_1 \geqslant \bar{\sigma}''_2 \geqslant \bar{\sigma}''_3$。

应力不变量 $\bar{\sigma}''_m$、q 和 Lode 角 θ 的定义如下：

$$q = \sqrt{\frac{1}{2}\bar{s}''_{ij}\bar{s}''_{ij}},\ \bar{\sigma}''_m = \frac{1}{3}\bar{\sigma}''_{ii},\ \cos\theta = \frac{2\bar{\sigma}''_1 - \bar{\sigma}''_2 - \bar{\sigma}''_3}{\sqrt{12}q} \tag{8.21}$$

摩擦角 r 与 Lode 角 θ 的关系为

$$r(\theta) = \frac{u+v}{w} \tag{8.22}$$

$$u = 2r_c(r_c^2 - r_t^2)\cos\theta \tag{8.23}$$

$$v = r_c(2r_t - r_c)[4(r_c^2 - r_t^2)\cos^2\theta + 5r_t^2 - 4r_t r_c]^{\frac{1}{2}} \tag{8.24}$$

$$w = 4(r_c^2 - r_t^2)\cos^2\theta + (r_c - 2r_t)^2 \tag{8.25}$$

$c(\bar{\varepsilon}_p, p_c, \xi, c_p)$ 是内聚压力，它与等效塑性应变 $\bar{\varepsilon}_p$、毛细压力（吸力）p_c、水合度 ξ 和化学基质溶解物浓度 c_p 有关。假定混凝土的内聚力 $c(\bar{\varepsilon}_p, p_c, \xi, c_p)$ 为线性硬化/软化，则其表达式可写为

$$c(\bar{\varepsilon}_p, p_c, \xi, c_p) = c_0 + h_p\bar{\varepsilon}_p + h_s p_c + h_\xi(1-\xi) + h_c c_p \tag{8.26}$$

式中：c_0 是初始内聚压力；h_p, h_s, h_ξ, h_c 是材料的硬化/软化系数。

单轴拉伸强度 f_t、单轴压缩强度 f_c 和双轴压缩强度 f_{bc} 与 c_0、r_t 和 r_c 的关系式为

$$c_0 = \frac{f_{bc}f_t}{f_{bc} - f_t},\ r_t = \sqrt{3}\frac{f_{bc} - f_t}{2f_{bc} + f_t},\ r_c = \sqrt{3}\frac{(f_{bc} - f_t)f_c}{3f_{bc}f_t + f_{bc}f_c - f_t f_c} \tag{8.27}$$

注意，$h_\xi < 0$ 和 $h_c < 0$，即随着温度的升高，脱水和脱盐引起内聚力的不断降低，因此在

模型中考虑了因混凝土材料化学(脱水和脱盐)蜕变而引起的热脱黏效应。

8.2　化学-弹塑性-损伤耦合分析的本构模拟

假定总应变率向量 $\dot{\boldsymbol{\varepsilon}}$ 可以通过和式分解方式分解为各弹性和塑性应变率分量之和,即

$$\dot{\boldsymbol{\varepsilon}} = \dot{\boldsymbol{\varepsilon}}^{\mathrm{m,e}} + \dot{\boldsymbol{\varepsilon}}^{\mathrm{T,e}} + \dot{\boldsymbol{\varepsilon}}^{\mathrm{s,e}} + \dot{\boldsymbol{\varepsilon}}^{\xi,\mathrm{e}} + \dot{\boldsymbol{\varepsilon}}^{\mathrm{c,e}} + \dot{\boldsymbol{\varepsilon}}^{\mathrm{m,p}} \tag{8.28}$$

式中:$\dot{\boldsymbol{\varepsilon}}^{\mathrm{m,e}}$、$\dot{\boldsymbol{\varepsilon}}^{\mathrm{m,p}}$ 分别为由力学(固体骨架应变)因素导致的弹性和塑性应变率;$\dot{\boldsymbol{\varepsilon}}^{\mathrm{T,e}}$、$\dot{\boldsymbol{\varepsilon}}^{\mathrm{s,e}}$、$\dot{\boldsymbol{\varepsilon}}^{\xi,\mathrm{e}}$ 和 $\dot{\boldsymbol{\varepsilon}}^{\mathrm{c,e}}$ 分别表示由热膨胀、毛细压力(吸力)、水合和脱盐效应导致的弹性应变率。

对于三维非饱和多孔介质情况,在连续损伤力学理论中定义的 Bishop 有效应力向量 $\bar{\boldsymbol{\sigma}}''$ 和应变向量 $\boldsymbol{\varepsilon}$ 的分量可表示为

$$\bar{\boldsymbol{\sigma}}'' = \begin{bmatrix} \bar{\sigma}''_x & \bar{\sigma}''_y & \bar{\sigma}''_z & \bar{\tau}''_{xy} & \bar{\tau}''_{yz} & \bar{\tau}''_{zx} \end{bmatrix}^{\mathrm{T}} \tag{8.29}$$

$$\boldsymbol{\varepsilon} = \begin{bmatrix} \varepsilon_x & \varepsilon_y & \varepsilon_z & \gamma_{xy} & \gamma_{yz} & \gamma_{zx} \end{bmatrix}^{\mathrm{T}} \tag{8.30}$$

Bishop 应力向量 $\boldsymbol{\sigma}'' = \begin{bmatrix} \sigma''_x & \sigma''_y & \sigma''_z & \tau''_{xy} & \tau''_{yz} & \tau''_{zx} \end{bmatrix}^{\mathrm{T}}$ 与 $\bar{\boldsymbol{\sigma}}''$ 和 $\boldsymbol{\varepsilon}^{\mathrm{m,e}}$ 的关系为

$$\boldsymbol{\sigma}'' = (1-d)\bar{\boldsymbol{\sigma}}'' = (1-d)\boldsymbol{D}\boldsymbol{\varepsilon}^{\mathrm{m,e}} \tag{8.31}$$

式中:$\boldsymbol{D}$ 为多孔介质固体骨架的无损状态的弹性模量矩阵。

力学引起的塑性应变率 $\dot{\boldsymbol{\varepsilon}}^{\mathrm{m,p}}$ 根据塑性流动法则可以表示为

$$\dot{\boldsymbol{\varepsilon}}^{\mathrm{m,p}} = \dot{\lambda}\frac{\partial g}{\partial \bar{\boldsymbol{\sigma}}''} \tag{8.32}$$

式中:$\dot{\lambda}$ 为塑性乘子;g 为考虑非关联塑性情况下的塑性势函数。

而对于关联塑性,则有 $g = f$,f 为式(8.20)所示的广义 William-Warnke 屈服函数。

等效塑性应变 $\bar{\varepsilon}_{\mathrm{p}}$ 可由增量等效塑性应变 $\Delta\bar{\varepsilon}_{\mathrm{p}}$ 的时间积分表示为

$$\bar{\varepsilon}_{\mathrm{p}} = \int \Delta\bar{\varepsilon}_{\mathrm{p}} \tag{8.33}$$

式中:增量等效塑性应变 $\Delta\bar{\varepsilon}_{\mathrm{p}}$ 定义为

$$\Delta\bar{\varepsilon}_{\mathrm{p}} = \sqrt{\frac{2}{3}\Delta e^{\mathrm{p}}_{ij}\Delta e^{\mathrm{p}}_{ij}} = \lambda\sqrt{\frac{2}{3}\left(\frac{\partial g}{\partial \bar{\sigma}''_{ij}}\frac{\partial g}{\partial \bar{\sigma}''_{ij}} - \frac{1}{3}\frac{\partial g}{\partial \bar{\sigma}''_{kk}}\frac{\partial g}{\partial \bar{\sigma}''_{ll}}\right)} \tag{8.34}$$

其中,e^{p}_{ij} 为塑性应变张量 $\boldsymbol{\varepsilon}^{\mathrm{m,p}}_{ij}$ 的偏量部分。

由吸力变化导致的弹性应变率 $\dot{\boldsymbol{\varepsilon}}^{\mathrm{s,e}}$ 可以表示为

$$\dot{\boldsymbol{\varepsilon}}^{\mathrm{s,e}} = \boldsymbol{h}^{\mathrm{s,e}}\dot{p}_{\mathrm{c}} = -\frac{\boldsymbol{\kappa}_{\mathrm{s}}}{(1+e)}\frac{1}{(p_{\mathrm{c}}+p_{\mathrm{at}})}\boldsymbol{m}\dot{p}_{\mathrm{c}} \tag{8.35}$$

式中:e 为孔隙比;p_{at} 为标准大气压力;$\boldsymbol{\kappa}_{\mathrm{s}}$ 为与吸力有关的弹性刚度系数;向量 $\boldsymbol{m}$ 定义为

$$\boldsymbol{m} = \begin{bmatrix} 1 & 1 & 1 & 0 & 0 & 0 \end{bmatrix}^{\mathrm{T}} \tag{8.36}$$

需要指出的是,当 $T \geqslant T_{\mathrm{cr}}$ 且 $S_{\mathrm{l}} \leqslant S_{\mathrm{ssp}}$ 时,混凝土孔隙中不存在毛细水,而仅存在化学束缚水;即使 $T < T_{\mathrm{cr}}$,但若 $S_{\mathrm{l}} \leqslant S_{\mathrm{ssp}}$,实际上也已不存在毛细水。在这些条件下,计算过程中仍可在形式上使用毛细压力 p_{c},只是此时毛细压力 p_{c} 仅是在符号意义上表示的 $\rho_{\mathrm{w}}\Psi_{\mathrm{c}}$($\Psi_{\mathrm{c}}$ 为水的势函数)的广义吸力。

热弹性应变率 $\dot{\boldsymbol{\varepsilon}}^{\mathrm{T,e}}$ 可以表示为

$$\dot{\boldsymbol{\varepsilon}}^{\mathrm{T,e}} = \boldsymbol{T}^{\mathrm{e}}\dot{T} = \frac{1}{3}\beta_{\mathrm{s}}\boldsymbol{m}\dot{T} \tag{8.37}$$

式中：β_{s} 是与混凝土骨料类型有关的热膨胀系数；对于石灰类或硅土类骨料的混凝土，热膨胀系数分别取值为 $\beta_{\mathrm{s}} = (1.8 \sim 2.1)\times 10^{-5}\ \mathrm{K}^{-1}$ 或 $(3.6 \sim 3.9)\times 10^{-5}\ \mathrm{K}^{-1}$。

由水合度和盐分浓度的变化而引起的弹性应变率可以分别表示为

$$\dot{\boldsymbol{\varepsilon}}^{\xi,\mathrm{e}} = \boldsymbol{D}^{\xi,\mathrm{e}}\dot{\xi} = -\beta_{\mathrm{h}}\boldsymbol{m}\dot{\xi},\ \dot{\boldsymbol{\varepsilon}}^{\mathrm{c,e}} = \boldsymbol{D}^{\mathrm{c,e}}\dot{c}_{\mathrm{p}} = \beta_{\mathrm{p}}\boldsymbol{m}\dot{c}_{\mathrm{p}} \tag{8.38}$$

式中：β_{h} 和 β_{p} 分别是混凝土与水合和脱盐作用有关的化学膨胀系数。

本章中采用 $\beta_{\mathrm{h}} = 4.286\times 10^{-4}$，而 β_{p} 是与混凝土中基质溶解物浓度有关的函数，即

$$\beta_{\mathrm{p}} = F_0\beta_0 \exp\left[\beta_0\left(1 - c_{\mathrm{p}} + \ln c_{\mathrm{p}}\right)\right]\left(\frac{1}{c_{\mathrm{p}}} - 1\right) \tag{8.39}$$

式中：$F_0 > 0$、$\beta_0 > 0$，它们都是与化学基质溶解物性质有关的材料系数。

8.3　化学-弹塑性-损伤耦合本构模拟的数值积分算法

混凝土材料的化学-弹塑性-损伤耦合分析是一个强非线性问题，本节在 Sercombe、Ju、李锡夔等先前工作基础上，介绍一种用于高温下混凝土化学-弹塑性-损伤耦合分析数值积分的三步算子分离算法。

已知时刻 t 的状态变量为

$$({}^{t}\boldsymbol{\sigma}''\quad {}^{t}\boldsymbol{\varepsilon}^{\mathrm{m,p}}\quad {}^{t}d_{\mathrm{m}}) \tag{8.40}$$

现在要更新得到时刻 $t+\Delta t$ 的相应值，即

$$({}^{t+\Delta t}\boldsymbol{\sigma}''\quad {}^{t+\Delta t}\boldsymbol{\varepsilon}^{\mathrm{m,p}}\quad {}^{t+\Delta t}d_{\mathrm{m}}) \tag{8.41}$$

注意满足上述从 t 到 $t+\Delta t$ 时刻本构关系的迭代过程中，需要被更新的变量组合中并不包含温度 T、毛细压力 p_{c}、水合度 ξ 和化学基质溶解物浓度 c_{p}。因为对于当前时间增量步，这些变量由控制化学-热-湿-力学耦合过程全局守恒方程的数值解给出，在化学-弹塑性-损伤耦合率本构方程的时域积分过程中是给定和保持不变的。

设时刻 $t_n = t$ 到时刻 $t_{n+1} = t+\Delta t$ 的增量时间步，对在一个积分点处的率形式本构方程积分的三步算子分离算法可以描述如下。

8.3.1　弹性预测

1. 应变更新

假设积分点处的位移增量为 $\boldsymbol{u}_{n+1}$，则更新后高斯点处的应变张量为

$$\varepsilon_{n+1} = \varepsilon_n + \nabla\boldsymbol{u}_{n+1} \tag{8.42}$$

其中

$$\nabla\boldsymbol{u}_{n+1}^{\mathrm{T}} = [u_{x,x}\quad u_{y,y}\quad u_{z,z}\quad u_{x,y}+u_{y,x}\quad u_{y,z}+u_{z,y}\quad u_{z,x}+u_{x,z}]_{n+1} \tag{8.43}$$

2. 计算试弹性应力

$$\bar{\boldsymbol{\sigma}}''^{\,\mathrm{tr}}_{n+1} = \boldsymbol{D}(\boldsymbol{\varepsilon}_{n+1} - (\boldsymbol{\varepsilon}_n^{\mathrm{m,p}} + \boldsymbol{\varepsilon}_{n+1}^{\mathrm{T,e}} + \boldsymbol{\varepsilon}_{n+1}^{\mathrm{s,e}} + \boldsymbol{\varepsilon}_{n+1}^{\xi,\mathrm{e}} + \boldsymbol{\varepsilon}_{n+1}^{\mathrm{c,e}})) \tag{8.44}$$

8.3.2 塑性修正

$$\left\{\bar{\boldsymbol{\sigma}}''^{\text{trial}}_{n+1}, d_{\text{m},n}, \boldsymbol{\varepsilon}^{\text{m,p}}_{n}\right\} \Rightarrow \left\{\bar{\boldsymbol{\sigma}}''_{n+1}, d_{\text{m},n}, \boldsymbol{\varepsilon}^{\text{m,p}}_{n+1}\right\} \tag{8.45}$$

1. 塑性屈服校验

$$f(\bar{\boldsymbol{\sigma}}''^{\text{tr}}_{n+1})\begin{cases}\leqslant 0 \text{ 弹性} \Rightarrow \text{转向“损伤修正”}\\ > 0 \text{ 塑性} \Rightarrow \text{转向“塑性返回射修正”}\end{cases} \tag{8.46}$$

2. 塑性返回映射修正

为了使本构方程 $\boldsymbol{S} = \bar{\boldsymbol{\sigma}}''_{n+1} - \boldsymbol{D}\boldsymbol{\varepsilon}^{\text{m,e}}_{n+1} = \boldsymbol{0}$ 和弹塑性屈服准则 $f(\bar{\boldsymbol{\sigma}}''_{n+1}) = 0$ 在当前迭代步 k 同时成立，即

$$\boldsymbol{S}_k(\bar{\boldsymbol{\sigma}}'', \Delta\lambda) = \boldsymbol{S}_{k-1} + \mathrm{d}\boldsymbol{S} = \boldsymbol{0} \tag{8.47}$$

$$f_k(\bar{\boldsymbol{\sigma}}'', \Delta\lambda) = f_{k-1} + \mathrm{d}f = 0 \tag{8.48}$$

积分点处的 Bishop 有效应力 $\bar{\boldsymbol{\sigma}}''$ 和塑性乘子 λ 的 Newton-Raphson 迭代更新过程为

$$\begin{bmatrix}\dfrac{\partial \boldsymbol{S}}{\partial \bar{\boldsymbol{\sigma}}''} & \dfrac{\partial \boldsymbol{S}}{\partial \lambda}\\ \dfrac{\partial f}{\partial \bar{\boldsymbol{\sigma}}''} & \dfrac{\partial f}{\partial \lambda}\end{bmatrix}\begin{Bmatrix}\Delta\bar{\boldsymbol{\sigma}}''\\ \Delta\lambda\end{Bmatrix} = \begin{Bmatrix}-\boldsymbol{S}_{k-1}\\ -f_{k-1}\end{Bmatrix} \tag{8.49}$$

其中

$$\begin{aligned}\frac{\partial \boldsymbol{S}}{\partial \bar{\boldsymbol{\sigma}}''} &= \boldsymbol{I} + \lambda\boldsymbol{D}\frac{\partial^2 g}{\partial \bar{\boldsymbol{\sigma}}''^2}\\ &= \boldsymbol{I} + \lambda\boldsymbol{D}\left[\frac{1}{3}\boldsymbol{m}\frac{\partial r}{\partial \cos\theta}\left(\frac{\partial \cos\theta}{\partial \bar{\boldsymbol{\sigma}}''}\right)^{\mathrm{T}} + \frac{1}{6q}\boldsymbol{P} - \frac{1}{36q^3}\boldsymbol{P}\bar{\boldsymbol{\sigma}}''\left(\boldsymbol{P}\bar{\boldsymbol{\sigma}}''\right)^{\mathrm{T}} + \right.\\ &\left.\frac{1}{3}\frac{\partial r}{\partial \cos\theta}\frac{\partial \cos\theta}{\partial \bar{\boldsymbol{\sigma}}''}\boldsymbol{m}^{\mathrm{T}} + (\bar{\sigma}''_{\mathrm{m}} - c)\frac{\partial^2 r}{\partial(\cos\theta)^2}\frac{\partial \cos\theta}{\partial \bar{\boldsymbol{\sigma}}''}\left(\frac{\partial \cos\theta}{\partial \bar{\boldsymbol{\sigma}}''}\right)^{\mathrm{T}} + X^*\left(\frac{\partial^2 \cos\theta}{\partial \bar{\boldsymbol{\sigma}}''^2}\right)^{\mathrm{T}}\right]\end{aligned} \tag{8.50}$$

$$\begin{aligned}\frac{\partial \boldsymbol{S}}{\partial \lambda} &= \boldsymbol{D}\frac{\partial g}{\partial \bar{\boldsymbol{\sigma}}''} + \lambda\boldsymbol{D}\frac{\partial^2 g}{\partial \bar{\boldsymbol{\sigma}}''\partial\lambda}\\ &= \boldsymbol{D}\left[\frac{1}{3}r(\theta)\boldsymbol{m} + \frac{1}{6q}\boldsymbol{P}\bar{\boldsymbol{\sigma}}'' + X^*\frac{-(2\bar{\sigma}''_1 - \bar{\sigma}''_2 - \bar{\sigma}''_3)\dfrac{1}{3}\boldsymbol{P}\bar{\boldsymbol{\sigma}}'' + 2q^2(2\boldsymbol{L}_1 - \boldsymbol{L}_2 - \boldsymbol{L}_3)}{2\sqrt{12}q^3}\right] -\\ &\lambda\boldsymbol{D}\frac{\partial c}{\partial \bar{\varepsilon}_{\mathrm{p}}}\frac{\mathrm{d}\bar{\varepsilon}_{\mathrm{p}}}{\mathrm{d}\lambda}\frac{\partial r}{\partial \cos\theta}\frac{\partial \cos\theta}{\partial \bar{\boldsymbol{\sigma}}''}\end{aligned} \tag{8.51}$$

$$\frac{\partial f}{\partial \bar{\boldsymbol{\sigma}}''} = \frac{1}{3}r(\theta)\boldsymbol{m} + \frac{1}{6q}\boldsymbol{P}\bar{\boldsymbol{\sigma}}'' + X^*\frac{-(2\bar{\sigma}''_1 - \bar{\sigma}''_2 - \bar{\sigma}''_3)\dfrac{1}{3}\boldsymbol{P}\bar{\boldsymbol{\sigma}}'' + 2q^2(2\boldsymbol{L}_1 - \boldsymbol{L}_2 - \boldsymbol{L}_3)}{2\sqrt{12}q^3} \tag{8.52}$$

$$\frac{\partial f}{\partial \lambda} = \frac{\partial f}{\partial \bar{\varepsilon}_{\mathrm{p}}}\frac{\mathrm{d}\bar{\varepsilon}_{\mathrm{p}}}{\mathrm{d}\lambda} \tag{8.53}$$

式中：$\boldsymbol{I}$ 是 $n_{\bar{\sigma}''} \times n_{\bar{\sigma}''}$ 的单位矩阵，$n_{\bar{\sigma}''}$ 是向量 $\bar{\boldsymbol{\sigma}}''$ 的维数，并且

$$
\boldsymbol{P}=\begin{bmatrix} 2 & -1 & -1 & 0 & 0 & 0 \\ -1 & 2 & -1 & 0 & 0 & 0 \\ -1 & -1 & 2 & 0 & 0 & 0 \\ 0 & 0 & 0 & 6 & 0 & 0 \\ 0 & 0 & 0 & 0 & 6 & 0 \\ 0 & 0 & 0 & 0 & 0 & 6 \end{bmatrix} \tag{8.54}
$$

$$
\frac{\partial r}{\partial \cos\theta}=\frac{(u'+v')w-(u+v)w'}{w^2} \tag{8.55}
$$

$$
\frac{\partial^2 r}{\partial(\cos\theta)^2}=\frac{\left[(u''+v'')w-(u+v)w''\right]w^2-2\left[(u'+v')w-(u+v)w'\right]ww'}{w^4} \tag{8.56}
$$

$$
\frac{\partial \cos\theta}{\partial \bar{\boldsymbol{\sigma}}''}=-\frac{(2\bar{\sigma}_1''-\bar{\sigma}_2''-\bar{\sigma}_3'')\dfrac{1}{3}\boldsymbol{P}\bar{\boldsymbol{\sigma}}''-2q^2(2\boldsymbol{L}_1-\boldsymbol{L}_2-\boldsymbol{L}_3)}{2\sqrt{12}q^3} \tag{8.57}
$$

$$
\begin{aligned}
\frac{\partial^2 \cos\theta}{\partial \bar{\boldsymbol{\sigma}}''^2}=&-\frac{(2\bar{\sigma}_1''-\bar{\sigma}_2''-\bar{\sigma}_3'')\dfrac{1}{3}\boldsymbol{P}}{2\sqrt{12}q^3}-\frac{\boldsymbol{P}\bar{\boldsymbol{\sigma}}''}{6\sqrt{12}q^3}(2\boldsymbol{L}_1-\boldsymbol{L}_2-\boldsymbol{L}_3)^{\mathrm{T}}+\\
&\frac{(2\bar{\sigma}_1''-\bar{\sigma}_2''-\bar{\sigma}_3'')}{12\sqrt{12}q^5}\boldsymbol{P}\bar{\boldsymbol{\sigma}}''(\boldsymbol{P}\bar{\boldsymbol{\sigma}}'')^{\mathrm{T}}-\frac{(2\boldsymbol{L}_1-\boldsymbol{L}_2-\boldsymbol{L}_3)}{6\sqrt{12}q^3}(\boldsymbol{P}\bar{\boldsymbol{\sigma}}'')^{\mathrm{T}}
\end{aligned} \tag{8.58}
$$

$$
X^*=(\bar{\sigma}_{\mathrm{m}}''-c)\frac{(u'+v')w-(u+v)w'}{w^2} \tag{8.59}
$$

$$
\frac{\partial c}{\partial \bar{\varepsilon}_{\mathrm{p}}}=h_{\mathrm{p}} \tag{8.60}
$$

$$
\frac{\partial f}{\partial \bar{\varepsilon}_{\mathrm{p}}}=-r(\theta)h_{\mathrm{p}} \tag{8.61}
$$

$$
\frac{\mathrm{d}\bar{\varepsilon}_{\mathrm{p}}}{\mathrm{d}\lambda}=\sqrt{\frac{2}{3}\left(\frac{\partial g}{\partial \bar{\sigma}_{ij}''}\frac{\partial g}{\partial \bar{\sigma}_{ij}''}-\frac{1}{3}\frac{\partial g}{\partial \bar{\sigma}_{kk}''}\frac{\partial g}{\partial \bar{\sigma}_{ll}''}\right)} \tag{8.62}
$$

式中

$$
\boldsymbol{L}_i=\begin{bmatrix} n_{i,1}^2 & n_{i,2}^2 & n_{i,3}^2 & 2n_{i,1}n_{i,2} & 2n_{i,2}n_{i,3} & 2n_{i,3}n_{i,1} \end{bmatrix}^{\mathrm{T}}\quad (i=1,2,3) \tag{8.63}
$$

而式(8.55)、式(8.56)、式(8.59)中，u',v',w' 和 u'',v'',w'' 分别为 u,v,w 对 $\cos\theta$ 的一阶和二阶偏导数，其中

$$
u'=2r_{\mathrm{c}}(r_{\mathrm{c}}^2-r_{\mathrm{t}}^2) \tag{8.64}
$$

$$
v'=\frac{w'}{2v}r_{\mathrm{c}}^2(2r_{\mathrm{t}}-r_{\mathrm{c}})^2 \tag{8.65}
$$

$$
w'=8(r_{\mathrm{c}}^2-r_{\mathrm{t}}^2)\cos\theta \tag{8.66}
$$

8.3.3 损伤修正

$$
\left\{\bar{\boldsymbol{\sigma}}_{n+1}'',d_{\mathrm{m},n},\boldsymbol{\varepsilon}_{n+1}^{\mathrm{m,p}}\right\}\Rightarrow\left\{\boldsymbol{\sigma}_{n+1}'',d_{\mathrm{m},n+1},\boldsymbol{\varepsilon}_{n+1}^{\mathrm{m,p}}\right\} \tag{8.67}
$$

更新当前时刻 t_{n+1} 的有效应变，即

$$\tilde{\varepsilon}_{n+1} = \sqrt{\sum_{i=1}^{3}\left(\left\langle \varepsilon_{n+1,i}^{\mathrm{m,e}} \right\rangle\right)^2} \tag{8.68}$$

计算当前增量步力学损伤变量，即

$$d_{\mathrm{m},n+1} = \begin{cases} d_{\mathrm{m},n} & \tilde{\varepsilon}_{n+1} - r_n \leqslant 0 \\ d_{\mathrm{m},n} + (\tilde{\varepsilon}_{n+1} - \tilde{\varepsilon}_n) H_{n+1} & \tilde{\varepsilon}_{n+1} - r_n > 0 \end{cases} \tag{8.69}$$

更新当前时刻的损伤阈值，即

$$r_{n+1} = \max(r_n, \tilde{\varepsilon}_{n+1}) \tag{8.70}$$

计算当前损伤变量，即

$$d_{n+1} = 1 - (1 - d_{\mathrm{m},n+1})(1 - d_{\mathrm{c},n+1}) = 1 - (1 - d_{\mathrm{m},n+1})(1 - d_{\mathrm{s},n+1})(1 - d_{\mathrm{h},n+1}) \tag{8.71}$$

式中：$d_{\mathrm{s},n+1}, d_{\mathrm{h},n+1}$ 由当前时间增量步的控制化学-热-湿-力学耦合过程全局守恒方程的数值解给出，在积分点的林本构方程时域积分过程中为给定且保持不变的。

更新当前应力，即

$$\boldsymbol{\sigma}''_{n+1} = (1 - d_{n+1})\bar{\boldsymbol{\sigma}}''_{n+1} \tag{8.72}$$

8.4 化学-热-弹塑性-损伤一致性切线模量矩阵

按照向后欧拉返回算法，时刻 $t_{n+1} = t + \Delta t$ 的 Bishop 有效应力可以表示为

$$\bar{\boldsymbol{\sigma}}'' = \bar{\boldsymbol{\sigma}}''^{\mathrm{tr}} - \Delta\lambda \boldsymbol{D} \frac{\partial g}{\partial \bar{\boldsymbol{\sigma}}''} \tag{8.73}$$

式中：弹性试应力 $\bar{\boldsymbol{\sigma}}''^{\mathrm{tr}}$ 由式（8.44）表示。

式（8.73）两边在时间域的微分为

$$\dot{\bar{\boldsymbol{\sigma}}}'' = \boldsymbol{D}\left(\dot{\boldsymbol{\varepsilon}} - \dot{\lambda}\frac{\partial g}{\partial \bar{\boldsymbol{\sigma}}''} - \Delta\lambda \frac{\partial^2 g}{\partial \bar{\boldsymbol{\sigma}}''^2}\dot{\bar{\boldsymbol{\sigma}}}'' - \dot{\boldsymbol{\varepsilon}}^{\mathrm{T,e}} - \dot{\boldsymbol{\varepsilon}}^{\mathrm{s,e}} - \dot{\boldsymbol{\varepsilon}}^{\xi,\mathrm{e}} - \dot{\boldsymbol{\varepsilon}}^{\mathrm{c,e}}\right) \tag{8.74}$$

将式（8.35）、式（8.37）和式（8.38）代入式（8.74），可得

$$\dot{\bar{\boldsymbol{\sigma}}}'' = \boldsymbol{D}\left(\dot{\boldsymbol{\varepsilon}} - \dot{\lambda}\frac{\partial g}{\partial \bar{\boldsymbol{\sigma}}''} - \Delta\lambda \frac{\partial^2 g}{\partial \bar{\boldsymbol{\sigma}}''^2}\dot{\bar{\boldsymbol{\sigma}}}'' - \boldsymbol{T}^{\mathrm{e}}\dot{T} - \boldsymbol{h}^{\mathrm{s,e}}\dot{p}_{\mathrm{c}} - \boldsymbol{D}^{\xi,\mathrm{e}}\dot{\xi} - \boldsymbol{D}^{\mathrm{c,e}}\dot{c}_{\mathrm{p}}\right) \tag{8.75}$$

因而有

$$\dot{\bar{\boldsymbol{\sigma}}}'' = \boldsymbol{\Xi}\left(\dot{\boldsymbol{\varepsilon}} - \dot{\lambda}\frac{\partial g}{\partial \bar{\boldsymbol{\sigma}}''} - \boldsymbol{T}^{\mathrm{e}}\dot{T} - \boldsymbol{h}^{\mathrm{s,e}}\dot{p}_{\mathrm{c}} - \boldsymbol{D}^{\xi,\mathrm{e}}\dot{\xi} - \boldsymbol{D}^{\mathrm{c,e}}\dot{c}_{\mathrm{p}}\right) \tag{8.76}$$

其中

$$\boldsymbol{\Xi} = \left(\boldsymbol{D}^{-1} + \Delta\lambda\frac{\partial^2 g}{\partial \bar{\boldsymbol{\sigma}}''^2}\right)^{-1} \tag{8.77}$$

广义 William-Warnke 屈服准则式（8.20）的一致性条件可以表示为

$$\dot{f} = \frac{\partial f}{\partial \bar{\boldsymbol{\sigma}}''}\dot{\bar{\boldsymbol{\sigma}}}'' + \frac{\partial f}{\partial \lambda}\dot{\lambda} + \frac{\partial f}{\partial p_{\mathrm{c}}}\dot{p}_{\mathrm{c}} + \frac{\partial f}{\partial \xi}\dot{\xi} + \frac{\partial f}{\partial c_{\mathrm{p}}}\dot{c}_{\mathrm{p}} = 0 \tag{8.78}$$

将式（8.75）代入式（8.78），可得

$$\dot{\lambda} = \left[\left(\frac{\partial f}{\partial \bar{\boldsymbol{\sigma}}''}\right)^{\mathrm{T}}\boldsymbol{\Xi}\left(\dot{\boldsymbol{\varepsilon}} - \boldsymbol{T}^{\mathrm{e}}\dot{T} - \boldsymbol{h}^{\mathrm{s,e}}\dot{p}_{\mathrm{c}} - \boldsymbol{D}^{\xi,\mathrm{e}}\dot{\xi} - \boldsymbol{D}^{\mathrm{c,e}}\dot{c}_{\mathrm{p}}\right) + \frac{\partial f}{\partial \xi}\dot{\xi} + \frac{\partial f}{\partial c_{\mathrm{p}}}\dot{c}_{\mathrm{p}} + \frac{\partial f}{\partial p_{\mathrm{c}}}\dot{p}_{\mathrm{c}}\right] \Big/$$

$$\left[\left(\frac{\partial f}{\partial \bar{\boldsymbol{\sigma}}''}\right)^{\mathrm{T}} \boldsymbol{\Xi} \frac{\partial g}{\partial \bar{\boldsymbol{\sigma}}''} - \frac{\partial f}{\partial \bar{\varepsilon}_{\mathrm{p}}} \frac{\mathrm{d}\bar{\varepsilon}_{\mathrm{p}}}{\mathrm{d}\lambda}\right] \tag{8.79}$$

将式(8.79)代入式(8.76),便可得到化学-热-湿-气-力学耦合过程的率形式本构关系,即

$$\dot{\bar{\boldsymbol{\sigma}}}'' = \bar{\boldsymbol{D}}_{\mathrm{edpc}}^{\mathrm{m}} \dot{\boldsymbol{\varepsilon}} + \bar{\boldsymbol{D}}_{\mathrm{edpc}}^{\mathrm{T}} \dot{T} + \bar{\boldsymbol{D}}_{\mathrm{edpc}}^{\mathrm{s}} \dot{p}_{\mathrm{c}} + \bar{\boldsymbol{D}}_{\mathrm{edpc}}^{\mathrm{c}} \dot{c}_{\mathrm{p}} \tag{8.80}$$

其中

$$\bar{\boldsymbol{D}}_{\mathrm{edpc}}^{\mathrm{m}} = \boldsymbol{\Xi} - \frac{\boldsymbol{\Xi} \dfrac{\partial g}{\partial \bar{\boldsymbol{\sigma}}''} \left(\dfrac{\partial f}{\partial \bar{\boldsymbol{\sigma}}''}\right)^{\mathrm{T}} \boldsymbol{\Xi}}{\left(\dfrac{\partial f}{\partial \bar{\boldsymbol{\sigma}}''}\right)^{\mathrm{T}} \boldsymbol{\Xi} \dfrac{\partial g}{\partial \bar{\boldsymbol{\sigma}}''} - \dfrac{\partial f}{\partial \bar{\varepsilon}_{\mathrm{p}}} \dfrac{\mathrm{d}\bar{\varepsilon}_{\mathrm{p}}}{\mathrm{d}\lambda}} \tag{8.81}$$

$$\bar{\boldsymbol{D}}_{\mathrm{edpc}}^{\mathrm{T}} = -\left[\boldsymbol{\Xi}\boldsymbol{T}^{\mathrm{e}} - \frac{\boldsymbol{\Xi} \dfrac{\partial g}{\partial \bar{\boldsymbol{\sigma}}''} \left(\dfrac{\partial f}{\partial \bar{\boldsymbol{\sigma}}''}\right)^{\mathrm{T}} \boldsymbol{\Xi}\boldsymbol{T}^{\mathrm{e}}}{\left(\dfrac{\partial f}{\partial \bar{\boldsymbol{\sigma}}''}\right)^{\mathrm{T}} \boldsymbol{\Xi} \dfrac{\partial g}{\partial \bar{\boldsymbol{\sigma}}''} - \dfrac{\partial f}{\partial \bar{\varepsilon}_{\mathrm{p}}} \dfrac{\mathrm{d}\bar{\varepsilon}_{\mathrm{p}}}{\mathrm{d}\lambda}}\right] - \left[\boldsymbol{\Xi}\boldsymbol{D}^{\xi,\mathrm{e}} + \frac{\boldsymbol{\Xi} \dfrac{\partial g}{\partial \bar{\boldsymbol{\sigma}}''} \left[\dfrac{\partial f}{\partial \xi} - \left(\dfrac{\partial f}{\partial \bar{\boldsymbol{\sigma}}''}\right)^{\mathrm{T}} \boldsymbol{\Xi}\boldsymbol{D}^{\xi,\mathrm{e}}\right]}{\left(\dfrac{\partial f}{\partial \bar{\boldsymbol{\sigma}}''}\right)^{\mathrm{T}} \boldsymbol{\Xi} \dfrac{\partial g}{\partial \bar{\boldsymbol{\sigma}}''} - \dfrac{\partial f}{\partial \bar{\varepsilon}_{\mathrm{p}}} \dfrac{\mathrm{d}\bar{\varepsilon}_{\mathrm{p}}}{\mathrm{d}\lambda}}\right] \frac{H_{\mathrm{h}} A_{\mathrm{h}}}{m_0} \tag{8.82}$$

$$\bar{\boldsymbol{D}}_{\mathrm{edpc}}^{\mathrm{s}} = -\left[\boldsymbol{\Xi}\boldsymbol{h}^{\mathrm{s,e}} + \frac{\boldsymbol{\Xi} \dfrac{\partial g}{\partial \bar{\boldsymbol{\sigma}}''} \left[\dfrac{\partial f}{\partial p_{\mathrm{c}}} - \left(\dfrac{\partial f}{\partial \bar{\boldsymbol{\sigma}}''}\right)^{\mathrm{T}} \boldsymbol{\Xi}\boldsymbol{h}^{\mathrm{s,e}}\right]}{\left(\dfrac{\partial f}{\partial \bar{\boldsymbol{\sigma}}''}\right)^{\mathrm{T}} \boldsymbol{\Xi} \dfrac{\partial g}{\partial \bar{\boldsymbol{\sigma}}''} - \dfrac{\partial f}{\partial \bar{\varepsilon}_{\mathrm{p}}} \dfrac{\mathrm{d}\bar{\varepsilon}_{\mathrm{p}}}{\mathrm{d}\lambda}}\right] \tag{8.83}$$

$$\bar{\boldsymbol{D}}_{\mathrm{edpc}}^{\mathrm{c}} = -\left[\boldsymbol{\Xi}\boldsymbol{D}^{\mathrm{c,e}} + \frac{\boldsymbol{\Xi} \dfrac{\partial g}{\partial \bar{\boldsymbol{\sigma}}''} \left[\dfrac{\partial f}{\partial c_{\mathrm{p}}} - \left(\dfrac{\partial f}{\partial \bar{\boldsymbol{\sigma}}''}\right)^{\mathrm{T}} \boldsymbol{\Xi}\boldsymbol{D}^{\mathrm{c,e}}\right]}{\left(\dfrac{\partial f}{\partial \bar{\boldsymbol{\sigma}}''}\right)^{\mathrm{T}} \boldsymbol{\Xi} \dfrac{\partial g}{\partial \bar{\boldsymbol{\sigma}}''} - \dfrac{\partial f}{\partial \bar{\varepsilon}_{\mathrm{p}}} \dfrac{\mathrm{d}\bar{\varepsilon}_{\mathrm{p}}}{\mathrm{d}\lambda}}\right] \tag{8.84}$$

由式(8.31),Bishop 应力速率可以表示为

$$\dot{\boldsymbol{\sigma}}'' = (1-d)\dot{\bar{\boldsymbol{\sigma}}}'' - \dot{d}\bar{\boldsymbol{\sigma}}'' = \boldsymbol{M}_{\mathrm{ed}} \dot{\bar{\boldsymbol{\sigma}}}'' - (1-d_{\mathrm{m}}) \left(\frac{\partial d_{\mathrm{c}}}{\partial \xi} \dot{\xi} + \frac{\partial d_{\mathrm{c}}}{\partial c_{\mathrm{p}}} \dot{c}_{\mathrm{p}}\right) \boldsymbol{D}\boldsymbol{\varepsilon}^{\mathrm{m,e}} \tag{8.85}$$

其中

$$\boldsymbol{M}_{\mathrm{ed}} = (1-d)\boldsymbol{I} - (1-d_{\mathrm{c}}) \frac{H}{\tilde{\varepsilon}} \boldsymbol{D}\boldsymbol{\varepsilon}^{\mathrm{m,e}} \left(\boldsymbol{\varepsilon}_{+}^{\mathrm{m,e}}\right)^{\mathrm{T}} \boldsymbol{D}^{-1} \tag{8.86}$$

式中:d_{c}、H、$\tilde{\varepsilon}$(即式(8.2)中 $'\tilde{\varepsilon}$)和 $\boldsymbol{\varepsilon}_{+}^{\mathrm{m,e}}$ 分别由式(8.17)、式(8.14)、式(8.2)和式(8.12)确定。

最终,将式(8.80)代入式(8.85),可得

$$\dot{\boldsymbol{\sigma}}'' = \boldsymbol{D}_{\mathrm{edpc}}^{\mathrm{m}} \dot{\boldsymbol{\varepsilon}} + \boldsymbol{D}_{\mathrm{edpc}}^{\mathrm{T}} \dot{T} + \boldsymbol{D}_{\mathrm{edpc}}^{\mathrm{s}} \dot{p}_{\mathrm{c}} + \boldsymbol{D}_{\mathrm{edpc}}^{\mathrm{c}} \dot{c}_{\mathrm{p}} \tag{8.87}$$

式中:化学-热-弹塑性-损伤一致性切线模量矩阵给定为

$$\boldsymbol{D}_{\mathrm{edpc}}^{\mathrm{m}}=\boldsymbol{M}_{\mathrm{ed}}\boldsymbol{\varXi}-\frac{\boldsymbol{M}_{\mathrm{ed}}\boldsymbol{\varXi}\dfrac{\partial g}{\partial\overline{\boldsymbol{\sigma}}''}\left(\dfrac{\partial f}{\partial\overline{\boldsymbol{\sigma}}''}\right)^{\mathrm{T}}\boldsymbol{\varXi}}{\left(\dfrac{\partial f}{\partial\overline{\boldsymbol{\sigma}}''}\right)^{\mathrm{T}}\boldsymbol{\varXi}\dfrac{\partial g}{\partial\overline{\boldsymbol{\sigma}}''}-\dfrac{\partial f}{\partial\bar{\varepsilon}_{\mathrm{p}}}\dfrac{\mathrm{d}\bar{\varepsilon}_{\mathrm{p}}}{\mathrm{d}\lambda}} \tag{8.88}$$

$$\boldsymbol{D}_{\mathrm{edpc}}^{\mathrm{T}}=-\left[\boldsymbol{M}_{\mathrm{ed}}\boldsymbol{\varXi}\boldsymbol{T}^{\mathrm{e}}-\frac{\boldsymbol{M}_{\mathrm{ed}}\boldsymbol{\varXi}\dfrac{\partial g}{\partial\overline{\boldsymbol{\sigma}}''}\left(\dfrac{\partial f}{\partial\overline{\boldsymbol{\sigma}}''}\right)^{\mathrm{T}}\boldsymbol{\varXi}\boldsymbol{T}^{\mathrm{e}}}{\left(\dfrac{\partial f}{\partial\overline{\boldsymbol{\sigma}}''}\right)^{\mathrm{T}}\boldsymbol{\varXi}\dfrac{\partial g}{\partial\overline{\boldsymbol{\sigma}}''}-\dfrac{\partial f}{\partial\bar{\varepsilon}_{\mathrm{p}}}\dfrac{\mathrm{d}\bar{\varepsilon}_{\mathrm{p}}}{\mathrm{d}\lambda}}\right]-\left[\boldsymbol{M}_{\mathrm{ed}}\boldsymbol{\varXi}\boldsymbol{D}^{\xi,\mathrm{e}}+\frac{\boldsymbol{M}_{\mathrm{ed}}\boldsymbol{\varXi}\dfrac{\partial g}{\partial\overline{\boldsymbol{\sigma}}''}\left[\dfrac{\partial f}{\partial\xi}-\left(\dfrac{\partial f}{\partial\overline{\boldsymbol{\sigma}}''}\right)^{\mathrm{T}}\boldsymbol{\varXi}\boldsymbol{D}^{\xi,\mathrm{e}}\right]}{\left(\dfrac{\partial f}{\partial\overline{\boldsymbol{\sigma}}''}\right)^{\mathrm{T}}\boldsymbol{\varXi}\dfrac{\partial g}{\partial\overline{\boldsymbol{\sigma}}''}-\dfrac{\partial f}{\partial\bar{\varepsilon}_{\mathrm{p}}}\dfrac{\mathrm{d}\bar{\varepsilon}_{\mathrm{p}}}{\mathrm{d}\lambda}}+(1-d_{\mathrm{m}})\frac{\partial d_{\mathrm{c}}}{\partial\xi}\boldsymbol{D}\boldsymbol{\varepsilon}^{\mathrm{m,e}}\right]\frac{H_{\mathrm{h}}A_{\mathrm{h}}}{m_0} \tag{8.89}$$

$$\boldsymbol{D}_{\mathrm{edpc}}^{\mathrm{s}}=-\left[\boldsymbol{M}_{\mathrm{ed}}\boldsymbol{\varXi}\boldsymbol{h}^{\mathrm{s,e}}+\frac{\boldsymbol{M}_{\mathrm{ed}}\boldsymbol{\varXi}\dfrac{\partial g}{\partial\overline{\boldsymbol{\sigma}}''}\left[\dfrac{\partial f}{\partial p_{\mathrm{c}}}-\left(\dfrac{\partial f}{\partial\overline{\boldsymbol{\sigma}}''}\right)^{\mathrm{T}}\boldsymbol{\varXi}\boldsymbol{h}^{\mathrm{s,e}}\right]}{\left(\dfrac{\partial f}{\partial\overline{\boldsymbol{\sigma}}''}\right)^{\mathrm{T}}\boldsymbol{\varXi}\dfrac{\partial g}{\partial\overline{\boldsymbol{\sigma}}''}-\dfrac{\partial f}{\partial\bar{\varepsilon}_{\mathrm{p}}}\dfrac{\mathrm{d}\bar{\varepsilon}_{\mathrm{p}}}{\mathrm{d}\lambda}}\right] \tag{8.90}$$

$$\boldsymbol{D}_{\mathrm{edpc}}^{\mathrm{c}}=-\left[\boldsymbol{M}_{\mathrm{ed}}\boldsymbol{\varXi}\boldsymbol{D}^{\mathrm{c,e}}+\frac{\boldsymbol{M}_{\mathrm{ed}}\boldsymbol{\varXi}\dfrac{\partial g}{\partial\overline{\boldsymbol{\sigma}}''}\left[\dfrac{\partial f}{\partial c_{\mathrm{p}}}-\left(\dfrac{\partial f}{\partial\overline{\boldsymbol{\sigma}}''}\right)^{\mathrm{T}}\boldsymbol{\varXi}\boldsymbol{D}^{\mathrm{c,e}}\right]}{\left(\dfrac{\partial f}{\partial\overline{\boldsymbol{\sigma}}''}\right)^{\mathrm{T}}\boldsymbol{\varXi}\dfrac{\partial g}{\partial\overline{\boldsymbol{\sigma}}''}-\dfrac{\partial f}{\partial\bar{\varepsilon}_{\mathrm{p}}}\dfrac{\mathrm{d}\bar{\varepsilon}_{\mathrm{p}}}{\mathrm{d}\lambda}}+(1-d_{\mathrm{m}})\frac{\partial d_{\mathrm{c}}}{\partial c_{\mathrm{p}}}\boldsymbol{D}\boldsymbol{\varepsilon}^{\mathrm{m,e}}\right] \tag{8.91}$$

8.5 数值算例

8.5.1 轴向载荷作用下杆的弹性-损伤问题

如图 8.6 所示，考虑一承受轴向拉伸循环载荷作用下的杆，将它模型化为平面应变问题进行分析。通过与解析解对比，显示所提出的本构模型和数值算法能较好地模拟材料弹性-损伤行为。需要说明的是，本算例以及下一个算例中并没有涉及孔隙流体的影响，因此这里杆的变形直接和总应力 σ 相关联。

拉伸循环载荷由下面两个指定杆的上端节点位移循环组成：循环①为位移值 $0\rightarrow0.2\rightarrow0$；循环②为位移值 $0\rightarrow0.4\rightarrow0$。

材料的弹性及损伤参数为

$$E_0=2\,000,\ \nu=0,\ {}^0r=0.005,\ A_{\mathrm{t}}=A_{\mathrm{c}}=1,\ B_{\mathrm{t}}=B_{\mathrm{c}}=100 \tag{8.92}$$

轴向弹性应力 σ 可以表示为

$$\sigma=\varepsilon(1-d_{\mathrm{m}})E_0 \tag{8.93}$$

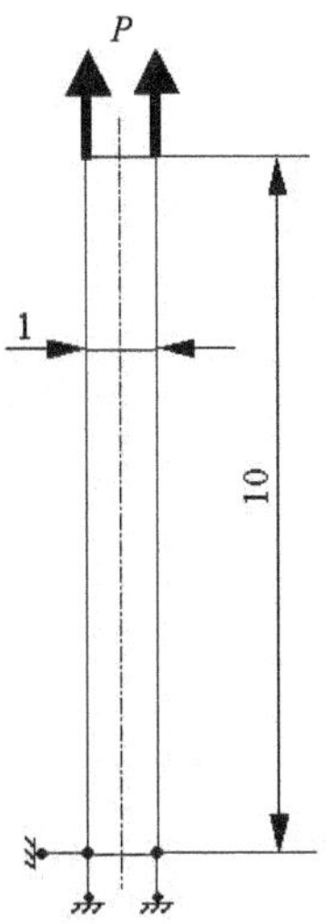

图 8.6　平面应变条件下杆的轴向循环加载问题：几何和边界条件

Fig. 8.6　Axial cycling load problem of test bar in plane strain: geometry and boundary conditions

式中：损伤变量 d_{m} 可以表示为

$$d_{\mathrm{m}}=1-\exp\left[100(0.005-\varepsilon)\right] \tag{8.94}$$

当轴向应变达到 $\varepsilon=0.005$，即初始损伤阈值 ${}^{0}r$ 时，损伤开始产生。图 8.7 显示了两个指定位移循环荷载作用下的应力-应变曲线。随着应变不断增加，两次荷载循环的卸载直线段的斜率逐次减小（即 Mullins 效应），显示了损伤的持续发展。结果表明，对于使用本章介绍的弹性-损伤积分算法得到的数值解与由式（8.93）和式（8.94）计算的解析解完全一致。

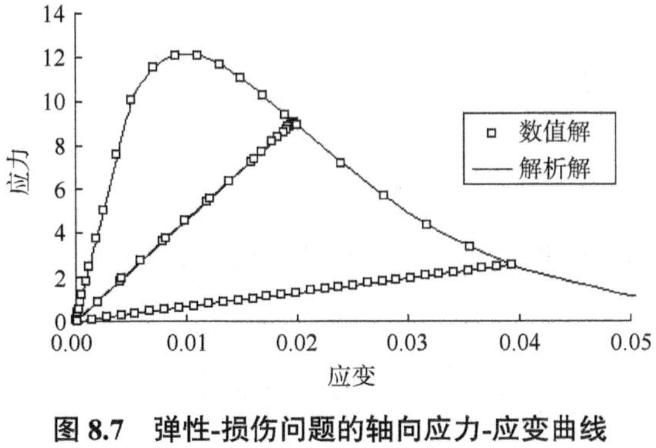

图 8.7　弹性-损伤问题的轴向应力-应变曲线

Fig. 8.7　The stress-strain curve of axial for elastic-damage problem

8.5.2　轴向载荷作用下杆的弹塑性-损伤问题

此例题仍采用上一例题中的几何和边界条件，但是作为弹塑性-损伤耦合问题分析，以验证提出的本构模型和相应的积分算法在弹塑性-损伤耦合分析中的准确性。

为简化弹塑性-损伤耦合问题的解析解求解，假定由式（8.22）定义的 William-Warnke 屈服准则的摩擦角 $r(\theta)$ 不随 Lode 角 θ 变化，即 $r_{\mathrm{t}}=r_{\mathrm{c}}$，由式（8.27）可得

$$f_{bc} = \frac{2f_t f_c}{3f_t - f_c} \tag{8.95}$$

将式(8.95)代回式(8.27),则得到如下关系:

$$c_0 = \frac{2f_t f_c}{3(f_c - f_t)}, r_t = r_c = \sqrt{3}\frac{f_c - f_t}{f_c + f_t} \tag{8.96}$$

最终,把式(8.96)代入式(6.60),简化后的 William-Warnke 屈服准则可以表示为

$$f = q + r(\bar{\sigma}_m - c) \tag{8.97}$$

其中

$$q = \frac{|\bar{\sigma}|}{\sqrt{3}}, r = \sqrt{3}\frac{f_c - f_t}{f_c + f_t}, \bar{\sigma}_m = \frac{\bar{\sigma}}{3} \tag{8.98}$$

假定内聚力 c 仅为等效塑性应变 $\bar{\varepsilon}_p$ 的线性函数,即

$$c = c_0 + h_p \bar{\varepsilon}_p \tag{8.99}$$

本算例的模型参数和材料常数为

$$E_0 = 2\,000, \nu = 0, f_t = 40, f_c = 60, f_{bc} = 80, {}^0r = 0.01, A_t = A_c = 1, B_t = B_c = 100, h_p = 100 \tag{8.100}$$

即

$$r = \frac{\sqrt{3}}{5}, c_0 = 80 \tag{8.101}$$

杆的上端受指定节点位移的拉伸载荷:位移 $0 \to 1$。在加载到应变 $\varepsilon = 0.01$ 时,弹性损伤开始出现;当应变 $\varepsilon > 0.02$,即轴向拉伸有效应力 $\bar{\sigma}$ 超过材料的拉伸强度 f_t,材料则进入弹塑性-损伤耦合阶段。弹性阶段和弹性损伤阶段的轴向应力分别为

$$\sigma = E_0\varepsilon \quad (\varepsilon \leqslant 0.01) \tag{8.102}$$

$$\sigma = \exp[100(0.01 - \varepsilon)]E_0\varepsilon \quad (0.01 \leqslant \varepsilon \leqslant 0.02) \tag{8.103}$$

由式(8.97)至式(8.99),塑性屈服后的等效塑性应变 $\bar{\varepsilon}_p$ 可以表示为

$$\bar{\varepsilon}_p = \frac{1}{h_p}\left(\frac{1}{\sqrt{3}r}\bar{\sigma} + \frac{1}{3}\bar{\sigma} - c_0\right) \tag{8.104}$$

考虑关联塑性情况下,依据式(8.34),增量等效塑性应变 $\Delta\bar{\varepsilon}_p$ 可由增量轴向塑性应变 $\Delta\varepsilon^p$ 计算得到,即

$$\Delta\bar{\varepsilon}_p = \lambda\sqrt{\frac{2}{3}\left(\frac{\partial f}{\partial\bar{\sigma}}\frac{\partial f}{\partial\bar{\sigma}} - \frac{1}{3}\frac{\partial f}{\partial\bar{\sigma}}\frac{\partial f}{\partial\bar{\sigma}}\right)} = \frac{2}{3}\left|\lambda\frac{\partial f}{\partial\bar{\sigma}}\right| = \frac{2}{3}\left|\Delta\varepsilon^p\right| \tag{8.105}$$

弹塑性-损伤耦合阶段的轴向应变可以表示为

$$\varepsilon = \varepsilon^e + \frac{3}{2h_p}\left[\left(\frac{1}{\sqrt{3}r} + \frac{1}{3}\right)\bar{\sigma} - c_0\right] = \varepsilon^e + \frac{3}{2h_p}\left[\left(\frac{1}{\sqrt{3}r} + \frac{1}{3}\right)E_0\varepsilon^e - c_0\right] \tag{8.106}$$

即

$$\varepsilon^e = \frac{\varepsilon + \frac{3}{2h_p}c_0}{1 + \frac{3}{2h_p}\left(\frac{1}{\sqrt{3}r} + \frac{1}{3}\right)E_0} \tag{8.107}$$

弹塑性-损伤耦合阶段的轴向应力可按下式计算：

$$\sigma=\exp\left[100\left(0.01-\frac{\varepsilon+\dfrac{3}{2h_{\mathrm{p}}}c_0}{1+\dfrac{3}{2h_{\mathrm{p}}}\left(\dfrac{1}{\sqrt{3}r}+\dfrac{1}{3}\right)E_0}\right)\right]E_0\frac{\varepsilon+\dfrac{3}{2h_{\mathrm{p}}}c_0}{1+\dfrac{3}{2h_{\mathrm{p}}}\left(\dfrac{1}{\sqrt{3}r}+\dfrac{1}{3}\right)E_0}\quad(\varepsilon>0.02)\tag{8.108}$$

图 8.8 给出了弹塑性-损伤问题的轴向应力-应变的数值解与解析解的比较，显示所提出的弹塑性-损伤耦合本构模拟的数值积分算法所得结果与解析解是完全一致的。

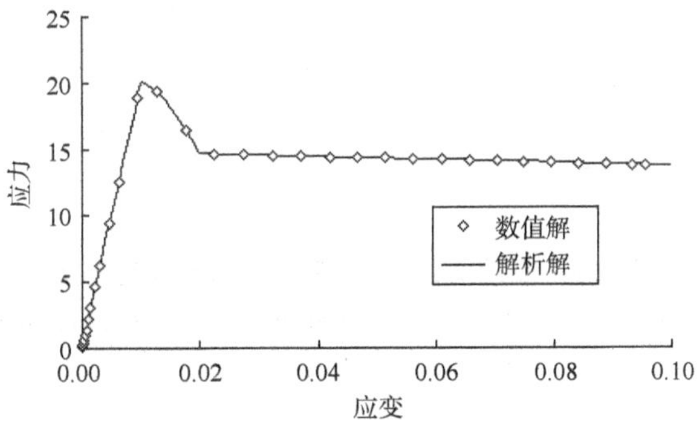

图 8.8　弹塑性-损伤问题的轴向应力-应变曲线

Fig. 8.8　The stress-strain curve of axial for elasto-plastic damage problem

8.5.3　受热混凝土柱问题

考虑暴露在火中的横截面尺寸为 40 cm× 40 cm 的混凝土正柱。此例题可模型化为 40 cm× 40 cm 分析域中与非混溶的孔隙水和孔隙混溶气流动以及热流动相耦合的瞬态平面应变问题。模拟混凝土柱在开始遭受火灾后的前 16 min 的化学-热-湿-力耦合行为。模拟过程增量步的时间步长从其初始值 $\Delta t=1$ s 开始，在整个加热过程的 16 min 内按时间步长的自适应方案变化，其最大值达到 $\Delta t=20$ s。由于所分析域的对称性，只取出其 1/4 的 20 cm× 20 cm 区域沿边界离散化为 15×15 个八节点等参（serendipity）单元网格。单元网格划分和由对称性条件所施加的位移约束边界条件如图 8.9 所示。

本算例整个分析域的初始条件给定为初始温度 $T^0=298$ K，孔隙液相的初始饱和度 $S_{\mathrm{l}}^0=0.44$，相应于大气压力的初始孔隙混溶气体压力 $p_{\mathrm{g}}^0=101.325$ kPa，初始化学束缚水质量密度 $m_0=80\ \mathrm{kg/m^3}$。边界条件见表 8.1。

本算例中利用的主要材料参数：初始杨氏弹性模量和泊松比分别为 $E_0=42$ GPa、$\nu=0.2$；用以确定 William-Warnke 屈服准则中的材料参数 $c_0,r_{\mathrm{c}},r_{\mathrm{t}}$ 的强度参数 $f_{\mathrm{t}}=6.4$ MPa、$f_{\mathrm{c}}=80$ MPa、$f_{\mathrm{bc}}=88$ MPa；材料内聚力硬化/软化参数 $h_{\mathrm{p}}=-1\times10^7$、$h_{\mathrm{s}}=1\times10^{-3}$、$h_{\xi}=-2.76\times10^6$、$h_{\mathrm{c}}=-5\times10^7$；混凝土初始力学损伤阈值 ${}^0r=1\times10^{-4}$；初始混凝土骨架密度 $\rho_{\mathrm{s0}}=2\ 750\ \mathrm{kg/m^3}$；初始孔隙度 $n_0=0.1$；初始热传导系数 $\lambda_{\mathrm{d0}}=1.67\ \mathrm{W/(m\cdot K)}$；热膨胀系数 $\beta_{\mathrm{s}}=3.0\times10^{-5}\ \mathrm{K^{-1}}$；脱盐效应的化学膨胀系数 $F_0=1.6\times10^{-3}$、$\beta_0=1.1$；绝对渗透系数 $k=3.7\times10^{-21}\ \mathrm{m^2}$；混凝土中固

相、液相、干空气和水蒸气的等压热容系数分别为 $C_{ps}=940\ J/(kg\cdot K)$、$C_{pl}=4\ 181\ J/(kg\cdot K)$、$C_{pa}=1\ 005.7\ J/(kg\cdot K)$、$C_{pv}=1\ 805\ J/(kg\cdot K)$。

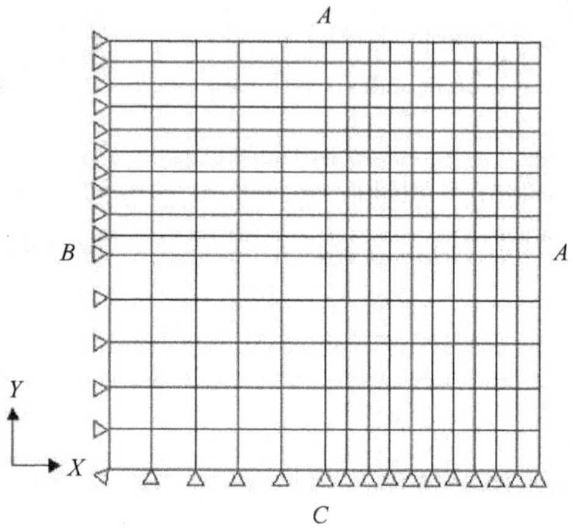

图 8.9 二维平面应变问题的有限元模型简图

Fig. 8.9 Diagram of the FEM for the two-dimensional plane strain problem

表 8.1 受热混凝土柱的边界条件

Table 8.1 Boundary conditions for the heated concrete column

边界	变量	数值
A	p_g	$p_g=101\ 325$ Pa
	p_c	$p_v=1\ 000$ Pa, $\beta_c=0.044$ ms
	T	$T=298+0.5t$(K)
	c^p	$q_p=0$
B	u_x	$u_x=0$
	p_g	$q_g=0$
	p_c	$q_v=q_w=0$
	T	$q_T=0$
	c^p	$q_p=0$
C	u_y	$u_y=0$
	p_g	$q_g=0$
	p_c	$q_v=q_w=0$
	T	$q_T=0$
	c^p	$q_p=0$

图 8.10 至图 8.15 分别给出了 t =4，8，12 和 16 min 时分析域中的温度、水蒸气压力、等效塑性应变、力学损伤、由于脱水和脱盐共同引起的化学损伤以及总损伤随时间演化的分布云图。

从图 8.10（a）至（d）可以清楚地看到，随着加热面温度的不断升高，混凝土柱的温度分布是由外到内逐渐降低的，并且越靠近加热面，混凝土柱温度梯度的值越高；伴随而来的是靠近混凝土柱加热面附近区域的孔隙水不断快速蒸发，使饱和度持续降低，由于混凝土的密实内结构，逐渐形成了一个高水蒸气压力峰值区域，并且这一区域会向混凝土柱内不断移动，如图 8.11（a）至（d）所示。这一水蒸气压力区域的峰值会随着时间的推移不断增大，在 t =16 min 时会达到 0.7 MPa。

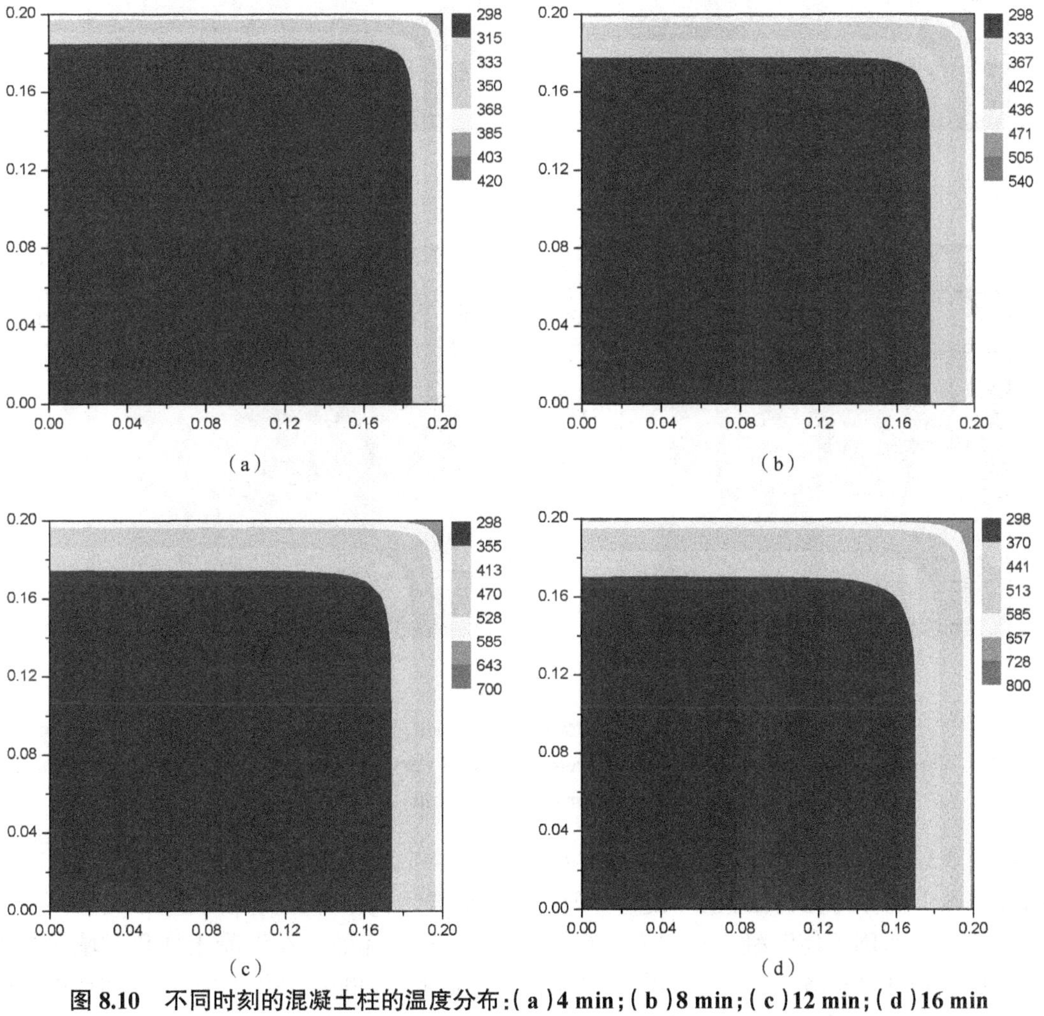

图 8.10　不同时刻的混凝土柱的温度分布：（a）4 min；（b）8 min；（c）12 min；（d）16 min

Fig. 8.10　Temperature distributions in concrete column at various time levels:（a）4 min;（b）8 min;（c）12 min;（d）16 min

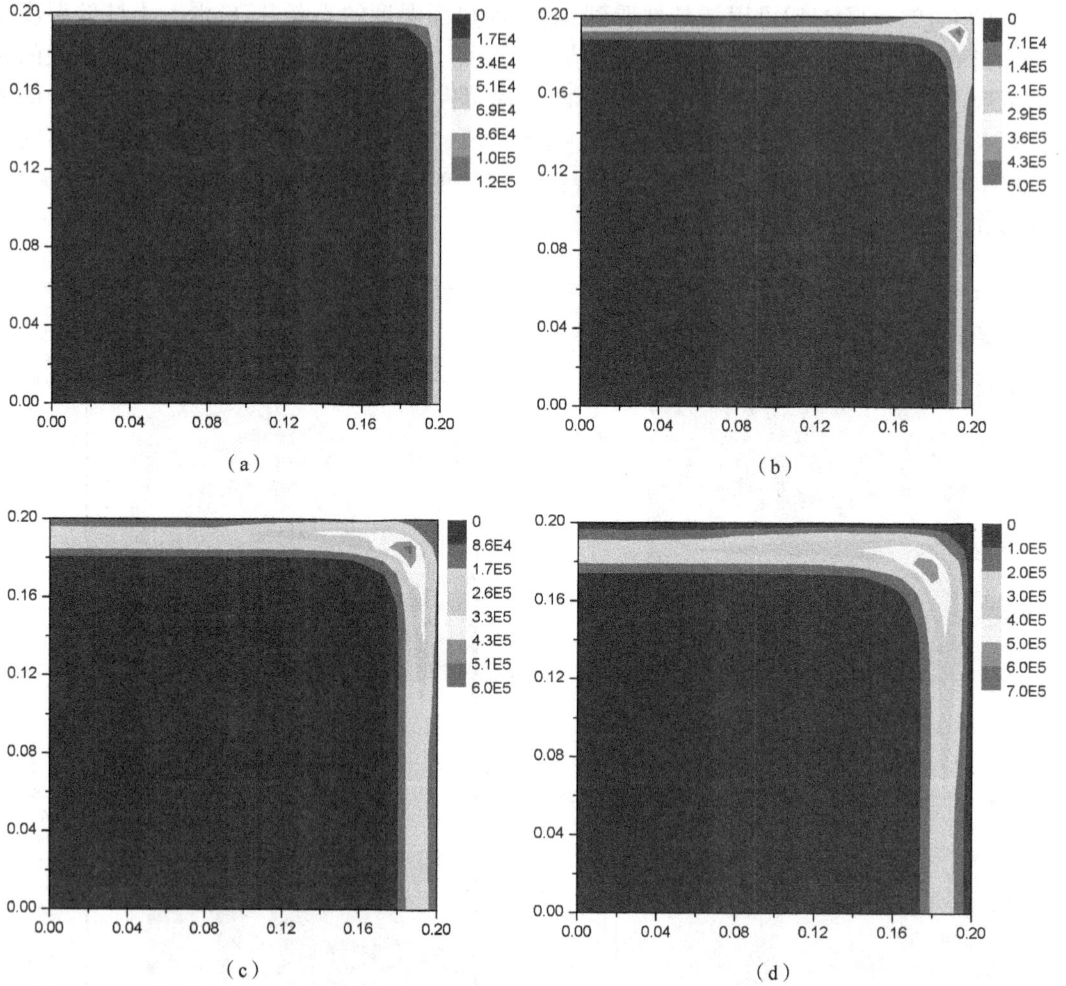

图 8.11　不同时刻的混凝土柱的水蒸气压力分布：(a)4 min；(b)8 min；(c)12 min；(d)16 min

Fig. 8.11　Vapor pressure distributions in concrete column at various time levels：(a)4 min；(b)8 min；(c)12 min；(d)16 min

从图 8.12(a)至(d)和图 8.13(a)至(d)可以观察到，由于混凝土柱的外表面受热膨胀，而内部基本上仍保持在初始温度状态下，因此必然会导致高拉伸应力的产生，最终在高水蒸气压力的共同作用下使混凝土材料发生破坏损伤，而且破坏效果在混凝土柱角区域尤其严重。同时，图 8.14(a)至(d)所示的由于升温而产生的脱水和脱盐的化学损伤在加热面处会达到 16%，导致在加热面附近混凝土强度进一步下降，如图 8.15(a)至(d)所示。由靠近加热面混凝土柱角区域的高水蒸气压力和高值材料总损伤变量构成了在该区域引发爆裂性剥落破坏的潜在根源。火灾下混凝土柱样本的试验结果也表明，在此截面形状下的混凝土爆裂性剥落破坏的确是经常发生在加热区域柱角处，这也验证了所提出的化学-弹塑性-损伤耦合本构模型、化学-热-湿-气-力学耦合数学模型与非线性有限元过程在重现火灾、热辐射等高温条件下的混凝土中 CTHM 耦合行为和混凝土材料损伤、脱黏、软化和爆裂等破坏过程的能力和有效性。

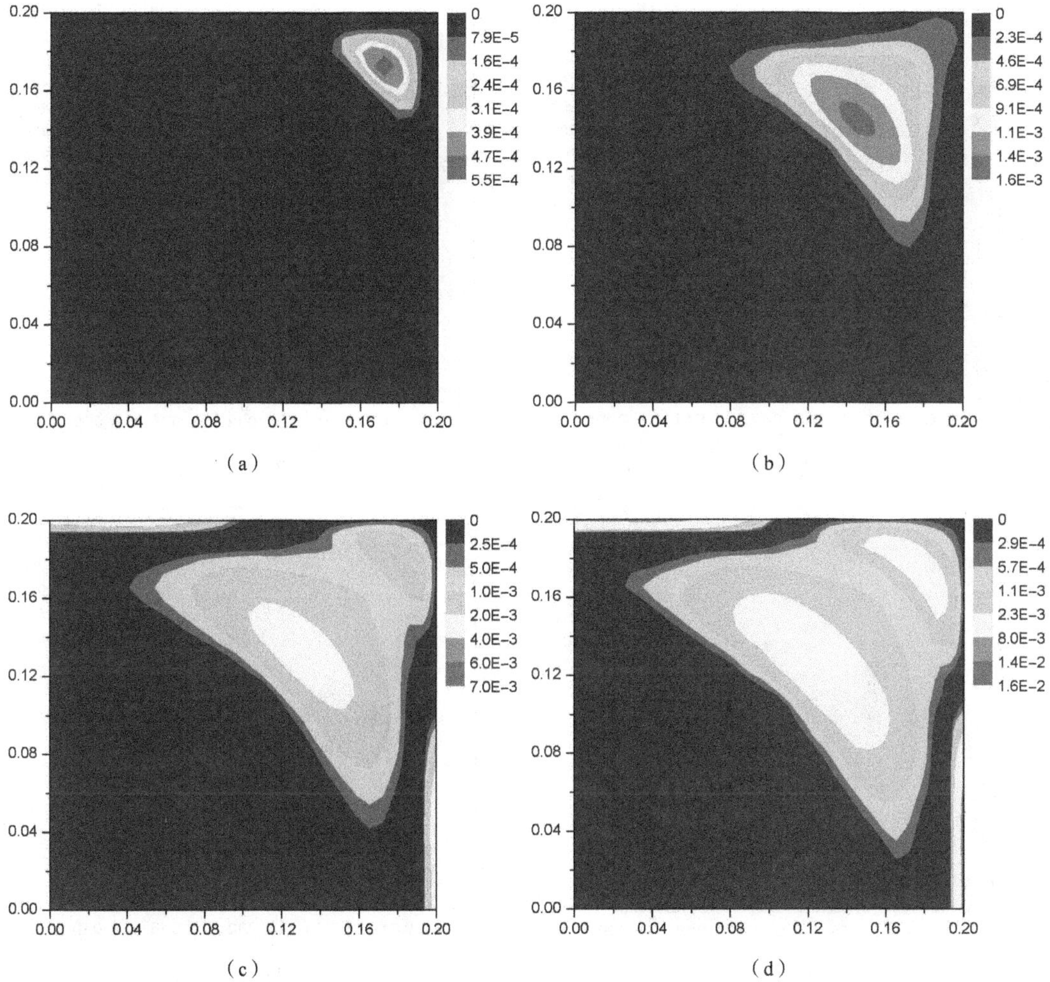

图 8.12　不同时刻的混凝土柱的等效塑性应变分布：(a) 4 min；(b) 8 min；(c) 12 min；(d) 16 min

Fig. 8.12　Equivalent plastic strain distributions in concrete column at various time levels: (a) 4 min; (b) 8 min; (c) 12 min; (d) 16 min

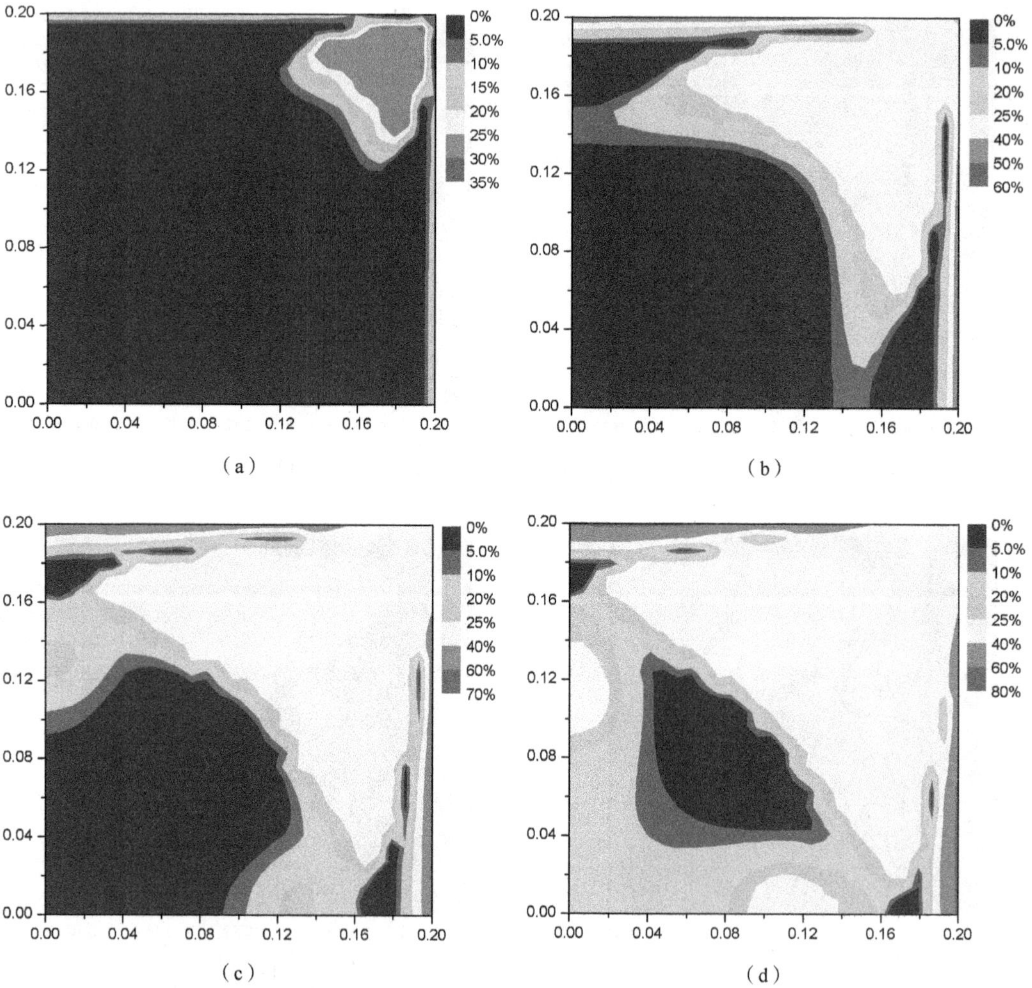

图 8.13　不同时刻的混凝土柱的力学损伤分布：(a)4 min；(b)8 min；(c)12 min；(d)16 min

Fig. 8.13　Mechanical damage distributions in concrete column at various time levels: (a)4 min; (b)8 min; (c)12 min; (d)16 min

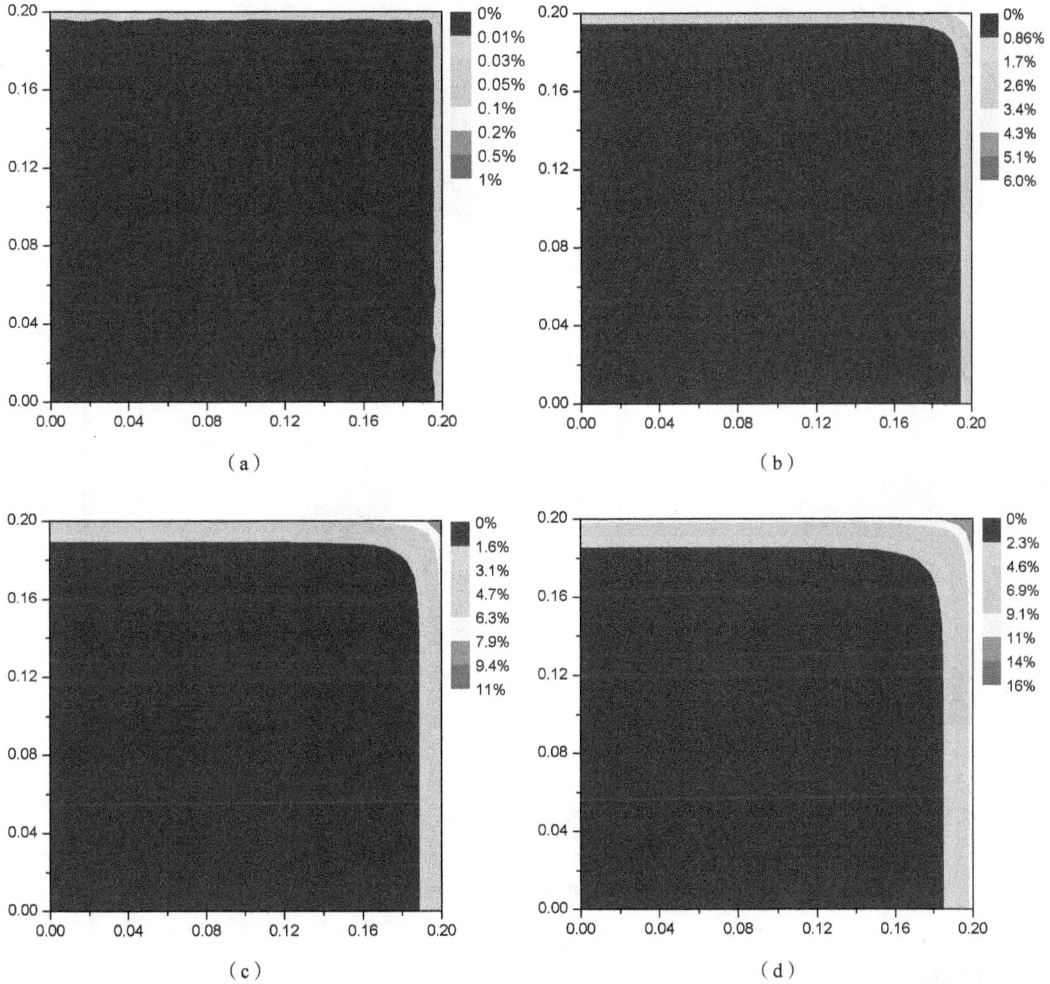

图 8.14　不同时刻的混凝土柱的化学损伤分布:(a)4 min;(b)8 min;(c)12 min;(d)16 min

Fig. 8.14　Chemical damage distributions in concrete column at various time levels:(a)4 min;(b)8 min;(c)12 min;(d)16 min

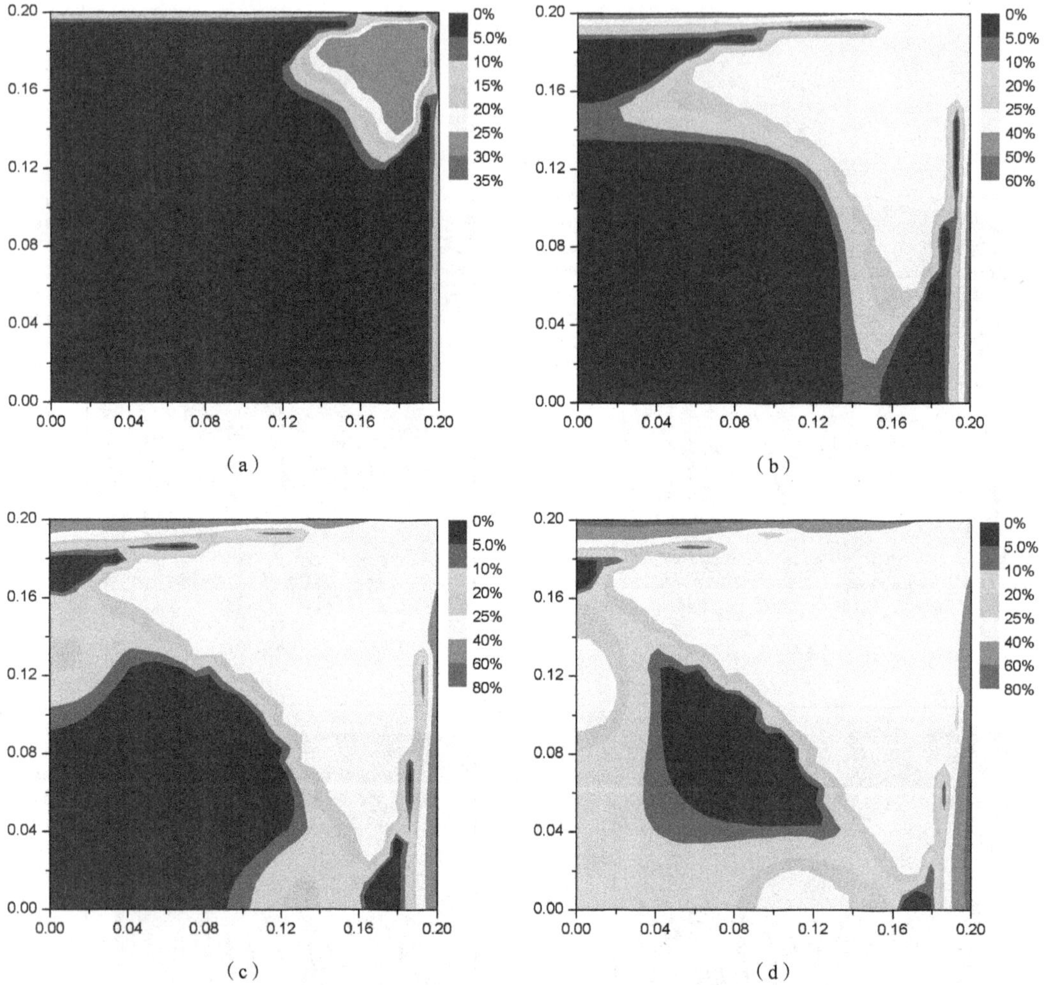

图 8.15 不同时刻的混凝土柱的总损伤分布：(a)4 min；(b)8 min；(c)12 min；(d)16 min

Fig. 8.15 Total damage distributions in concrete column at various time levels：(a)4 min；(b)8 min；(c)12 min；(d)16 min

参考文献

[1] LI R T, LI X K. A coupled chemo-elastoplastic-damage constitutive model for plain concrete subjected to high temperature[J]. International journal of damage mechanics, 2010, 19: 971-1000.

[2] MAZARS J. Application de la mecanique de lendnnag emment an comportememt nonlineaire de structure[D]. Paris: University of Paris, 1984.

[3] WILLIAM K J, WARNKE E P. Constitutive model for the triaxial behaviour of concrete[C]. IABSE Proceedings 19, Seminar on Concrete Structure Subjected to Triaxial Stresses, Paper Ⅲ-1, International Association for Bridge and Structural Engineering, Zu-

rich, 1975.

[4] SAETTA A, SCOTTA R, VITALIANI R. Mechanical behaviour of concrete under physical-chemical attacks[J]. Journal of engineering mechanics ASCE, 1998, 124(10): 1100-1109.

[5] SAETTA A, SCOTTA R, VITALIANI R. Coupled environmental-mechanical damage model of RC structures[J]. Journal of engineering mechanics ASCE, 1999, 125(8): 930-940.

[6] LACKNER R, HELLMICH C H, MANG H A. Constitutive modeling of cementitious materials in the framework of chemoplasticity[J]. International journal for numerical methods in engineering, 2002, 53: 2357-2388.

[7] ULM F J, COUSSY O, BAZANT Z P. The "Chunnel" fire- Ⅰ: chemoplastic softening in rapidly heated concrete[J]. Journal of engineering mechanics ASCE, 1999, 125(3): 272-282.

[8] WU W H, LI X K, CHARIER R, et al. A thermo-hydro-mechanical constitutive model for unsaturated soils[J]. Computers and geotechnics, 2004, 31: 155-167.

[9] GAWIN D, PESAVENTO F, SCHREFLER B A. Modelling of hygro-thermal behaviour and damage of concrete at temperature above the critical point of water[J]. International journal for numerical & analytical methods in geomechanics, 2002, 26: 537-562.

[10] SERCOMBE J, ULM F J, MANG H A. Consistent return mapping algorithm for chemoplastic constitutive laws with internal couplings[J]. International journal for numerical methods in engineering, 2000, 47: 75-100.

[11] HUECKEL T. Chemo-plasticity of clays subjected to stress and flow of a single contaminant[J]. International journal for numerical and analytical methods in geomechanics, 1997, 21: 43-72.

[12] JU J W. On energy-based coupled elastoplastic damage theories: constitutive modeling and computational aspects[J]. International journal of solids and structures, 1989, 25(7): 803-833.

[13] LI X K, DUXBURY P D, LYONS P. Coupled creep-elastoplastic-damage analysis for isotropic and anisotropic nonlinear materials[J]. International journal of solids and structures, 1994, 31: 1181-1206.

[14] LI X K. Large strain constitutive modeling and computation for isotropic, creep elastoplastic damage solids[J]. International journal for numerical methods in engineering, 1995, 38: 841-860.

[15] Brite Euram Ⅲ BRPR-CT95-0065 HITECO, Understanding and industrial application of high performance concrete in high temperature environment, Final Report, 1999.

[16] PHAN L T, CARINO N J, DUTHINH D, et al. International workshop on fire performance of high-strength concrete[C]. NIST, Gaithersburg, 1997.

第 9 章　混凝土结构高温爆裂破坏的数值分析与评估方法

在火灾等高温极限情况下，混凝土表面温度通常可达 800 ℃以上，此时混凝土构件极易发生爆裂性剥落破坏（explosive spalling）。混凝土一旦发生严重的爆裂，便会使钢筋保护层完全丧失，导致钢筋直接暴露于高温下而迅速升温，加快其丧失原有力学性能的速度；再加上混凝土爆裂后，构件的截面缩小，其承载能力也会急剧降低，从而给整个结构的安全带来严重危害。在查阅和分析国内外相关文献的基础上，本章综合介绍影响混凝土爆裂破坏发生的相关因素，并利用提出的高温下混凝土化学-热-湿-力耦合模型及数值方法开展混凝土构件的含水率、约束状况和材料强度对其抗火性能影响的数值分析，探讨混凝土高温爆裂的机理，阐释爆裂现象发生的背后原因。为了实现对混凝土结构高温爆裂破坏风险的分析与评价，本章分别介绍一种便于工程实际应用的混凝土构件火灾爆裂危险性分级评价方法和一个基于模糊模式识别理论建立的爆裂风险模糊综合评价模型。

9.1　高温爆裂破坏的影响因素

1. 含水率

混凝土的含水率是影响其高温爆裂的主要因素之一，对于超高强混凝土和高强混凝土，含水率越高，高温爆裂越剧烈。因此，通常降低混凝土的含水率可以减小高温爆裂的可能性。但值得注意的是，有些材料即使不含水分也会因高热应力的作用发生爆裂破坏，如陶瓷类材料。

在绝大多数情况下，混凝土的含水率越高，高温爆裂的危险性越大。因此，在潮湿条件（如室外环境）下的混凝土要比干燥混凝土更易发生爆裂，并且爆裂的程度也更严重，因为含水率的增大不仅加速了热传导的过程，更加快了混凝土中高水蒸气压力的形成，最终导致了爆裂破坏的提早发生。

一般认为混凝土爆裂发生的概率和含水率基本成正比。但对于传统混凝土（普通强度）结构，当含水率低于 3%时，含水率的大小对混凝土的爆裂没有影响；而当含水率在 3%~4%变化时，爆裂危险性受含水率的影响也不是很大；不过在某些低含水率（<3%）的特殊情况下也观察到了爆裂现象。很多文献中习惯上用相对湿度来表示混凝土的含水率，因此相对湿度越高，爆裂发生的危险性越大、爆裂也越严重。相似于 3%含水率对爆裂危险性的意义，相对湿度的容许值为 75%。

2. 升温速率

混凝土的升温速率也是影响其高温爆裂的主要因素之一，在快速升温或高火烧强度情况下，爆裂发生的程度会更严重。快速升温会使受火部位中产生更大的温度和水分梯度，而这都是引起爆裂发生的主要原因。因此，碳氢化合物（烃类燃料）燃烧造成的火灾危险性更大，并且发生的爆裂类型主要以爆炸式爆裂为主。

3. 骨料类型

混凝土常用的骨料可分为两大类：一类为硅质骨料，如石英、砂砾、花岗石和燧石等；另一类为钙质骨料，如石灰石、白云石和斜长石等。

研究发现硅质骨料的抗爆裂性能较差。其原因主要有两方面：一方面是高温下骨料与水泥浆之间的热膨胀系数存在巨大差异；另一方面是 a 型石英转变为 b 型（在 570 ℃左右发生）的相变过程中伴随着体积的突然膨胀。最终，高膨胀应力使骨料开裂，促使爆裂破坏的发生。

相比硅质骨料，钙质骨料的耐火性能要好很多，同样也可以从两个主要方面说明其原因：一方面是钙质骨料比硅质骨料具有更低的热膨胀系数，使其与水泥浆的热膨胀系数相近，降低了所产生的内部热应力；另一方面是钙质骨料在受热过程中不会发生固相的改变。另外，钙质骨料在高温下会发生分解并释放出 CO_2，如温度大于 660 ℃时 $CaCO_3$ 开始分解，尽管这一过程会吸热，但仍然会减缓混凝土中的热传导过程。当加热结束后碳酸盐冷却时，原先加热时分解的碳酸盐会重新发生水合作用，而这种重新水合反应被认为是引起钙质骨料产生延迟爆裂破坏的主要原因。

4. 混凝土强度

根据导致爆裂破坏的蒸汽压机理，爆裂与高温下混凝土中的高孔隙压力有密切关系。而高强混凝土（HSC）因其渗透率低，使高温条件下内部生成的水蒸气不易释放，相比普通混凝土（NSC）会形成更高的孔隙压力，因此更易遭受爆裂破坏。研究表明，混凝土强度对耐火性能的影响是随强度增加导致耐火性能降低。一般情况下，强度低于 55 MPa 的混凝土，耐火性能降低不明显；但强度高于 55 MPa 的混凝土，耐火性能明显降低，易发生高温爆裂。

需要指出的是，混凝土的设计强度与施工现场的实际强度之间一般有较大差异，大约 95%的施工现场的混凝土实际强度都会比其设计强度高 20%或更多。但是，施工现场搅拌的混凝土虽然实际强度比设计强度较高，然而其本质上与易发生爆裂的高强混凝土是截然不同的。

5. 截面尺寸

相关文献表明，混凝土构件的爆裂与其截面尺寸有关，爆裂的危险性随着构件截面厚度的增加而降低。在横截面较薄的部位，温度升高更快，更易形成较大的水分梯度。Malhotra 研究发现，当梁的厚度超过 200 mm 时，其爆裂的危险性会大大减小。但影响爆裂的因素都是互相关联的，例如若含水率小于 2.5%，只要厚度大于 80 mm，则也不会发生爆裂；而若含水率为 4.5%，则厚度必须在 120 mm 以上才能保证不发生爆裂。

6. 加载水平

钢筋混凝土构件所受外荷载的类型和强度对爆裂破坏的发生也有显著的影响。一般情况下，受载结构构件比无载构件更易发生爆裂，特别是在压缩荷载作用下表现得更为明显，其原因是所作用的荷载会增大水蒸气产生的孔隙压力。研究还发现，与无载升温相比，恒温加载和恒载升温条件更容易导致混凝土发生爆裂，因此预应力混凝土构件比普通钢筋混凝土构件更容易发生爆裂。

7. 约束情况

高温下构件的约束会阻碍其受热膨胀，从而会使产生的热应力快速增加。Ali 等研究表明，即使是普通混凝土，如果有约束存在，在标准火灾条件下也会表现出非常高的爆裂可能性。

但事情都有其两面性，约束有时候也会帮助提高构件的耐火性。如图 9.1 所示，梁因外荷载作用产生的弯曲会使其下侧受拉开裂，但约束限制了梁的受热膨胀，从而能够闭合之前产生的裂纹。实际上，所有工程结构的构件在某种程度上都可以认为受到周围低温结构的约束作用，只有在标准炉火试验中自由伸缩的板和梁才能看作无约束限制。

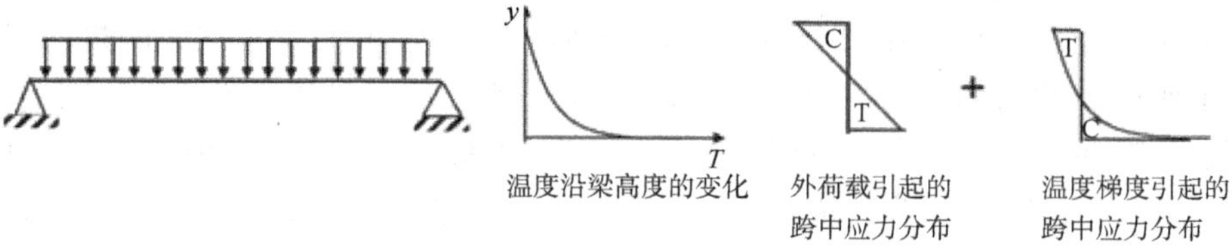

图 9.1 热梯度对弯梁的影响（C—压缩，T—拉伸）

Fig 9.1 Effect of a beam in bending exposed to a thermal gradient(C-compression, T-tension)

8. 热膨胀性

受约束的热膨胀产生的高热应力是混凝土高温爆裂的主要原因之一。因此，混凝土的热膨胀性越低，产生的热应力相应会越小，抗爆裂的能力也就越高。硅质骨料之所以比钙质骨料更易发生爆裂破坏，主要原因之一就是其热膨胀系数比钙质骨料要高。此外，混凝土的热膨胀性也会随着温度的升高而增大。

9. 钢筋

钢筋的存在通常会提高混凝土的抗爆裂能力，因为钢筋会阻止或减缓沿钢筋方向的爆裂的发展。但 Meyer-Ottens 认为，钢筋与其周围混凝土在高温下热膨胀的差异会导致裂纹的产生，从而加剧爆裂，然而再无其他研究证明这一结论，而且普通混凝土和钢的热膨胀系数在同一个量级上。因而，混凝土由开裂引起爆裂破坏只可能发生在这种情况下，即当钢筋捆扎比较密集时由于混凝土连续性的缺失导致在室温时就出现了裂纹，并且此时爆裂程度一般不会太严重。

10. 保护层

对于普通混凝土来说，爆裂破坏通常仅会发生在构件的无配筋混凝土材料部分，而不会超过配筋层，因此混凝土保护层越厚，爆裂发生的概率越大。CIRIA 研究表明，由石灰石骨料构成的混凝土保护层，若厚度不超过 50 mm，在 2 h 标准受火条件下都不会发生爆裂破坏；而如果为砾石骨料混凝土，若保护层厚度为 35 mm，相同受火条件下虽发生爆裂但不明显，而当混凝土保护层加厚后则会发生显著的爆裂破坏。

然而，需要说明的是，上述这种观点仅限于对爆裂危险发生概率的研究。显而易见，若混凝土保护层过薄，虽然爆裂危险性降低了，但势必会使钢筋在火灾中升温加快，对结构的安全性同样会带来极大的隐患。

11. 纤维

大量的研究表明，向混凝土中掺加一些聚丙烯纤维具有很好的抑制爆裂的效果。由于发生爆裂处的混凝土温度在 190~250 ℃，而聚丙烯纤维的熔点则在 170 ℃左右。在升温过程中，提前熔化的聚丙烯纤维将被其周围的水泥团吸收并留下其原来所占据的空间，由于这些纤维在混合时互相搭接，它们熔融后留下的空间将相互贯通形成孔道，有利于高温蒸发的水蒸气经由此排出混凝土，因此高水蒸气压力将很难在掺有聚丙烯纤维的混凝土内形成，从而避免爆裂的发生。通常利用聚丙烯纤维提高高强混凝土的渗透性，而对于普通混凝土则很少使用。除聚丙烯纤维外，混凝土中还可以添加钢纤维来提高其耐火能力。

9.2　不同工况对混凝土结构抗火性能影响的数值分析

9.2.1　不同初始含湿量算例

考虑初始相对湿度分别为 25%、50%和 75%的 30 cm 厚的三个混凝土墙体，依据升温曲线 $T = 298 + 0.7t(\mathrm{K})$ 对墙面 A 不断加热。利用所提出的化学-热-湿-力耦合模型，数值模拟分析高温下不同初始相对湿度混凝土中 CTHM 耦合一维瞬态平面应变问题。自受热面尺寸为 6 cm × 0.4 cm 墙体离散后的 36 × 1 个八节点等参单元网格划分和所施加的位移约束边界条件如图 9.2 所示。除初始相对湿度外，设三个混凝土墙体的主要材料参数相同，见表 9.1。

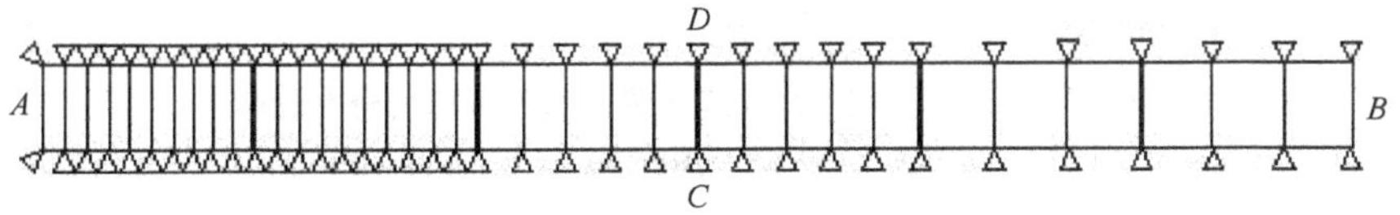

图 9.2　受热混凝土墙体的有限元模型简图

Fig 9.2　Diagram of the FEM for the heated concrete wall

表 9.1　主要材料参数

Table 9.1　Main material parameters

参数	数值	参数	数值
弹性模量（GPa）	44	单轴拉伸强度（MPa）	8
泊松比	0.18	单轴压缩强度（MPa）	100
混凝土密度（kg/m^3）	2 800	双轴压缩强度（MPa）	110

图 9.3 至图 9.7 分别给出了三种初始相对湿度情况下在 20 min 时自加热面沿墙体厚度方向的温度、水蒸气压力、相对湿度、等效塑性应变和损伤度的数值模拟分布对比。

从图 9.3 中可以看出，三种初始相对湿度情况下温度分布规律基本相同，即由加热面处逐渐向里降低，且温度梯度在靠近加热面处最高。但初始相对湿度越高，内部温度升高的速度就相对越慢，这是由于含湿量越高，蒸发所需的热量就越多。

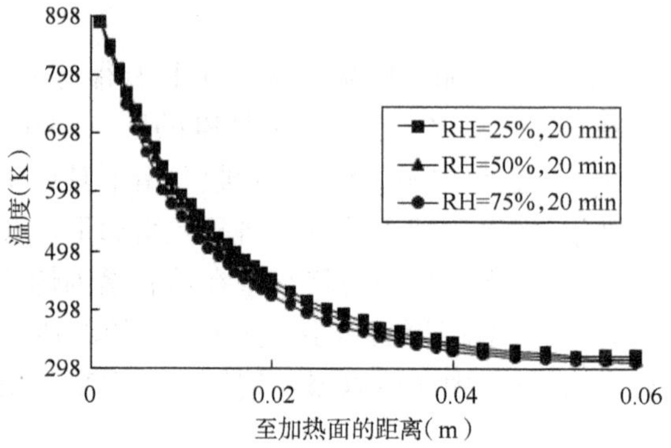

图 9.3 不同初始相对湿度条件壁内温度分布比较

Fig. 9.3 Comparison of temperature distribution within the wall in different initial RH

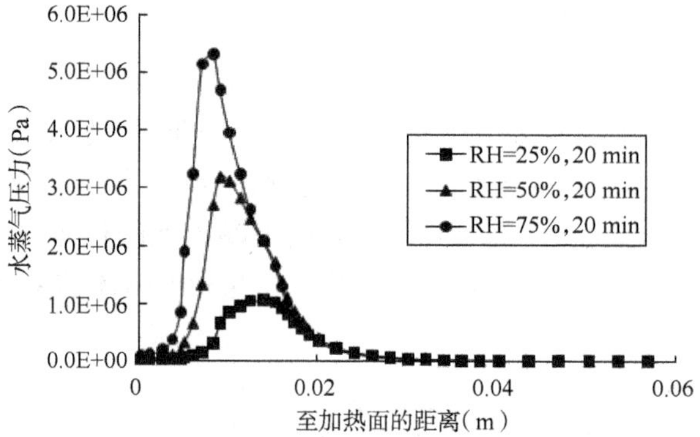

图 9.4 不同初始相对湿度条件壁内水蒸气压力分布比较

Fig. 9.4 Comparison of vapor pressure distribution within the wall in different initial RH

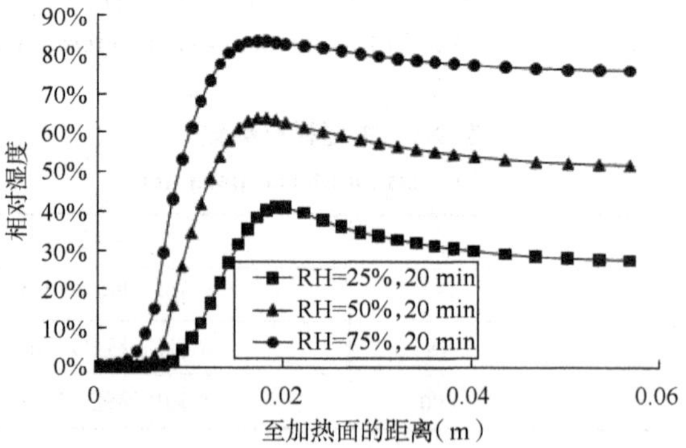

图 9.5 不同初始相对湿度条件壁内相对湿度分布比较

Fig. 9.5 Comparison of RH distribution within the wall in different initial RH

随着加热的不断进行,混凝土内的水分会吸收大量热量进而蒸发,如果蒸发率超过水蒸气的迁移速率,孔隙中必然就会形成水蒸气压力,如图 9.4 所示。而在气体压力梯度的驱使下,水蒸气又会向相对冷热的两个区域运动,在较冷区域水蒸气重新凝结形成近似饱和层,阻碍气体的相对迁移（图 9.5），这种现象通常称为湿阻。并且可以观察到，初始相对湿度越高湿阻现象越明显，水蒸气压力的数值也会随之显著上升。

图 9.6 和图 9.7 分别从塑性失效和损伤破坏两方面展示了混凝土材料的高温破坏规律，高水蒸气压力对两者的影响显而易见，且初始相对湿度越高，产生的水蒸气压力就会越大，进而对材料的破坏就会越严重，所得数值分析结论与相应试验结果十分吻合。

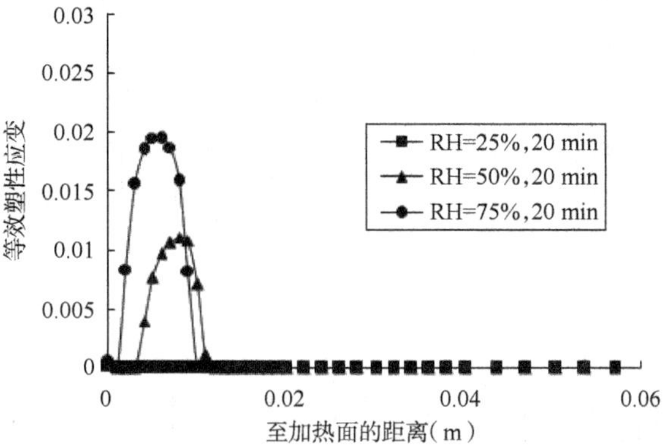

图 9.6　不同初始相对湿度条件壁内等效塑性应变分布比较

Fig. 9.6　Comparison of equivalent plastic strain distribution within the wall in different initial RH

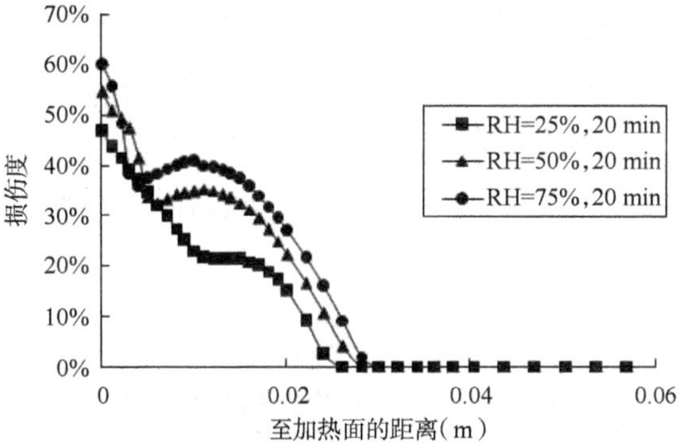

图 9.7　不同初始相对湿度条件壁内损伤分布比较

Fig. 9.7　Comparison of damage distribution within the wall in different initial RH

通过本算例数值分析发现，初始相对湿度的高低对高温下混凝土材料的温度分布趋势影响不大，但会影响材料内部升温速率的快慢，即初始相对湿度越高，内部升温速率就越慢；较高的初始相对湿度会带来更加显著的高温湿阻现象的发生，从而导致材料内更大的水蒸气压力出现；高水蒸气压力会引起混凝土材料的力学性能发生明显改变，再结合温度梯度和约束热膨胀产生的高热应力，必然会触发材料的高温爆裂破坏。高含湿量是产生高水蒸气压力的必要前提，因此混凝土材料中含湿量是混凝土结构和构件火灾爆裂的主要影响因素之一，并且与材料发生高温爆裂的概率基本成正比。

9.2.2 不同约束状况算例

考虑 30 cm 厚的混凝土墙体,根据升温曲线 $T=T^0+0.5t(\mathrm{K})$,从 A 侧墙面不断升温。利用所提出的化学-热-湿-力耦合模型,数值模拟分析高温下不同约束状况混凝土中 CTHM 耦合一维瞬态平面应变问题。自加热面尺寸为 6 cm × 0.4 cm 墙体离散化为 36 × 1 个八节点等参单元网格,分别施加两种不同初始位移约束边界条件,即自由情况(算例(a))和受约束情况(算例(b)),如图 9.8 所示。

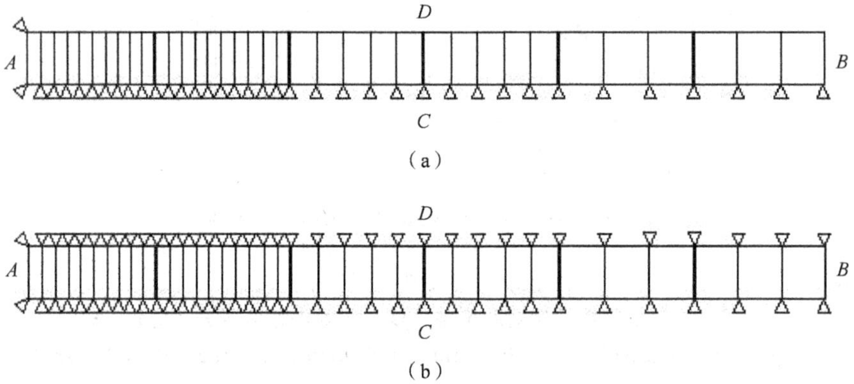

图 9.8 两种边界条件下的有限元模型简图

Fig.9.8 Diagram of the FEM with two different boundary conditions

算例(a)和算例(b)中初始基本未知量和材料参数值均相同,主要材料性能见表 9.2,边界条件见表 9.3,其中 p_v 为水蒸气压力、β_c 为质量对流系数、α_c 为热对流系数、e 为热辐射系数、σ_0 为 Stefan-Boltzmann 常数,而边界流量 q_g, q_w, q_v, q_T 则分别对应混合气体、液态水、水蒸气和热。

表 9.2 主要材料参数

Table 9.2 Main material parameters

参数	数值	参数	数值
弹性模量(GPa)	44	混凝土密度(kg/m³)	2 800
泊松比	0.18	孔隙度	0.1
单轴拉伸强度(MPa)	8	渗透率(m²)	3.2×10^{-22}
单轴压缩强度(MPa)	100	热传导率[W/(m·K)]	1.67
双轴压缩强度(MPa)	110	热膨胀系数(K)	3.0×10^{-5}

表 9.3　边界条件

Table 9.3　Boundary conditions

边界	数值和系数	
A	u_x=0，u_y=0 p_g=101 325 Pa，p_v=1 000 Pa，β_c=0.008 m/s α_c=2 W/(m²·K)，$e\sigma_0$=5.1 × 10^{-8} W/(m²·K⁴)	
B	q_g=0，q_v=q_w=0，q_T=0	
C	u_y=0，q_g=0，q_v=q_w=0，q_T=0	
D	算例(a)	q_g=0，q_v=q_w=0，q_T=0
	算例(b)	u_y=0，q_g=0，q_v=q_w=0，q_T=0

图 9.9 至图 9.13 分别给出了两种不同约束情况下在 t=10 min、15 min 和 20 min 时，自加热面沿墙体厚度方向的温度、应力、损伤、水蒸气压力和饱和度在分析域内的分布对比。

从图 9.9 可以看出，两种约束情况下墙体的温度分布规律基本相同，即由加热面处逐渐向里降低，且温度梯度在靠近加热面处最高。但两者并无明显差别，说明约束条件对温度的分布影响不大。图 9.10 显示出温度升高引起的热应力在算例(a)中为拉应力，而在算例(b)中却为压应力，最为重要的是约束热膨胀所带来的高热压力要明显大于无约束情况下的应力数值，从而导致后者的材料损伤程度明显更为严重(图 9.11)，因而更易发生危害更大的爆裂破坏，所得数值分析结论与相应试验结果十分吻合。

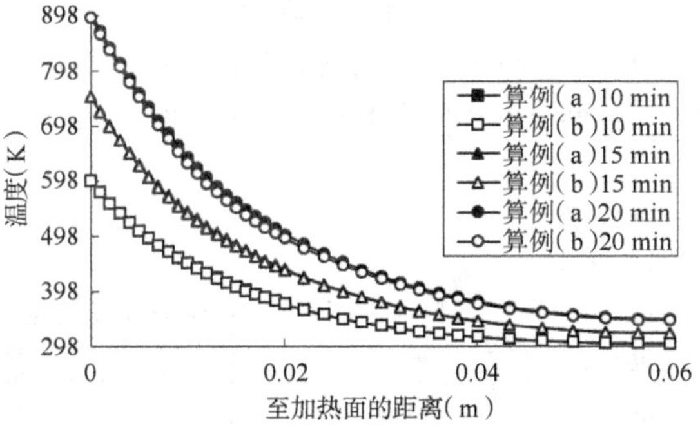

图 9.9　两个算例在不同时刻下墙体中的温度分布比较

Fig. 9.9　Comparison of temperature distribution within the wall in two cases at various time levels

随着加热的不断进行，混凝土内的水分会吸收大量热量进而蒸发，如果蒸发率超过水蒸气的迁移速率，孔隙中必然就会形成水蒸气压力，如图 9.12 所示。而在气体压力梯度的驱使下，水蒸气又会向相对冷热的两个区域运动，在较冷区域水蒸气重新凝结形成近似饱和层，阻碍气体的相对迁移，即湿阻现象，如图 9.13 所示。但由于在边界约束情况下材料的损伤程度较大，导致材料的密实度较低而渗透性较高，在快速升温的火灾(高温)作用下，湿分在混凝土材料中更易传输，水蒸气更易及时逃逸，从而无论是水蒸气压力还是饱和度相比无约束情况下均略低。

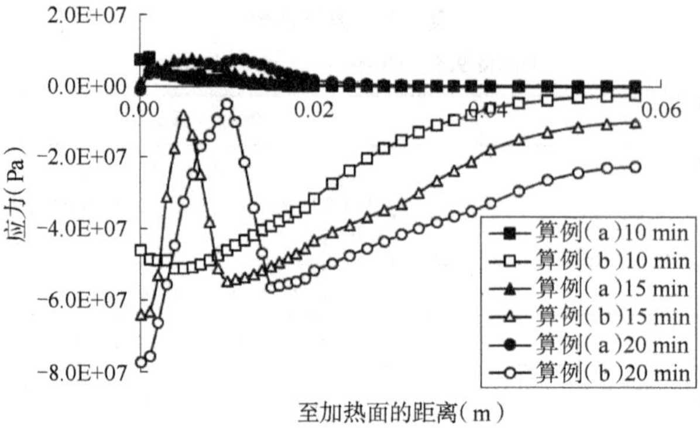

图 9.10　两个算例在不同时刻下墙体中的应力分布比较

Fig. 9.10　Comparison of stress distribution within the wall in two cases at various time levels

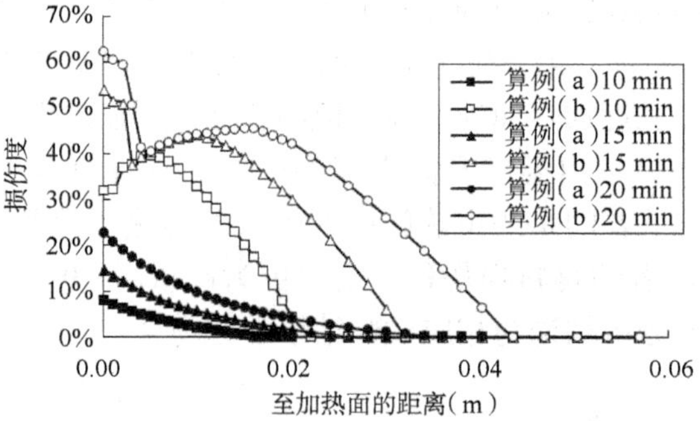

图 9.11　两个算例在不同时刻下墙体中的损伤分布比较

Fig. 9.11　Comparison of damage distribution within the wall in two cases at various time levels

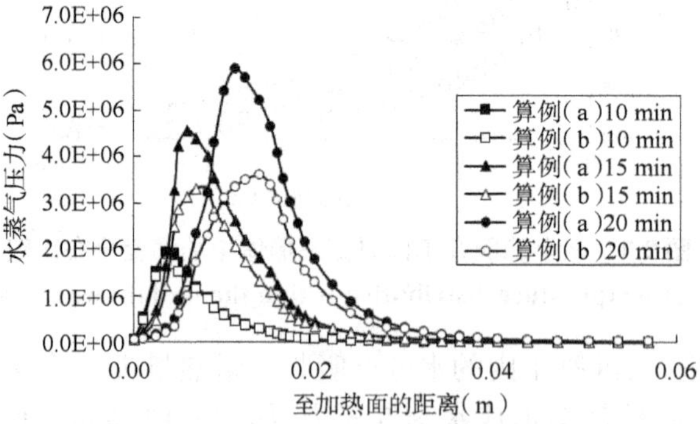

图 9.12　两个算例在不同时刻下墙体中的水蒸气压力分布比较

Fig. 9.12　Comparison of vapor pressure distribution within the wall in two cases at various time levels

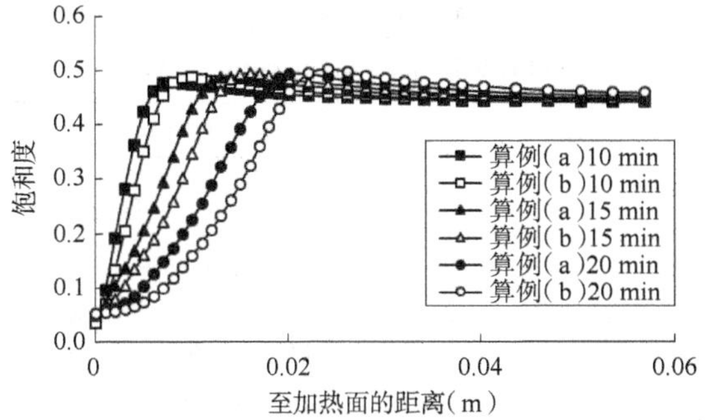

图 9.13　两个算例在不同时刻下墙体中的饱和度分布比较

Fig. 9.13　Comparison of saturation distribution within the wall in two cases at various time levels

通过本算例数值分析发现,在相同火灾高温状况下,约束条件对混凝土构件内温度分布的影响不大,但约束热膨胀所带来的高热压力要明显大于无约束情况下的应力数值,从而导致后者的材料损伤程度明显更为严重,进而使材料的密实度降低而渗透性提高,湿分在混凝土材料中更易传输,水蒸气更易及时逃逸,因此无论是水蒸气压力还是饱和度相比无约束情况下均略低,所得数值分析结论与相应试验结果十分吻合。总之,约束的存在不仅会增大混凝土构件发生爆裂的概率,而且会使爆裂的破坏程度更加严重。

9.2.3　不同材料强度算例

考虑 30 cm 厚的混凝土墙体分别由 NSC 和 HSC 制成,根据升温曲线 $T = T^0 + 0.5t(\mathrm{K})$ 对墙面 A 不断加热。利用所提出的化学-热-湿-力耦合模型,数值模拟分析高温下不同强度混凝土中 CTHM 耦合一维瞬态平面应变问题。自加热面取出 $6\ \mathrm{cm} \times 0.4\ \mathrm{cm}$ 的混凝土墙区域离散为 36×1 个八节点等参单元网格进行有限元数值模拟计算,如图 9.14 所示。边界条件见表 9.4,整个分析域的初始温度 $T^0 = 298\ \mathrm{K}$,初始混合气体压力 $p_g^0 = 101.325\ \mathrm{kPa}$,表 9.5 中给出了所使用的 NSC 和 HSC 的主要材料参数。

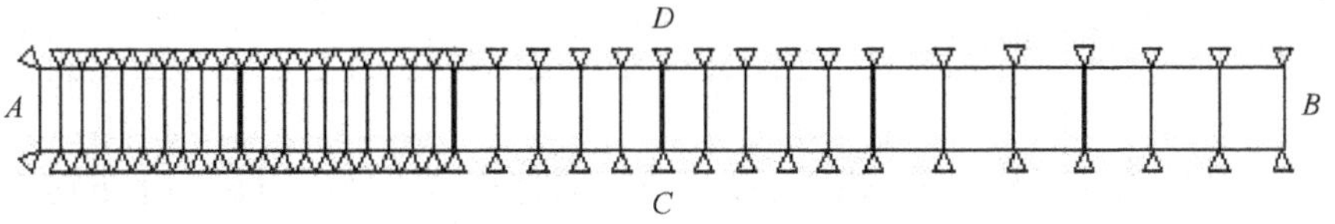

图 9.14　加热不同强度混凝土墙的有限元模型简图

Fig.9.14　Diagram of the FEM for the heated concrete wall with different strength

图 9.15 至图 9.19 分别给出了在 $t = 10$ min、15 min 和 20 min 不同时刻下,自加热面沿 NSC 和 HSC 墙体厚度方向的温度、水蒸气压力、相对湿度、等效塑性应变和力学损伤在分析域内的分布对比。

表 9.4 边界条件

Table 9.4 Boundary conditions

边界	数值和系数
A	$u_x = 0$
	$u_y = 0$
	$p_g = 101\ 325$ Pa
	$p_v = 1\ 000$ Pa，$\beta_c = 0.01$ m/s
	$T = 298 + 0.5t$(K)，$\alpha_c = 10$ W/(m$^2 \cdot$K)，$e\sigma_0 = 5.1 \times 10^{-8}$ W/(m$^2 \cdot$K^4)
B 和 C	$u_y = 0$
	$q_g = 0$
	$q_v = q_w = 0$
	$q_T = 0$

表 9.5 NSC 与 HSC 的主要材料参数

Table 9.5 Main material parameters of NSC and HSC

参数	符号	数值	
		NSC	HSC
弹性模量	E(GPa)	35	42
泊松比	v	0.2	0.2
单轴拉伸强度	f_t(MPa)	3.2	6.4
单轴压缩强度	f_c(MPa)	40	80
双轴压缩强度	f_{bc}(MPa)	44	88
混凝土密度	ρ_s(kg/m^3)	2 320	2 750
孔隙度	n	0.15	0.1
渗透率	k(m^2)	3.0×10^{-21}	3.2×10^{-22}
热传导系数	λ_d[W/(m·K)]	1.22	2.67

从图 9.15 可以看出，无论是 NSC 还是 HSC 墙体的温度分布都是由外到内的逐渐降低，并且越靠近加热面温度梯度的值越高。但两者材料毕竟热-力学性质不同，因此温度分布还是存在一定的差别，如靠近加热面处的最高温度，特别是由于 HSC 的热传导性要好于 NSC，从而会使热量渗透至更远的区域。

随着热量在混凝土内部传递，水分不断受热蒸发形成水蒸气产生水蒸气压力，且温度较高区域的水蒸气压力大于较低处的水蒸气压力，于是产生了压力梯度，如图 9.16 所示。水蒸气压力较高区域的水蒸气一部分扩散到表面后逸出到外界，另一部分在压力梯度作用下向较冷区域迁移，在迁移过程中水蒸气遇冷凝结成水。随着蒸发-迁移-凝结这个循环持续进行，在混凝土表面附近由于湿气的迁移形成一个干燥区，而内部则由于孔隙水的积累则在较冷区域又逐渐形成近似完全饱和层。一旦这个饱和层形成，水蒸气就被严格阻止向混凝土内部迁移，取而代之的是被迫通过干燥区迁移，以逸进大气层，这道近乎完全饱和区域通常称为湿阻，如图 9.17 所示。但由于 HSC 明显的高密实度和低渗透率，在快速升温的火灾（高温）作用下，湿阻现象更为显著，水蒸气不易及时逃逸，从而相比 NSC 会产生更大的孔隙气压力。

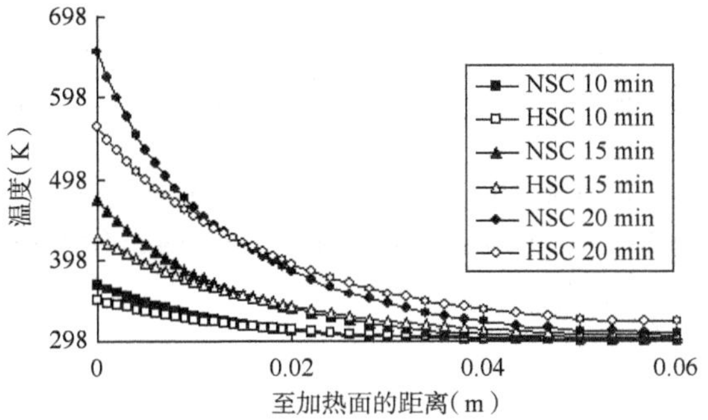

图 9.15　不同时刻下 NSC 与 HSC 墙中的温度分布比较

Fig. 9.15　Comparison of temperature distribution within the NSC wall and HSC wall at various time levels

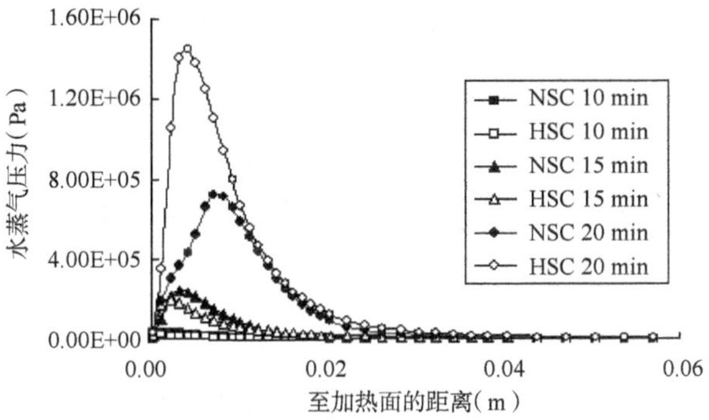

图 9.16　不同时刻下 NSC 与 HSC 墙中的水蒸气压力分布比较

Fig. 9.16　Comparison of vapor pressure distribution within the NSC wall and HSC wall at various time levels

而从图 9.18 和图 9.19 可以看出，虽然 HSC 的强度和弹性模量均较大，但其在高温下无论塑性屈服还是力学损伤的程度却要比 NSC 还高，其中最主要的原因就是受到高水蒸气压力的影响，因此可以说明高水蒸气压力是导致混凝土发生爆裂破坏现象的主要因素之一。最后综合以上分析结果显而易见，在相同的受火条件下，HSC 明显要比 NSC 更易发生危害更大甚至导致结构崩塌的爆裂破坏现象。

通过本算例数值分析发现，一般情况下，混凝土高温爆裂现象只发生在含水率高的 HSC 中。而 NSC，无论含水率多少，加热速率的快慢均不会引发爆裂破坏现象，只是在 NSC 表面出现细小的微裂缝。但研究发现，在超密实性普通强度的混凝土中也同样可能发生爆裂破坏，这与水蒸气压力机理相符。

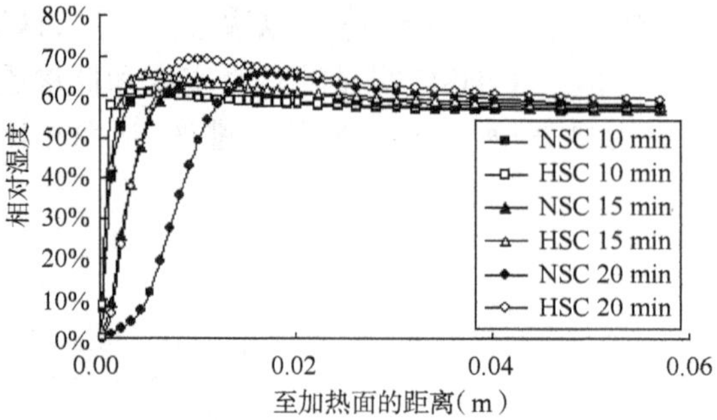

图 9.17　不同时刻下 NSC 与 HSC 墙中的相对湿度分布比较

Fig. 9.17　Comparison of RH distribution within the NSC wall and HSC wall at various time levels

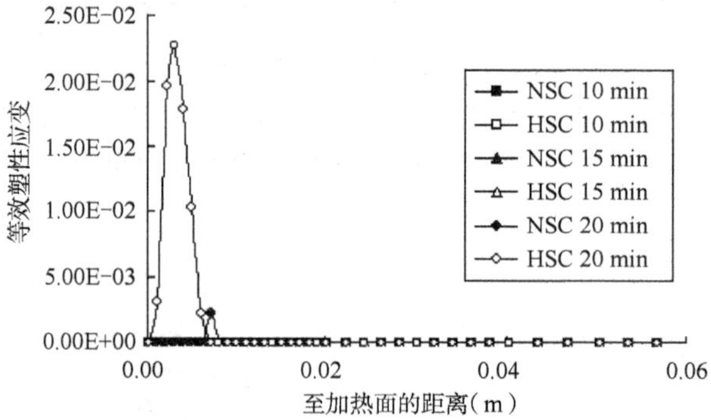

图 9.18　不同时刻下 NSC 与 HSC 墙中的等效塑性应变分布比较

Fig. 9.18　Comparison of equivalent plastic strain distribution within the NSC wall and HSC wall

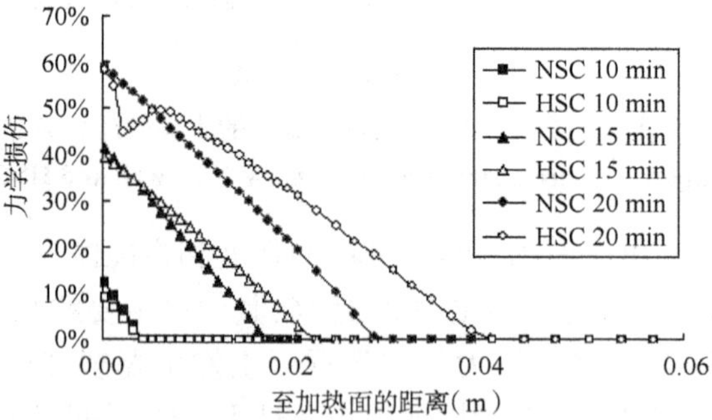

图 9.19　不同时刻下 NSC 与 HSC 墙中的力学损伤分布比较

Fig. 9.19　Comparison of damage distribution within the NSC wall and HSC wall

9.3 高温爆裂破坏危险性评估

9.3.1 爆裂破坏危险性分级评价方法

通过所提出的化学-弹塑性-损伤耦合本构模型、化学-热-湿-气-力学耦合数学模型与非线性有限元过程能够重现火灾、热辐射等高温条件下的混凝土中 CTHM 耦合行为和混凝土材料损伤、脱黏、软化和爆裂等破坏过程。模型中虽力求全面考虑所有导致混凝土爆裂的因素，但混凝土在高温下的爆裂破坏是一个多因素、多水平作用的复杂问题，不仅与外界温度、约束状况、材料强度和含水率等前文提到的因素密切相关，而且与它们之间的相互作用联系更为密切，因而使用数值模拟方法无法精确预测爆裂破坏发生的可能性。

为实现对混凝土结构高温爆裂危险性的有效预测，在已有高温爆裂试验数据基础上，根据爆裂影响因素对爆裂危险性的影响程度设定相应的危险度值，提出一个便于工程实际应用的混凝土构件火灾爆裂危险性分级评价方法。

9.3.2 爆裂危险度

通过对各种爆裂影响因素的研究发现，通常对于每一个因素都会至少存在一个影响爆裂危险性高低的阈值，但为简便起见，对于所有因素只取一个阈值。例如，当含水率高于 3% 时，混凝土高温爆裂的可能性会显著增大。因而，可据此对所考虑的每种爆裂影响因素设定相应的危险度值，见表 9.6。其中，危险度 1、3 和 5 分别近似地代表此因素对爆裂危险性的影响程度，即低级、中级和高级三个级别，如含水率高于 3%所对应的危险度值 5 表示此时含水率对混凝土爆裂危险性的影响较高。

已有文献与试验数据均表明，混凝土强度、含水率和升温速率对爆裂危险性的影响程度要明显大于其他因素，如骨料类型、约束情况等，因此在高爆裂危险性下这些因素对应的危险度值稍高，即为 5。而无证据显示钢筋、骨料类型、保护层、纤维、截面尺寸、约束情况、热膨胀系数和外荷载等因素对爆裂危险性影响程度的相对高低，所以危险度的赋值标准均相同。

表 9.6　各种爆裂影响因素的危险度值

Table 9.6　Risk value for various spalling factors

爆裂影响因素	危险度
强度 > 55 MPa	5
强度 ≤ 55 MPa	1
烃类燃火	5
标准燃火	1
含水率 > 3%	5
含水率 ≤ 3%	1

续表

爆裂影响因素	危险度
无配筋	3
有配筋	1
保护层厚度≥40 mm	3
保护层厚度<40 mm	1
硅质骨料	3
钙质骨料	1
无纤维添加	3
添加纤维	1
截面尺寸<200 mm	3
截面尺寸≥200 mm	1
有约束	3
无约束	1
热膨胀系数≥10×10^{-6}	3
热膨胀系数<10×10^{-6}	1
有外载	3
无外载	1

9.3.3 爆裂危险等级

对于待分析的混凝土构件,其总的爆裂危险度值可以由每个爆裂影响因素的危险度值相加得到,则此构件最终的爆裂危险性可根据构件总的危险度值进一步归类为5个危险等级(A、B、C、D、E),见表9.7。

例如,普通混凝土构件、燃油火焰加热、2%含水率、无钢筋、保护层厚度>40 mm、硅质骨料、不添加纤维、截面尺寸>200 mm、有约束、低热膨胀性、无外载,此混凝土构件的总爆裂危险度=1+5+1+3+3+3+3+1+3+1+1=25,查表9.7可知爆裂危险等级属于C级(中度危险),爆裂发生概率为26%~50%。

表9.7 爆裂危险性类别

Table 9.7 Spalling risk categories

爆裂危险等级	爆裂危险性	爆裂概率	总危险度
A	低	0%~5%	≤13
B	较低	6%~25%	14~21
C	中	26%~50%	22~28
D	较高	51%~75%	29~36
E	高	76%~100%	≥37

9.3.4　工程应用实例

对石东升等的高温试验中混凝土构件样本开展爆裂危险性的评估分析，考核所提出的火灾爆裂破坏危险性分级评价方法的有效性。

试验中共制作了 24 个混凝土板试件样本（包括 15 块简支板、9 块两跨连续板），为了控制混凝土的应力水平，在部分混凝土板构件中施加了预应力。试验的模拟火灾系统为数控燃油火灾试验炉，其他试验条件和具体材料参数见相关文献。试验后可观察到有 11 块板件发生了不同程度的混凝土爆裂，其中 10 块施加外荷载的简支板中有 6 块发生爆裂，而没有施加外荷载的 5 块简支板中发生爆裂的只有 2 块，同时 9 块两跨连续板中有 3 块发生爆裂破坏。

现以试验中的实测数据为原始数据，采用本方法进行爆裂危险性评估，结果见表 9.8，由表可知，对 10 块施加外荷载的简支板的爆裂危险性评价等级要高于其他的混凝土板件，因此相同情况下更易发生爆裂，这一点可以从实际爆裂概率的对比上体现出，并且爆裂概率的预测值与试验值也比较吻合。此外，注意到，虽然无外荷载简支板与连续板的评价结果都是中度危险性，但是从总危险度数值来看前者却稍高于后者，从而可以预见到前者爆裂概率要比后者稍大，而实际爆裂概率正好印证了此规律。

考虑到火灾下混凝土发生爆裂本身是一个随机过程，影响因素众多，在实际中可能会表现出很大的离散性，因此综合以上分析过程，验证了所提出的混凝土火灾爆裂危险性分级评价方法的有效性，可为混凝土构件和结构减灾防火设计提供有益的参考依据。

表 9.8　爆裂危险性评价结果

Table 9.8　Spalling risk evaluation

构件	危险度											总危险度	爆裂危险等级	爆裂危险性	预测爆裂概率	实际爆裂概率
	强度	火势	含水率	配筋	保护层	骨料	纤维	截面	约束	热膨胀	外荷载					
简支板10	1	5	5	3	3	1	1	3	3	1	3	29	D	较高	51%~75%	60%
简支板 5	1	5	5	3	3	1	1	3	3	1	1	27	C	中	26%~50%	40%
连续板 9	1	5	5	3	1	1	1	3	3	1	1	25	C	中	26%~50%	33%

9.4　高温爆裂风险的模糊综合评价

9.4.1　模糊模式识别的基本理论

模式识别问题是在已知各种类型的情况下，识别给定的对象属于哪个类型。应用多级模糊模式识别理论模型求解模糊模式识别问题的内容是已知若干个模式或标准样本，识别与计算研究对象属于各个模式的相对隶属度，计算相对状态（或级别）特征值，识别与判断研究对象属于哪一个模式或标准样本。

设有对某模糊概念(如爆裂风险)进行识别的、由 n 个样本组成的集合,有 m 个指标特征值表示样本的整体特征,则样本集的 $m\times n$ 阶指标特征值矩阵 $\boldsymbol{X}=\left[x_{ij}\right]$。若样本集依据 m 个指标按 c 个状态或级别的已知指标标准特征值进行识别,则有 $m\times c$ 阶指标标准特征值矩阵 $\boldsymbol{Y}=\left[y_{ih}\right]$。

通常按 1~c 级指标标准特征值的增减,将指标分为递减型(从 1 级至 c 级指标标准特征值减小)与递增型(从 1 级至 c 级指标标准特征值增大)两类,其指标相对隶属函数为

$$r_{ij}=\begin{cases}0 & x_{ij}\leqslant y_{ic}\text{或}x_{ij}\geqslant y_{ic}\\ \dfrac{x_{ij}-y_{ic}}{y_{i1}-y_{ic}} & y_{ic}<x_{ij}<y_{i1}\text{或}y_{i1}<x_{ij}<y_{ic}\\ 1 & x_{ij}\geqslant y_{i1}\text{或}x_{ij}\leqslant y_{i1}\end{cases}\tag{9.1}$$

h 级指标标准特征值的相对隶属函数为

$$s_{ij}=\begin{cases}0 & y_{ih}=y_{ic}\\ \dfrac{y_{ic}-y_{ih}}{y_{ic}-y_{i1}} & y_{ic}<y_{ih}<y_{i1}\text{或}y_{i1}<y_{ih}<y_{ic}\\ 1 & y_{ih}=y_{i1}\end{cases}\tag{9.2}$$

利用重要性定性排序原理得到样本集的指标权向量 $\boldsymbol{w}$,最后利用模糊模式识别模型,即

$$u_{hj}=\begin{cases}0 & h<a_j\text{或}h>b_j\\ \dfrac{1}{\displaystyle\sum_{k=a_j}^{b_j}\left\{\frac{\sum_{i=1}^{m}\left[w_i\left(r_{ij}-s_{ih}\right)\right]^p}{\sum_{i=1}^{m}\left[w_i\left(r_{ij}-s_{ik}\right)\right]^p}\right\}^{\frac{2}{p}}} & a_j\leqslant h\leqslant b_j\\ 1 & h=a_j=b_j\end{cases}\tag{9.3}$$

式中:a_j,b_j 分别为样本 j 的指标 $i=1,2,\cdots,m$ 落入 s_{ik} 各类标准相对隶属度区间内的最小级别与最大级别;p 为距离参数,p=1 为海明距离,p=2 为欧氏距离。

以状态变量 h 为相对隶属度的权重,则待评价样本的级别特征向量 $\boldsymbol{H}$ 的元素为

$$H_j=\sum_{h=1}^{c}u_{hj}h\tag{9.4}$$

据此对样本相对于模糊概念(如爆裂风险)的级别做出最优的评价。

9.4.2 模糊综合评价模型

1. 确定因素集

由于混凝土实际受火情况复杂,高温爆裂的影响因素必须从内、外两个方面综合考虑。选取 6 个影响爆裂的主要因素形成混凝土爆裂风险的影响因素集 $D=\left[d_1,d_2,d_3,d_4,d_5,d_6\right]$,即强度、水灰比、纤维量、养护湿度(相对湿度)、荷载水平(占承载能力的百分比)、升温速率。

2. 确定指标权向量

由于影响爆裂因素的重要程度不一样,因此要确定每一个指标的权重。根据重要性定

性排序原理，在以上 6 个指标间做重要性二元比较，其重要性从大到小依次为 d_6、d_3、d_1、d_5、d_2、d_4。

以序号为 1 的指标 d_6 为标准，与其他指标逐一进行重要性的对比。经分析认为，指标 d_6 与 d_2、d_4 相比“非常”重要；与 d_1、d_5 相比“略微”重要；而与 d_3 相比，处于“稍稍”重要与“略微”重要之间。由工程模糊集理论提供的表 9.9 可得 6 个指标的非归一化权重向量 $\boldsymbol{w}$=(0.667, 0.176, 0.739, 0.176, 0.667, 1)，然后再转化为归一化指标权向量 $\boldsymbol{w}$=(0.195, 0.051, 0.216, 0.051, 0.195, 0.292)。

表 9.9　语气算子与相对隶属度关系

Table 9.9　Relationship between the mood operator and relative membership degree

语气算子	同样		稍稍		略微		较为		明显		显著
相对隶属度	1.0	0.905	0.818	0.739	0.667	0.600	0.538	0.481	0.429	0.379	0.333
语气算子	显著		十分		非常		极其		极端		无可比拟
相对隶属度	0.333	0.290	0.250	0.212	0.176	0.143	0.111	0.081	0.053	0.026	0

3. 建立爆裂风险评定分级标准

根据混凝土材料高温火灾试验文献数据，将混凝土爆裂风险评价分为 5 个级别：①危险，②较危险，③一般，④较安全，⑤安全，见表 9.10。

表 9.10　混凝土爆裂风险评定分级标准

Table 9.10　Standard for evaluation and classification of concrete spalling risk

风险级别	风险程度	强度(MPa)	水灰比	纤维量(kg/m^3)	养护湿度(%)	荷载水平(%)	升温率(℃/min^1)
1	危险	>85	<0.3	<0.25	>85	<5	>21
2	较危险	70~85	0.3~0.35	0.25~0.75	65~85	5~10	15~21
3	一般	55~70	0.35~0.4	0.75~1.25	45~65	10~15	9~15
4	较安全	40~55	0.4~0.45	1.25~1.75	25~45	15~20	3~9
5	安全	<40	>0.45	>1.75	<25	>20	<3

根据表 9.10，得到指标标准特征值矩阵为

$$\boldsymbol{Y}=\begin{bmatrix} 85 & 77.5 & 62.5 & 47.5 & 40 \\ 0.3 & 0.325 & 0.375 & 0.425 & 0.45 \\ 0.25 & 0.5 & 1 & 1.5 & 1.75 \\ 85 & 75 & 55 & 35 & 25 \\ 5 & 7.5 & 12.5 & 17.5 & 20 \\ 21 & 18 & 12 & 6 & 3 \end{bmatrix} \tag{9.5}$$

总之，由待评价的混凝土样本指标可以组成混凝土样本集的指标特征值矩阵 $\boldsymbol{X}$，然后利用式(9.1)和式(9.2)可分别得到指标相对隶属矩阵 $\boldsymbol{R}$ 和 h 级指标标准特征值的相对隶属

矩阵 $\boldsymbol{S}$,再应用式(9.3)形成模型矩阵 $\boldsymbol{U}$,最后以状态变量为相对隶属度的权重,使用式(9.4)对各个混凝土样本的火灾爆裂风险的级别做出最优模糊评价。

9.4.3 工程应用实例

采用 Sullivan 所做的混凝土试件高温试验数据,利用本模糊评价模型分析试验中混凝土试样的爆裂风险,考核所建立的模型及方法的有效性。现以试验中的实测数据为算例数据,任意选取试验中的 10 个混凝土试件组成待评价爆裂风险的混凝土样本集,见表 9.11。

表 9.11 影响因素特征值及爆裂状况

Table 9.11 Characteristic value of influencing factor and spalling status

试样编号	强度(MPa)	水灰比	纤维量(kg/m^3)	养护湿度(%)	荷载水平(%)	升温率(℃/min)	是否爆裂
3	76.7	0.35	0	45	20	3.9	否
7	77.6	0.35	0	45	0	17.5	是
8	95.2	0.25	0	45	10	17.5	是
14	45.5	0.5	0	65	10	10	否
16	58.4	0.5	0	65	0	17.5	是
22	77.1	0.35	0	85	0	10	是
25	68.3	0.25	0	85	0	17.5	是
16F	103.9	0.25	3	85	20	10	否
17F	74.1	0.35	1	85	20	10	否
24F	91.4	0.5	1	85	10	17.5	是

根据表 9.11,该样本集的指标标准特征值矩阵可表示为

$$\boldsymbol{Y}=\begin{bmatrix} 76.7 & 77.6 & 95.2 & 45.5 & 58.4 & 77.1 & 68.3 & 74.1 & 103.9 & 91.4 \\ 0.35 & 0.35 & 0.25 & 0.5 & 0.5 & 0.35 & 0.25 & 0.35 & 0.25 & 0.5 \\ 0 & 0 & 0 & 0 & 0 & 0 & 0 & 1 & 3 & 1 \\ 45 & 45 & 45 & 65 & 65 & 85 & 85 & 85 & 85 & 85 \\ 20 & 0 & 10 & 0 & 0 & 0 & 20 & 20 & 20 & 10 \\ 3.9 & 17.5 & 17.5 & 17.5 & 17.5 & 17.5 & 10 & 10 & 10 & 17.5 \end{bmatrix} \tag{9.6}$$

指标 1、4、6 为越小越优型,指标 2、3、5 为越大越优型,应用式(9.1)与式(9.2)将样本集的指标特征值矩阵 $\boldsymbol{X}$ 和指标标准特征值矩阵 $\boldsymbol{Y}$ 转换为相应的相对隶属度矩阵 $\boldsymbol{R}$ 和 $\boldsymbol{S}$。然后,利用模糊模式识别理论模型式(9.3)(取 p=1),可得 10 个混凝土试件样本对 5 个爆裂风险级别的相对隶属度矩阵 $\boldsymbol{U}$。最后,使用式(9.4),可得待评价的 10 个混凝土试件样本的爆裂风险级别特征向量为

$$\boldsymbol{H}=[3.0346\ \ 1.9738\ \ 1.9968\ \ 2.9991\ \ 2.0382\ \ 2.0008\ \ 1.9318\ \ 3.1092\ \ 3.0157\ \ 2.1781] \tag{9.7}$$

对照表 9.10 分析计算结果可知，混凝土试件 3、14、16F、17F 爆裂风险级别属于三级，爆裂风险状态判断结果为一般；其余 6 个混凝土样本均属于二级左右爆裂风险，处于较危险状态，评定结果见表 9.12。此爆裂风险的模糊评价结果与试验中实际观察到的爆裂情况十分吻合，表明所建立的模型能有效地评价混凝土高温爆裂风险，可为混凝土构件和结构的减灾防火设计提供依据。

表 9.12　评价结果

Table 9.12　Evaluation results

样本	3	7	8	14	16	22	25	16F	17F	24F
$\boldsymbol{H}$	3.035	1.974	1.997	2.999	2.038	2.001	1.932	3.109	3.016	2.178
模型评定级别	一般	较危险	较危险	一般	较危险	较危险	较危险	一般	一般	较危险
试验中是否爆裂	否	是	是	否	是	是	是	否	否	是

参考文献

[1] 李荣涛. 混凝土高温爆裂机理的数值分析研究[J]. 新型建筑材料，2011，1：1-4.

[2] 李荣涛，CHRISTOPHER Y T. 含湿量对混凝土结构抗火性能影响的数值研究[J]. 混凝土与水泥制品，2015，9：48-50.

[3] 李荣涛. 约束状况对混凝土结构抗火性能影响的数值分析[J]. 科学技术与工程，2016，16（11）：75-78.

[4] 李荣涛. 混凝土结构火灾爆裂危险性评估研究[J]. 自然灾害学报，2012，21（1）：204-210.

[5] 李荣涛，CHRISTOPHER Y T. 混凝土结构高温爆裂风险的模糊综合评价[J]. 安全与环境学报，2015，15（6）：6-9.

[6] PENG G，YANG J. Residual mechanical properties and explosive spalling behavior of ultra-high-strength concrete exposed to high temperature[J]. Journal of harbin institute of technology，2017，24（4）：62-70.

[7] SCHNEIDER U. Properties of materials at high temperatures—concrete[M]. 3rd ed. RILEM，1986.

[8] KHOYLOU N. Modelling of moisture migration and spalling behaviour in non-uniformly heated concrete[D]. England：University of London，1997.

[9] HERTZ K D. Limits of spalling of fire-exposed concrete[J]. Fire safety journal，2003，38：103-116.

[10] 石东升，王海波，刘曙光. 影响火灾下混凝土爆裂因素的试验研究[J]. 内蒙古工业大学

学报，2007，26(2)：129-135.

[11] KODUR V K R. Spalling in high strength concrete exposed to fire — concerns, causes, critical parameters and cures[C]. Proceedings, ASCE Structures Congress, Philadelphia, PA, 2000.

[12] LIANG X W, WU C Q, SU Y, et al. Development of ultra-high performance concrete with high fire resistance[J]. Construction and building materials, 2018, 179: 400-412.

[13] NEWMAN J, CHOO B S. Advanced concrete technology[M]. Oxford: Elsevier Ltd, 2003.

[14] KHOURY G A. Effect of fire on concrete and concrete structures[J]. Progress in structural engineering and materials, 2000, 2(4): 429-447.

[15] KALIFA P, MENNETEAU F D, QUENARD D. Spalling and pore pressure in HPC at high temperatures[J]. Cement and concrete research, 2000, 30(12): 1915-1927.

[16] KODUR V K R, CHENG F P, WANG T C, Et al. Effect of strength and fiber reinforcement on fire resistance of high-strength concrete columns[J]. Journal of structural engineering, 2003, 129(2): 253-259.

[17] SIDERIS K K, MANITA P, CHANIOTAKIS E. Performance of thermally damaged fibre-reinforced concretes[J]. Construction and building materials, 2009, 23(3): 1232-1239.

[18] CÜLFIK M S, OZTURAN T. Mechanical properties of normal and high strength concretes subjected to high temperatures and using image analysis to detect bond deteriorations[J]. Construction and building materials, 2010, 24(8): 1486-1493.

[19] BANGI M R, HORIGUCHI T. Effect of fibre type and geometry on maximum pore pressures in fibre-reinforced high strength concrete at elevated temperatures[J]. Cement and concrete research, 2012, 42(2): 459-466.

[20] MINDEGUIA J C, CARRE H, PIMIENTA P, et al. Experimental discussion on the mechanisms behind the fire spalling of concrete[J]. Fire and materials, 2014, 39(7): 619-635.

[21] ANDERBERG Y. Spalling phenomena of HPC and OC[C]. National Institute of Standards and Technology. International Workshop on Fire Performance of High-Strength Concrete, Gaithersburg, 1997, B.3: 69-73.

[22] AKCA A H, ZIHNIOGLU N O. High performance concrete under elevated temperatures[J]. Construction and building materials, 2013, 44: 317-328.

[23] MALHOTRA H L. Spalling of concrete in fires. CIRIA Technical Note 118, 1984.

[24] ALI F A, OCONNOR D, ABU-TAIR A. Explosive spalling of high-strength concrete columns in fire[J]. Magazine of concrete research, 2001, 53(3): 197-204.

[25] BOSTROM L, WICKSTROM U, ADL-ZZRRABI B. Effect of specimen size and loading conditions on spalling of concrete[J]. Fire and materials, 2007, 31(3): 173-186.

[26] Brite Euram Ⅲ BRPR-CT95-0065 HITECO. Understanding and industrial application of high performance concrete in high temperature environment, Brussels, 1999.

[27] ALI F, NADJAI A, SILCOCK G, et al. Outcomes of a major research on fire resistance of

concrete columns[J]. Fire safety journal, 2004, 39(6): 433-445.

[28] MEYER-OTTENS C. The question of spalling of concrete structural elements of standard concrete under fire loading[D]. Germany: Technical University of Braunschweig, 1972.

[29] CIRIA. Fire tests on ribbed concrete slabs. Technical Note 131, 1987.

[30] 李敏，钱春香，王珩，等. 高性能混凝土火灾条件下抗爆裂性能的研究[J]. 工业建筑，2001，31(10)：47-49.

[31] XIAO J Z, FALKNER H. On residual strength of high-performance concrete with and without polypropylene fibres at elevated temperatures[J]. Fire safety journal, 2006, 41(2): 115-121.

[32] 杜咏，严奥宇，戚洪辉. 纤维增强超高强混凝土防高温爆裂研究[J]. 建筑材料学报，2021，24(1)：216-223.

[33] 董香军，丁一宁，王岳华. 高温条件下混凝土的力学性能与抗爆裂[J]. 工业建筑，2005，S1：703-705.

[34] BHAT M D, REHMAN M U, SHAFI I, et al. The effect of polypropylene and steel fibers on the properties of concrete at normal and elevated temperatures-a review[J]. Iranian journal of science & technology transactions of civil engineering, 2022, 46(3): 1805-1823.

[35] ULM F J, ACKER P, LEVY M. The "Chunnel" fire-Ⅱ: analysis of concrete damage. ASCE journal of engineering mechanics, 1999, 125(3): 283-289.

[36] 边松华，朋改非，赵章力，等. 含湿量和纤维对高性能混凝土高温性能的影响[J]. 建筑材料学报，2005，8(3)：321-327.

[37] 陈守煜. 工程模糊集理论与应用[M]. 北京：国防工业出版社，1998.

[38] SULLIVAN P J E. Deterioration and spalling of high strength concrete under fire[M]. Liverpool: Health & Safety Executive, United Kingdom, 2001: 1-77.

[39] SULLIVAN P J E. A probabilistic method of testing for the assessment of deterioration and explosive spalling of high strength concrete beams in flexure at high temperature[J]. Cement & concrete composites, 2004, 26(2): 155-162.